(42) 即学即用　为字幕添加运动效果

技术掌握　为字幕添加运动效果的方法

(43) 即学即用　为素材添加视频特效

技术掌握　为素材添加视频特效

(121) 即学即用　应用切换效果

技术掌握　为视频素材应用切换效果的方法

(122) 即学即用　编辑切换效果

技术掌握　编辑切换效果的方法

(142) 课后习题　制作电子相册

技术掌握　应用多种切换效果的方法

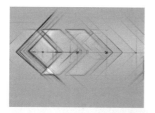

(149) 即学即用　结合标记应用视频特效

技术掌握　为素材设置标记并应用视频特效的方法

(280)

综合实例　制作倒计时动画

技术掌握　制作倒计时片头的方法

(176)

即学即用　设置色彩传递颜色

技术掌握　应用【色彩传递】滤镜并设置色彩传递颜色的方法

(177)

即学即用　制作运动残影

技术掌握　应用【残像】滤镜的方法

(180)

课后习题　制作飞行动画

技术掌握　结合应用关键帧和视频特效的方法

(185)

即学即用　移动单个关键帧

技术掌握　在【时间线】面板中移动单个关键帧的方法

· 综合实例

自然风光

自然风光

自然风光

自然风光

282

综合实例　　制作旅游宣传片

技术掌握　　制作旅游宣传专题片的方法

194

即学即用　　修改运动状态

技术掌握　　使用运动控件调整素材的方法

199

即学即用　　修改运动关键帧

技术掌握　　使用【特效控制台】或【时间线】面板移动关键帧点的方法

201

即学即用　　制作平滑轨迹

技术掌握　　使用关键帧点插入法的方法

综合实例

285

综合实例　　制作"世界墙"专题片
技术掌握　　制作"世界墙"专题片的方法

204

即学即用　　银河旋转
技术掌握　　使用视频特效制作运动效果的方法

229

即学即用　　创建游动字幕
技术掌握　　创建游动字幕的方法

278

即学即用　　校正图像亮度和对比度
技术掌握　　校正偏暗和缺少对比度的图像的方法

278

课后习题　　转换颜色
技术掌握　　使用【转换颜色】滤镜改变图像颜色的方法

中文版 **Premiere Pro** CS6

从入门到精通
实用教程

微课版

互联网＋数字艺术教育研究院 编著

人民邮电出版社

北 京

图书在版编目（ＣＩＰ）数据

中文版Premiere Pro CS6从入门到精通实用教程：微课版 / 互联网+数字艺术教育研究院编著. -- 北京：人民邮电出版社，2018.1（2021.3重印）
ISBN 978-7-115-46252-7

Ⅰ. ①中… Ⅱ. ①互… Ⅲ. ①视频编辑软件－教材 Ⅳ. ①TN94

中国版本图书馆CIP数据核字(2017)第151852号

内 容 提 要

本书详细介绍了视频编辑的流程和方法，以帮助读者快速掌握 Premiere Pro CS6 的使用方法。全书共 16 章，分别讲述了数字视频编辑的基础知识、字幕和动画设计、视频特效处理，以及视频输出等技术。本书在讲解技术的过程中，精选了 113 个实例（91 个即学即用+19 个课后习题+3 个综合案例）来辅助练习，并通过"Tips"和"知识拓展"等小栏目来拓展读者对技术的理解深度和广度。另外，本书还附赠丰富的光盘文件，内容包括所有案例的源文件、素材文件以及多媒体教学视频。

本书不仅可作为普通高等院校相关专业的教材，还可作为零基础读者入门及提高的参考书。

◆ 编　著　　互联网+数字艺术教育研究院
　　责任编辑　税梦玲
　　责任印制　陈　犇
◆ 人民邮电出版社出版发行　　北京市丰台区成寿寺路 11 号
　　邮编　100164　电子邮件　315@ptpress.com.cn
　　网址　http://www.ptpress.com.cn
　　北京虎彩文化传播有限公司印刷
◆ 开本：787×1092　1/16　　彩插：2
　　印张：18.75　　　　　　　2018 年 1 月第 1 版
　　字数：540 千字　　　　　2021 年 3 月北京第 4 次印刷

定价：79.80 元（附光盘）

读者服务热线：(010)81055256　印装质量热线：(010)81055316
反盗版热线：(010)81055315
广告经营许可证：京东市监广登字 20170147 号

Premiere Pro CS6

前言
PREFACE

编写目的

Premiere是由Adobe公司推出的一款常用的视频编辑软件，也是一款编辑画面质量比较好的软件，有较好的兼容性，可以与Adobe公司推出的其他软件相互协作。目前，这款软件被广泛应用于广告和电视节目的制作。作为一款高效的视频生产全程解决方案，从开始捕捉直到输出，Premiere能够与OnLocation、After Effects、Photoshop等软件进行有效协同，可以无限拓展用户的创意空间，并且可以将内容传输到DVD、蓝光光盘、Web和移动设备等。

为帮助读者更有效地掌握所学知识，人民邮电出版社充分发挥在线教育方面的技术优势、内容优势和人才优势，潜心研究，为读者提供一种"纸质图书+在线课程"相配套，全方位学习中文版Premiere Pro CS6软件的解决方案。读者可根据个人需求，使用图书和"微课云课堂"平台上的在线课程进行碎片化、移动化的学习。

平台支撑

"微课云课堂"目前包含近50 000个微课视频，在资源展现上分为"微课云""云课堂"两种形式。"微课云"是该平台中所有微课的集中展示区，用户可随需选择；"云课堂"是在现有微课云的基础上，为用户组建的推荐课程群，用户可以在"云课堂"中按推荐的课程进行系统化学习，或者将"微课云"中的内容进行自由组合，定制符合自己需求的课程。

❖ "微课云课堂"主要特点

微课资源海量，持续不断更新："微课云课堂"充分利用了出版社在信息技术领域的优势，以人民邮电出版社60多年的发展积累为基础，将资源经过分类、整理、加工以及微课化之后提供给用户。

精心分类资源，方便自主学习："微课云课堂"相当于一个庞大的微课视频资源库，按照门类进行一级和二级分类，以及难度等级分类，不同专业、不同层次的用户均可以在平台中搜索自己需要或者感兴趣的内容资源。

多终端自适应，碎片化移动化：绝大部分微课时长不超过10分钟，可以满足读者碎片化学习的需要；平台支持多终端自适应显示，除了在PC端使用外，用户还可以在移动端随心所欲地进行学习。

内容特点

为方便读者快速高效地掌握中文版Premiere Pro CS6软件，本书在内容编排上进行了优化，按照"功能解析—即学即用—课后习题"这一思路进行编排。同时，书中还特意设计了很多"Tips"和"知识拓展"，千万不要跳读这些小栏目，它们会带来意外的惊喜。

功能解析：结合实例对软件的功能和重要参数进行解析，让读者深入掌握该功能。

即学即用：精心设计的练习题，读者能快速熟悉软件的基本操作和设计思路。

Tips：帮助读者对所学的知识进行进一步拓展，并掌握一些实用技巧。

知识拓展：针对初学者最容易疑惑的各种问题进行解答。

课后习题：通过操作来强化所学知识。

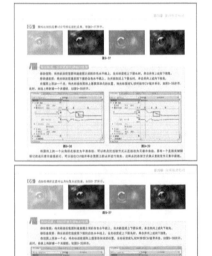
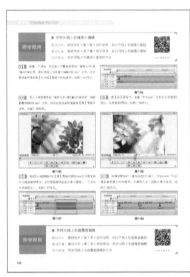

配套资源

为方便读者线下学习或教师教学，本书除了提供线上学习的支撑以外，还附赠一张光盘，光盘中包含"源文件和素材"、"微课视频"和"PPT课件"3个文件夹。

源文件和素材：包含即学即用和综合案例中所需要的所有素材文件、psd源文件和jpg效果图片。素材文件和实例文件放在同一文件夹下以方便用户查找和使用。

微课视频：包含即学即用、课后习题和综合案例的操作视频。

PPT课件：包含与书配套、制作精美的PPT。

编 者

2017年3月

Premiere Pro CS6

目录
CONTENTS

05 Premiere Pro程序设置 59

06 创建项目背景素材 75

07 管理和编辑素材 85

09 使用视频特效 ……………… 143

10 叠加画面 ………………… 181

13　编辑音频素材 243

14　Premiere高级编辑技术 263

视频编辑基础

平时我们所看到的影视节目都是经过相应的视频压缩处理后进行播放的，使用一种方法对视频内容进行压缩后，就需要用对应的方法对其进行解压缩来得到动画播放效果。使用的压缩方法不同，得到的视频编码格式也将不同。本章将介绍视频的一些基础知识，包括视频制式、数字视频和音频技术、线性编辑和非线性编辑等。

＊　了解视频的基础知识

＊　了解视频制式

＊　了解数字视频和音频技术

＊　了解线性编辑和非线性编辑的概念

1.1　模拟视频基础

视频可以分为模拟视频和数字视频两种类型。本节将介绍模拟视频的相关知识，包括扫描格式、像素、帧与场的概念，以及视频的制式。

⅃ 1.1.1　扫描格式

扫描格式是视频标准中最基本的概念，指图像在时间和空间上的抽样参数。它主要包括图像每行的像素数、每秒的帧数以及隔行扫描或逐行扫描。扫描格式主要分为两类，分别为每帧的行数525/59.94以及每秒的场数625/50。

⅃ 1.1.2　像素概念

像素是图像编辑中的基本单位。像素是一个个有色方块，图像由许多像素以行和列的方式排列而成。文件包含的像素越多，其所含的信息越多，所以文件越大，图像品质也就越好。

⅃ 1.1.3　帧概念

人们平时欣赏的电视、电影和Flash等，其实都是通过一系列连续的静态图像组成的，在单位时间内的这些静态图像就称为帧。由于人眼对运动物体具有视觉残像的生理特点，所以当某段时间内一组动作连续的静态图像依次快速显示时，人们就会感觉是一段连贯的动画。

电视或显示器上每秒钟扫描的帧数即帧速率。帧速率的大小决定了视频播放的平滑程度。帧速率越高，动画效果越平滑，反之就会有阻塞。在视频编辑中，人们经常通过改变一段视频的帧速率，来实现快动作与慢动作的表现效果。

⅃ 1.1.4　场概念

视频素材分为交错式和非交错式。交错式视频的每一帧由两个场（Field）构成，称为场1和场2，也称为奇场（Odd Field）和偶场（Even Field），在Premiere中称为上场（Upper Field）和下场（Lower Field）。这些场依顺序显示在NTSC（National Television System Committee）或PAL（Phase Alternation Line）制式的监视器上，产生高质量的平滑图像。因此，构成一个视频帧的两个扫描场便会同时显示。这样，计算机显示器以30fps的帧速率显示视频，并且计算机显示器上显示的大多数视频都是非交错的。

场以水平分隔线的方式保存帧的内容，在显示时先显示第1个场的交错间隔内容，然后通过显示第2个场来填充第1个场留下的缝隙。

⅃ 1.1.5　视频的制式

视频经过处理后就可以进行播放，最常见的视频就是平时看的电视影像。由于世界上各个国家对电视影像制定的标准不同，其制式也有一定的区别。制式的区别主要表现在帧速率、分辨率和信号带宽等方面。

现行的彩色电视制式有3种，分别为NTSC、PAL和SECAM（Sequentiel Couleur A Memoite）。

1.NTSC

NTSC主要在美国、加拿大等大部分西半球国家以及日本、韩国等国家被采用。

* 帧频：30。
* 行/帧：525。

* 亮度带宽：4.2。
* 色度带宽：1.3（I），0.6（Q）。
* 声音载波：4.5。

2.PAL

PAL制式主要在中国、英国、澳大利亚、新西兰等国家被采用。根据其中的细节，PAL可以进一步划分成G、I、D等制式，我们国家采用的是PAL-D制式。

* 帧频：25。
* 行/帧：625。
* 亮度带宽：6.0。
* 色度带宽：1.3（U），0.6（V）。
* 声音载波：6.5。

3.SECAM

SECAM制式主要在法国和东欧等地被采用。它的意思是顺序传送彩色信号与存储恢复彩色信号制式。

* 帧频：25。
* 行/帧：625。
* 亮度带宽：6.0。
* 色度带宽：大于1.0（U），大于1.0（V）。
* 声音载波：6.5。

1.2 数字视频基础

在Premiere中编辑的视频属于数字视频，下面就来了解一下数字视频基础。

↘ 1.2.1 视频记录的方式

视频记录方式一般有两种，一种是以数字信号（Digital）的方式记录，另一种是以模拟信号（Analog）的方式记录。

数字信号以0和1记录数据内容，常用于一些新型的视频设备，如DC、Digits、Beta Cam和DV-Cam等。数字信号可以通过有线和无线的方式传播，传输质量不会随着传输距离的变化而变化，但必须使用特殊的传输设置，并且在传输过程中不受外部因素的影响。

模拟信号以连续的波形记录数据，用于传统影音设备，如电视、摄像机、VHS、S-VHS、V8和Hi8摄像机等。模拟信号也可以通过有线和无线的方式传播，传输质量随着传输距离的增加而衰减。

↘ 1.2.2 数字视频量化

模拟波形在时间上和幅度上都是连续的。数字视频为了把模拟波形转换成数字信号，必须把这两个量纲转换成不连续的值。数字视频把幅度表示成一个整数值，而把时间表示成一系列按时间轴等步长的整数距离值。数字视频把时间转化成离散值的过程称为采样，而把幅度转换成离散值的过程称为量化。

↘ 1.2.3 视频帧速率

如果手头有一卷动态图像的胶片，那么将它对着光就可以看到组成此作品的单个图片帧。如果看得仔细点，就会发现动态图像的每一帧都与前一帧稍微不同。每一帧中视觉信息的改变创造了这种动态错觉。

拿一卷录影带对着光，是看不到任何帧的。但是，摄像机确实已经将这些图片数据电子存储为单个视频帧。标准DV NTSC（北美和日本标准）视频帧速率是29.97帧/秒；欧洲的标准帧速率是25帧/秒，并且欧洲使用逐行倒相（Phase Alternate Line，PAL）系统；电影的标准帧速率是24帧/秒；新高清视频摄像机也以24帧/秒（准确地说是23.976帧/秒）的帧速率录制。

在Premiere Pro中帧速率是非常重要的，因为它能帮助测定项目中动作的平滑度。通常，项目的帧速率与视频影片的帧速率相匹配。例如，如果使用DV设备将视频直接采集到Premiere Pro中，那么采集速率会设置为29.97帧/秒，以匹配Premiere Pro的DV项目设置帧速率。虽然项目帧速率与素材源影片的速率应相同，但如果准备将项目发布到Web中，就可能会以较低的速率导出影片。以较低帧速率导出作品，能使作品快速下载到Web浏览器中。

↘ 1.2.4 隔行扫描与逐行扫描

刚刚接触视频的电影制作人或许想知道，为什么不是所有的摄像机都以24帧/秒的帧速率录制和播放影片？答案就在早期电视播放技术的要点中。视频工程师发明了这样一种制作图像的扫描技术，即对视频显示器内部的荧光屏每次发射一行电子束。为防止扫描到达底部之前顶部的行消失，工程师们将视频帧分成两组扫描行，分别为偶数行和奇数行。每次扫描（称作视频场）都会向屏幕下前进1/60秒。在第1次扫描时，视频屏幕的奇数行从右向左绘制（第1、3、5行等），第2次扫描偶数行。因为扫描得太快，所以肉眼看不到闪烁，此过程称作隔行扫描。因为每个视频场都显示1/60秒，所以一个视频帧会每1/30秒出现一次，视频帧速率也就为30帧/秒。视频录制设备就是这样设计的，即以1/60秒的速率创建隔行扫描域。

许多更新的摄像机能一次渲染整个视频帧，因此无需隔行扫描。每个视频帧都是逐行绘制的，从第1行到第2行，再到第3行，依此类推，此过程称作逐行扫描。某些使用逐行扫描技术进行录制的摄像机能以24帧/秒的速度录制，并且能生成比隔行扫描品质更高的图像。因此，未来我们将会看到更多逐行扫描设备的视频作品。在Premiere Pro中编辑逐行扫描视频后，制片人就可以导出到类似Adobe Encore的程序中，在其中可以创建逐行扫描DVD。

↘ 1.2.5 画幅大小扫描

数字视频作品的画幅大小决定了Premiere Pro项目的宽度和高度。在Premiere Pro中，画幅大小是以像素为单位进行衡量的，像素是计算机监视器上能显示的最小图片元素。如果正在工作的项目使用的是DV影片，那么通常使用DV标准画幅大小为720像素×480像素，HDV视频摄像机（索尼和JVC）可以录制1280像素×720像素和1400像素×1080像素的大小，高清（HD）设备能以1920像素×1080像素进行拍摄。

 Tips

在视频规范中，720p表示1280像素×720像素画幅大小的逐行扫描视频。1920像素×1080像素的高清格式可以是逐行扫描，也可以是隔行扫描。在视频规范中，1080 60i表示画幅高度为1080像素的隔行扫描视频，数字60表示每秒的场数，因此表示录制速率是30帧/秒。

在Premiere Pro中，也可以在不同于原始视频画幅大小的项目中进行工作。例如，即使正在使用DV影片（720像素×480像素），也可以用于iPod或手机视频的设置创建项目。此项目的编辑画幅大小将是640像素×480像素，但它将会以240像素×480像素的QVGA（四分之一视频图形阵列）画幅大小进行输出，也可以以其他画幅大小进行编辑，以创建自定义画幅大小。

↘ 1.2.6 非正方形像素和像素纵横比

在DV出现之前，多数台式机视频系统中使用的标准画幅大小是640像素×480像素。计算机图像是由正方形像素组成的，因此640像素×480像素和320像素×240像素（用于多媒体）的画幅大小非常符合电视的纵横比（宽度比高度），即4：3（每4个正方形横向像素，对应3个正方形纵向像素）。但是在使用720像素×480像素或720像素×486像素的DV画幅大小进行工作时，计算不是很清晰。问题在于，如果创建的是720像素×480像素的画幅大小，那么纵横比就是3：2，而不是4：3的电视标准。如何将720像素×480像素压缩为4：3的纵横比呢？答案是使用矩形像素，比宽度更高的非正方形像素（在PAL DV系统中指720像素×576像素，即长度大于宽度）。

如果读者对正方形与非正方形像素的概念感到迷惑，那么只需记住，640像素×480像素能提供4：3的纵横比。这里要用到一点中学数学知识，720乘以多少等于640？答案是0.9，即640是720的0.9倍。因此，如果每个正方形像素都能削减到自身宽度的9/10，那么就可以将720像素×480像素转换为4：3的纵横比。如果正在使用DV进行工作，可能会频繁地看到数字0.9（即0.9：1的缩写），这称作像素纵横比。

在Premiere Pro中创建DV项目时，可以看到DV像素纵横比设置为0.9而不是1（用于正方形像素），如图1-1所示。此外，如果向Premiere Pro中导入画幅大小为720像素×480像素的影片，那么像素纵横比将自动设置为0.9。

图1-1

Tips

计算图像的纵横比可以使用公式"（帧高度/帧宽度）×（纵横比宽度/纵横比高度）"求得。因此，对于4：3的纵横比，480/640×4/3=1。对于720/480，更精确的说是704/480×4/3=0.9。对于PAL系统，计算结果是576/704×4/3=1.067。注意，704像素代替了720像素，因为704像素是实际活跃的图片区域。

在Premiere Pro中创建DV项目时，像素纵横比是自动选取的。Premiere Pro也会调整计算机显示器，保证在正方形像素的计算机显示器上查看非正方形像素影片时，不会造成变形。尽管如此，理解正方形与非正方形像素的概念还是很有帮助的，因为可能需要将DV项目导出到Web、多媒体应用程序、手机或iPod（它们都显示正方形像素，因为是在逐行扫描显示器上查看）。在工作的项目中，素材源可能同时包含有正方形像素和非正方形像素。例如，如果向DV项目导入的影片是由模拟视频卡数字化的（使用正方形像素数字化），或者将计算机图形程序创建的图像导入包含DV影片的DV项目中，那么视频区就会有两种类型的像素。为防止变形，用户可以使用Premiere Pro的"解释素材"命令合理设置导入图形或影片的画幅大小。

即学即用	● 将像素纵横比转换回方形像素
	素材文件：素材文件＞第1章＞即学即用：将像素纵横比转换回方形像素
	素材位置：素材文件＞第1章＞即学即用：将像素纵横比转换回方形像素
	技术掌握：将像素纵横比转换回方形像素的方法

（扫码观看视频）

01 打开光盘中的"素材文件>第1章>即学即用：将像素纵横比转换回方形像素>即学即用：将像素纵横比转换回方形像素.Prproj"文件，然后在"项目"面板中选择需要校正为方形像素的01.jpg文件，如图1-2所示。

02 在该图像文件名称上单击鼠标右键，然后从打开的菜单中选择"修改>解释素材"命令，如图1-3所示。

03 在打开的"修改素材"对话框中，设置"符合为"为"方形像素（1.0）"，然后单击"确定"按钮，如图1-4所示。此时，"项目"面板中的列表即可表示图像已经被转换为方形像素。

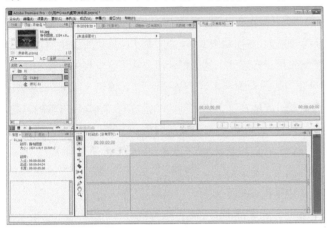

图1-2　　　　　　　　　　图1-3　　　　　　　　　　图1-4

↘ 1.2.7 RGB色彩和位数深度

计算机屏幕上的彩色图像是由不同数量的红、绿、蓝色组成的。在数字图像程序中，如Premiere Pro和Photoshop，红色、绿色和蓝色成分通常称作通道。每个通道可以提供256种颜色（2^8，通常称作8位色彩，因为一个字节是8位），256种红色×256种绿色×256种蓝色的组合，可以生成约1760万种颜色。因此，在Premiere Pro中创建项目时，可以看到大多数色彩深度选项设置为数百万种色彩。几百万种色彩的色彩深度通常称作24位色彩（2^{24}），某些新式高清摄像机能以10位每像素进行录制，可以为每种红色、绿色和蓝色像素提供1024种颜色，这远远大于红、绿、蓝色通道的256种颜色。尽管如此，多数视频仍然以8位每像素进行采样，所以10位色彩也许并不比8位色彩更有制作优势。

知识拓展：避免显示变形

　　当在计算机显示器（显示方形像素）上查看未更改的非方形像素时，图像可能会出现变形，而视频监视器上则不会出现变形。幸运的是，Premiere Pro会在计算机显示器上调整非方形像素的影片，因此在将影片导入DV项目中时，并不会使非方形像素影片变形。此外，如果使用Premiere Pro的"导出"命令将项目导出到Web，那么可以调整像素纵横比以防止变形。尽管如此，如果在方形像素程序（如Photoshop）中创建720像素×480像素（或720像素×486像素）的图形，然后将其导入NTSC DV项目中，那么图形在Premiere Pro中显示时可能会出现变形。图1-5显示了在Photoshop中以720像素×480像素创建的方形中包含一个圆形的图像。注意，此图像在Premiere Pro的素材源监视器面板中显示时会出现变形，因为Premiere Pro自动将其转换为非方形的0.9像素纵横比。

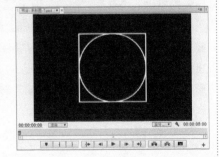

图1-5

　　如果在方形像素程序中以720像素×576像素创建一幅图形并将它导入一个PAL DV项目中，那么Premiere Pro也会将它转换为非方形像素纵横比。因为Premiere Pro将以DV画幅大小创建的数字素材源文件都定义为非方形像素数据，所以发生了变

知识拓展：避免显示变形（续）

形。这一文件导入的规则是由一个名为"Interpretation Rules.txt"的文本文件指定的，此文件包含了关于如何编辑定义规则的指导，位于"Adobe Premiere Pro CS6>Plug-ins>en_US"中，并且是可编辑的，这使Premiere Pro可以定义不同的图形和视频文件。

在Photoshop中创建图形，就可以避免图形变形。使用Photoshop在视频监视器上预览图形并显示视频预设，例如720像素×480像素DV设置在文件中所提供的像素纵横比是0.9。如果使用此预设，就可以在将图形导入DV项目之前预览图形。

如果安装Premiere Pro的计算机中也安装有Photoshop，就可以通过选择"文件>新建>Photoshop文件"菜单命令，在Premiere Pro中创建一个Photoshop文件，此文件将会配置为匹配Premiere Pro项目的像素纵横比。

使用Photoshop可以将一幅图像的像素纵横比设置为匹配Premiere项目的像素纵横比。首先选择"图像>图像大小"菜单命令，设置画幅大小与Premiere项目相匹配，然后选择"图像>像素长宽比"菜单命令，选择与项目匹配的像素纵横比即可。

↘ 1.2.8 数字视频编码压缩

由胶片制作的模拟视频、模拟摄像机捕捉的视频信号，都可以称为模拟视频。而数字视频的出现带来了巨大革命，在成本、制作流程和应用范围等方面，都大大超越了模拟视频。但是数字视频和模拟视频又息息相关，很多数字视频都是通过模拟信号数字化后得到的。

模拟视频被数字化后，具有相当大的数据率，为了节省空间和方便管理，需要使用特定的方法对模拟视频进行压缩。根据视频压缩方法的不同，主要可以分为如下3种类型。

1.有损和无损压缩

在视频压缩中有损（Loss）和无损（Lossless）的概念与对静态图像的压缩处理基本类似。无损压缩也即压缩前和解压缩后的数据完全一致，多数的无损压缩都采用RLE行程编码算法。有损压缩意味着解压缩后的数据与压缩前的数据不一致，要得到体积更小的文件，就必须通过对其进行损耗来得到，在压缩的过程中要丢失一些人眼和人耳所不敏感的图像或音频信息，而且丢失的信息不可恢复。几乎所有高压缩的算法都采用有损压缩，这样才能达到低数据率的目标。丢失的数据率与压缩比有关，压缩比越小，丢失的数据越多，解压缩后的效果一般越差。此外，某些有损压缩算法采用多次重复压缩的方式，这样还会引起额外的数据丢失。

2.帧内和帧间压缩

帧内（Intraframe）压缩也称为空间压缩（Spatial compression）。当压缩一帧图像时，仅考虑本帧的数据而不考虑相邻帧之间的冗余信息，这实际上与静态图像压缩类似。帧内一般采用有损压缩算法，由于帧内压缩时各个帧之间没有相互关系，所以压缩后的视频数据仍以帧为单位进行编辑。另外，帧内压缩一般达不到很高的压缩。

帧间（Interframe）压缩是基于许多视频或动画的连续前后两帧，具有很大的相关性，或者说前后两帧信息变化很小的特点，也就是连续的视频其相邻帧之间具有冗余信息。根据这一特性，压缩相邻帧之间的冗余量就可以进一步提高压缩量，减小压缩比。帧间压缩也称为时间压缩（Temporal compression），它通过比较时间轴上不同帧之间的数据进行压缩，对帧图像的影响非常小，所以帧间压缩一般是无损的。帧差值（Frame differencing）算法是一种典型的时间压缩法，它通过比较本帧与相邻帧之间的差异，仅记录本帧与其相邻帧的差值，这样可以大大减少数据量。

3.对称和不对称压缩

对称性（symmetric）是压缩编码的一个关键特征。对称意味着压缩和解压缩占用相同的计算处理能力和时间，对称算法适合于实时压缩和传送视频，如视频会议应用就以对称压缩编码算法为好。而在电子出版和其他多媒体应用中，都是先把视频内容压缩处理好，然后在需要的时候播放，因此可以采用不对称（asymmetric）编码算法。不对称或非对称意味着压缩时需要花费大量的处理能力和时间，而解压缩时则能较好地实时回放，也就是需要不同的速度进行压缩和解压缩。一般情况下，压缩一段视频的时间比回放（解压缩）该视频的时间要多得多。例如，压缩一段3分钟的视频片断可能需要十多分钟的时间，而该片断实时回放时间只有3分钟。

↘ 1.2.9　SMPTE时间码

在视频编辑中，通常用时间码来识别和记录视频数据流中的每一帧，从一段视频的起始帧到终止帧，这期间的每一帧都有一个唯一的时间码地址。根据动画和电视工程师协会（Society of Motion Picture and Television Engineers，SMPTE）使用的时间码标准，其格式是"小时：分钟：秒：帧"，或"hours：minutes：seconds：frames"。一段长度为00：02：31：15的视频片段的播放时间为2分钟31秒15帧，如果以30帧/秒的速率播放，则播放时间为2分钟31.5秒。

根据电影、录像和电视工业中使用的不同帧速率，各有其对应的SMPTE标准。由于技术的原因，NTSC制式实际使用的帧率是29.97fps而不是30fps，因此在时间码与实际播放时间之间有0.1%的误差。为了解决这个误差问题，设计出丢帧（drop-frame）格式，即在播放时每分钟要丢2帧（实际上是有两帧不显示，而不是从文件中删除），这样可以保证时间码与实际播放时间一致。与丢帧格式对应的是不丢帧（nondrop-frame）格式，它忽略时间码与实际播放帧之间的误差。

1.3　视频和音频格式

在学习Premiere Pro进行视频编辑之前，读者首先需要了解数字视频与音频技术的一些基本知识。下面将介绍常见视频格式和常见音频格式的知识。

↘ 1.3.1　常见视频格式

数字视频包含DV格式和数字视频的压缩技术。目前对视频压缩编码的方法有很多，应用的视频格式也就有很多种，其中最有代表性的就是MPEG数字视频格式和AVI数字视频格式。下面就来介绍一下7种常用的视频存储格式。

1.AVI格式

这是一种专门为微软Windows环境设计的数字式视频文件格式，这个视频格式的好处是兼容性好、调用方便、图像质量好，缺点是占用空间大。

2.MPEG格式

该格式包括MPEG-1、MPEG-2、MPEG-4。MPEG-1被广泛应用于VCD的制作和一些网络上的视频片段，使用MPEG-1的压缩算法可以把一部120分钟的视频文件压缩到1.2GB左右。MPEG-2则应用在DVD的制作方面，以及一些HDTV（高清晰电视广播）和高要求视频的编辑、处理上。MPEG-2可以制作出在画质等方面远远超过MPEG-1的视频文件，但是容量也不小，通常为4~8GB。MPEG-4是一种新的压缩算法，可以将1.2GB的文件压缩到300MB左右，以供网络播放。

3.ASF格式

这是Microsoft公司为了和Real Player竞争而开发的一种可以直接在网上观看视频节目的流媒体文件压缩格

式，即一边下载一边播放，不用存储到本地硬盘。由于它使用了MPEG-4的压缩算法，所示在压缩率和图像的质量上都非常不错。

4.NAVI格式

这是一种新的视频格式，是由ASF的压缩算法修改而来，它拥有比ASF更高的帧率，但是以牺牲ASF的视频流特性作为代价，也就是说它是非网络版本的ASF。

5.DIVX格式

该格式的视频编码技术可以说是一种对DVD造成威胁的新生视频压缩格式，所以又被称为"DVD杀手"。由于它使用的是MPEG-4压缩算法，可以在对文件尺寸进行高度压缩的同时，保留非常清晰的图像质量。用该技术来制作的VCD，可以得到与DVD差不多画质的视频，而制作成本却要低廉得多。

6.QuickTime格式

QuickTime（MOV）格式是苹果公司创立的一种视频格式，在图像质量和文件尺寸的处理上具有很好的平衡性，无论在本地播放还是作为视频流在网络中播放，都是非常优秀的。

7.Real Video格式

Real Video格式主要定位于视频流应用方面，是视频流技术的创始者。它可以在56K MODEM的拨号上网条件下实现不间断的视频播放，但它必须通过损耗图像质量的方式来控制文件的体积，因此图像质量通常很低。

↘ 1.3.2 常见音频格式

音频是指一个用来表示声音强弱的数据序列，由模拟声音经采样、量化和编码后得到。不同数字音频设备一般对应不同的音频格式文件。音频的常见格式有WAV、MIDI、MP3、WMA、MP4、VQF、RealAudio和AAC等。下面将介绍7种常见的音频格式。

1.WAV格式

WAV格式是Microsoft公司开发的一种声音文件格式，也叫波形声音文件，是最早的数字音频格式，Windows平台及其应用程序都支持这种格式。这种格式支持MSADPCM、CCITT A LAW等许多种压缩算法，并支持多种音频位数、采样频率和声道，标准的WAV文件和CD格式一样，也是44 100Hz的采样频率，比特率为88bit/s，量化位数为16位，因此WAV的音质和CD差不多，也是目前广为流行的声音文件格式，几乎所有的音频编辑软件都能识别WAV格式。

2.MP3格式

MP3的全称为MPEG Audio Layer-3。Layer-3是Layer-1、 Layer-2的升级版（version up）产品。与其前身相比，Layer-3 具有最好的压缩率，并被命名为MP3，其应用最为广泛。由于Layer-3 文件尺寸小、音质好，因此为MP3格式的发展提供了良好的条件。

3.Real Audio格式

Real Audio是由Real Networks公司推出的一种文件格式，最大的特点就是可以实时传输音频信息，现在主要适用于在线音乐欣赏。

4.MP3 Pro格式

MP3 Pro由瑞典Coding科技公司开发，其中包含两大技术，一是来自于Coding科技公司所特有的解码技术，二是由MP3的专利持有者——法国汤姆森多媒体公司和德国Fraunhofer集成电路协会，共同研究的一项译码技术。MP3 Pro可以在基本不改变文件大小的情况下改善原有MP3音乐的音质，在用较低的比特率压缩音频文件的条件下，最大程度地保持压缩前的音质。

5.MIDI格式

MIDI（Musical Instrument Digital Interlace）又称乐器数字接口，是数字音乐电子合成乐器的国际统一标准。它定义了计算机音乐程序、数字合成器及其他电子设备交换音乐信号的方式，规定了不同厂家的电子乐器与计算机连接的电缆、硬件及设备数据传输的协议，可以模拟多种乐器的声音。

6.WMA格式

WMA（Windows Media Audio）是由Microsoft公司开发，用于因特网音频领域的一种音频格式。WMA的音质要强于MP3格式，更远胜于RA格式。它和Yamaha（雅马哈）公司开发的VQF格式一样，是以减少数据流量但保持音质的方法，来达到比MP3压缩率更高的目的。WMA的压缩率一般都可以达到1：18左右，WMA还支持音频流（Stream）技术，适合在线播放，更方便的是不用像MP3那样需要安装额外的播放器，只要安装了Windows操作系统就可以直接播放WMA音乐。

7.VQF格式

VQF格式是由Yamaha公司和NTT共同开发的一种音频压缩技术，它的核心是利用减少数据流量但保持音质的方法来达到更高的压缩比，压缩率可达到1：18。因此相同情况下压缩后VQF文件体积比MP3小30%~50%，更利于网上传播，同时音质极佳，接近CD音质（16位44.1kHz立体声）。但是由于宣传不够，这种格式至今未能广泛使用，VQF可以用雅马哈的播放器播放。

1.4　线性编辑和非线性编辑

对视频进行编辑的方式可以分为两种，分别为线性编辑和非线性编辑。

↘ 1.4.1　线性编辑

所谓线性编辑是指在定片显示器上做传统编辑，源定片从一端进来做标记、剪切和分割，然后从另一端出来。线性编辑的主要特点是录像带必须按照它代表的顺序编辑。因此，线性编辑只能按照视频的播放先后顺序而进行编辑工作，如早期为录DV、电影添加字幕以及对其进行剪辑的工作，使用的就是这种技术。

线性编辑又称作在线编辑，传统的电视编辑就属于此类编辑，是直接用母带来进行剪辑的方式。如果要在编辑好的录像带上插入或删除视频片段，那么在插入点或删除点以后的所有视频片段都要重新移动一次，在操作上很不方便。

↘ 1.4.2　非线性编辑

非线性编辑（Digital Non-Linear Editing，DNLE）是一种组合和编辑多个视频素材的方式。它使用户在编辑过程中，可以在任意时刻随机访问所有素材。非线性编辑技术融入了计算机和多媒体这两个先进领域的前端技术，集录像、编辑、特技、动画、字幕、同步、切换、调音和播出等多种功能于一体，改变了人们剪辑素材的传统观念，克服了传统编辑设备的缺点，提高了视频编辑的效率。

相对于线性编辑的制作途径，非线性编辑是在计算机中利用数字信息进行的视频和音频编辑，只需要使用鼠标和键盘就可以完成视频编辑的操作。数字视频素材的取得主要有两种方式，一种是先将录像带上的片段采集下来，即把模拟信号转换为数字信号，然后存储到硬盘中进行编辑。现在的电影、电视中很多特技效果的制作过程，就是采用这种方式取得数字化视频，在计算机进行特效处理后再输出影片。另一种就是用数码摄像机（即现在所说的DV摄像机）直接拍摄得到数字视频。数码摄像机在拍摄中，就即时地将拍摄的内容转换成了数字信号，只需在拍摄完成后，将需要的片段输入到计算机中。

1.5 视频编辑中的常见术语

视频编辑中的常见术语如下。

* **动画**：通过迅速显示一系列连续的图像而产生动作模拟效果。
* **帧**：在视频或动画中的单个图像。
* **帧/秒（帧速率）**：每秒被捕获的帧数或每秒播放的视频（或动画序列）的帧数。
* **关键帧（Key frame）**：一个在素材中特定的帧，它被标记的目的是特殊编辑或控制整个动画。当创建一个视频时，在需要大量数据传输的部分指定关键帧有助于控制视频回放的平滑程度。
* **导入**：将一组数据从一个程序置入另一个程序的过程。文件一旦被导入，数据将被改变，以适应新的程序而不会改变源文件。
* **导出**：这是在应用程序之间分享文件的过程。导出文件时，要使数据转换为接收程序可以识别的格式，源文件将保持不变。
* **转场效果**：一个视频素材代替另一个视频素材的切换过程。
* **渲染**：为输出服务，应用了转场和其他效果之后，将源信息组合成单个文件的过程。

1.6 视频制作的前期准备

在进行视频制作之前，应该做好剧本的策划和收集素材的准备。

↘ 1.6.1 策划剧本

剧本的策划是制作一部优秀的视频作品的首要工作。剧本的策划重点在于创作的构思，是一部影片的灵魂所在。当脑海中有了一个绝妙的构思后，应该马上用笔把它描述出来，这就是通常所说的影片的剧本。

在编写剧本时，首先要拟定一个比较详细的提纲，然后根据这个提纲尽量做好细节描述，以作为在Premiere中进行编辑过程的参考指导。剧本的形式有很多种，例如绘画式和小说式等。

↘ 1.6.2 准备素材

素材是组成视频节目的各个部分，Premiere Pro CS6所做的只是将其穿插组合成一个连贯的整体。通过DV摄像机，可以将拍摄的视频内容通过数据线直接保存到计算机中，旧式摄像机拍摄出来的影片还需要进行视频采集才能存入计算机。

在Premiere Pro CS6中经常使用的素材有以下7种。

第1种：通过视频采集卡采集的数字视频AVI文件。

第2种：由Premiere或者其他视频编辑软件生成的AVI和MOV文件。

第3种：WAV格式和MP3格式的音频数据文件。

第4种：无伴音的FLC或FLI格式文件。

第5种：各种格式的静态图像，包括BMP、JPG、PCX和TIF等。

第6种：FLM（Filmstrip）格式的文件。

第7种：由Premiere制作的字幕（Title）文件。

1.7　获取影视素材

根据脚本的内容将素材收集齐备后，将这些素材保存到计算机中指定的文件夹，以便管理，然后便可以开始编辑工作了。

1.7.1　实地拍摄

获取影视素材可以直接从已有的素材库中提取，也可以实地拍摄后，通过捕获视频信号的方式来实现。

实地拍摄是取得素材的最常用方法，在进行实地拍摄之前，应做好以下4个准备工作。

第1个：检查电池电量。

第2个：检查DV带是否备足。

第3个：如果需要长时间拍摄，应安装好三脚架。

第4个：计划拍摄的主题，进行实地考察现场的大小、灯光情况以及主场景的位置，然后选定自己拍摄的位置，以便确定要拍摄的内容。

在做好拍摄准备后，就可以进行实地拍摄录像了。

1.7.2　数字视频捕获

实地拍摄视频的捕获包括数字视频的捕获和模拟信号的捕获。

拍摄完毕后，可以在DV机中回放所拍摄的片断，也可以通过DV机器的S端子或AV输出与电视连接，在电视上欣赏。如果要对所拍片断进行编辑，就必须将DV带里所存储的视频素材传输到计算机中，这个过程称

1.7.3　模拟信号捕获

为视频素材的采集。

在计算机上通过视频采集卡可以接收来自视频输入端的模拟视频信号，对该信号进行采集、量化成数字信号，然后压缩编码成数字视频。把模拟音频转成数字音频的过程称作采样，其过程所用到的主要硬件设备便是模拟/数字转换器（Analog to Digital Converter，ADC），计算机声卡中集成了模拟/数字转换芯片，其功能相当于模拟/数字转换器。采样的过程实际上是将通常的模拟音频信号的电信号转换成许多称作"比特（Bit）"的二进制码0和1，这些0和1便构成了数字音频文件。

由于模拟视频输入端可以提供不间断的信息源，视频采集卡要采集模拟视频序列中的每帧图像，并在采集下一帧图像之前把这些数据传入PC系统。因此，实现实时采集的关键是每一帧所需的处理时间。如果每帧视频图像的处理时间超过相邻两帧之间的相隔时间，则要出现数据的丢失，也就是丢帧现象。采集卡都是把获取的视频序列先进行压缩处理，然后存入硬盘，将视频序列的获取和压缩一起完成。

02

Premiere Pro快速入门

Premiere Pro为视频编辑人员提供了创建复杂数字视频作品所需的功能，使用Premiere Pro可以直接从计算机中创建数字电影、记录片、销售演示和音乐视频。个人的数字视频作品也可以输出到录像带、Web或DVD中，或者将它整合到其他程序的项目中，例如Adobe After Effects、Adobe Encore和Adobe Flash。

本章主要介绍Premiere Pro的基础知识，帮助读者理解Premiere Pro的作用和功能，以及认识工作界面的相关知识及操作。

* Premiere Pro的运用领域
* Premiere Pro的工作方式
* 安装Premiere Pro CS6的系统需求
* 启动Premiere Pro CS6

* 认识Premiere Pro CS6工作界面
* Premiere Pro CS6的界面操作
* 认识Premiere Pro CS6的功能面板
* 认识Premiere Pro CS6的菜单命令

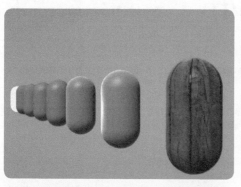

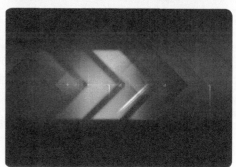

2.1 Premiere Pro的运用领域

Premiere Pro拥有创建动态视频作品所需的所有工具，无论是为Web创建一段简单的视频剪辑，还是复杂的记录片、摇滚视频、艺术活动或婚礼视频，Premiere Pro都可以轻松完成。事实上，理解Premiere Pro的最好方式是把它看作一套完整的制作设备，以前需要满满一屋子的录像带和特效设备才能做到的事，现在只要使用Premiere Pro就能做到。下面列出了一些使用Premiere Pro可以完成的制作任务。

第1个：将数字视频素材编辑为完整的数字视频作品。

第2个：从摄像机或录像机中采集视频。

第3个：从麦克风或音频播放设备中采集音频。

第4个：加载数字图形、视频和音频素材库。

第5个：创建字幕和动画字幕特效，如滚动或旋转字幕。

2.2 Premiere Pro的工作方式

要理解Premiere Pro的视频制作过程，就需要对传统录像带产品，即影片是非数字化的产品的创建步骤有基本的了解。

在传统或线性视频产品中，所有作品元素都传送到录像带中。即使在编辑过程中使用了计算机，录像带的线性或模拟的本质也会使整个过程非常耗时。

非线性编辑程序（如Premiere Pro）完全颠覆了整个视频编辑过程，在非线性编辑程序中可以随意修改任意时间上的内容，并且可以为视频内容添加各种效果，例如缩短持续时间、添加转场效果以及添加字幕等。

2.3 安装Premiere Pro CS6的系统需求

随着软件版本的不断更新，Premiere的功能也越来越强，同时安装文件的大小也与日俱增。为了能够让用户完美地体验所有功能，Premiere Pro CS6在安装时对计算机的硬件配置提出了一定要求。

 Tips

安装Premiere Pro CS6必须使用64位Windows 7操作系统。

对64位操作系统的硬件需求如表2-1所示。

表2-1

操作系统	Microsoft Windows 7 Enterprise Microsoft Windows 7 Ultimate Microsoft Windows 7 Professional Microsoft Windows 7 Home Premium
浏览器	Internet Explorer 7.0或更高版本
处理器	AMD Athlon 64 AMD Opteron Intel Xeon，具有Intel EM 64T支持 Intel Pentium 4，具有Intel EM 64T支持

表2-1（续）

内存	2GB RAM（建议使用8GB）
显示器分辨率	1024像素×768 像素真彩色
磁盘空间	安装2.0GB
.NET Framework	.NET Framework版本4.0
视频编辑的其他需求	2 GB RAM或更大 2 GB可用硬盘空间（不包括安装需要的空间） 1280像素×1024像素真彩色视频显示适配器128 MB（建议：普通图像为256 MB，中等图像材质库图像为512 MB），Pixel Shader 3.0或更高版本，支持Direct3D功能的图形卡。

2.4 Premiere Pro的工作界面

在学习Premiere Pro CS6进行视频编辑之前，读者首先需要认识其工作界面，对各个部分的功能有一个大概的了解，以便在后期的学习中，可以快速找到需要使用的功能及其所在的位置。

↘ 2.4.1 启动Premiere Pro CS6

同启动其他应用程序一样，安装好Premiere Pro CS6后，可以通过以下两种方法来启动Premiere Pro CS6。

第1种：单击桌面上的Premiere Pro CS6快捷图标▣，启动Premiere Pro CS6。

第2种：在【开始】菜单中找到并单击Adobe Premiere Pro CS6命令，启动Premiere Pro CS6。

程序启动后，将出现欢迎界面，通过该界面可以打开最近编辑的几个影片项目文件，以及执行新建项目、打开项目和开启帮助的操作。在默认状态下，Premiere Pro CS6可以显示用户最近使用过的5个项目文件的路径，以名称列表的形式显示在【最近使用项目】一栏中，用户只需单击所要打开的项目文件名，就可以快速打开该项目文件并进行编辑，如图2-1所示。

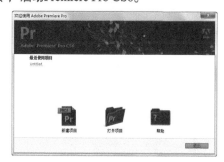

图2-1

命令介绍

* 新建项目：可以创建一个新的项目文件进行视频编辑。
* 打开项目：可以开启一个在计算机中已有的项目文件。
* 帮助：可以开启软件的帮助系统，查阅需要的说明内容。

当用户要开始一项新的编辑工作时，需要先单击【新建项目】按钮，建立一个新的项目。此时，会打开图2-2所示的【新建项目】对话框，在【新建项目】对话框中可以设置活动与字幕安全区域、视频的显示格式、音频的显示格式、采集格式，以及设置项目存放的位置和项目的名称。

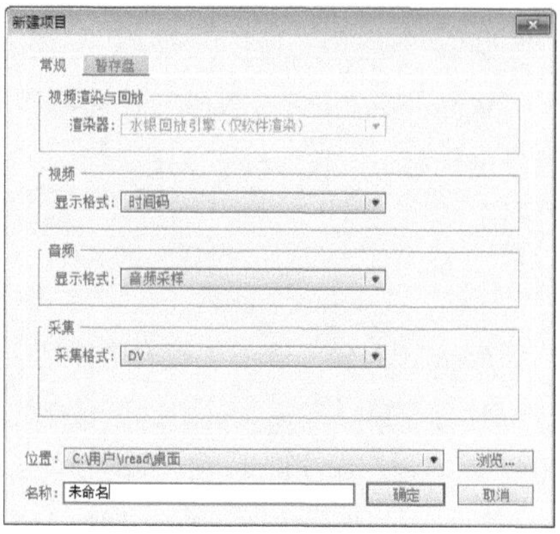

图2-2

在【新建项目】对话框中单击【确定】按钮，将打开【新建序列】对话框，在该对话框中包括【序列预设】【设置】和【轨道】等选项卡，这些选项卡中的参数将在后面章节中进行详细介绍，在对话框的下方可以输入序列的名称，如图2-3所示。单击【确定】按钮，即可进入Premiere Pro CS6的工作界面。

图2-3

↘ 2.4.2 认识Premiere Pro CS6工作界面

启动Premiere Pro CS6之后，会有几个面板自动出现在工作界面中。Premiere Pro CS6的工作界面主要由七大区域组成，如图2-4所示。

界面介绍

* 区域A：菜单栏，集合了Premiere Pro CS6的所有命令。
* 区域B：该区域主要由【效果】和【项目】面板构成。
* 区域C：该区域主要由【特效控制台】、【源】、【调音台】和【元数据】面板构成。
* 区域D：该区域主要由【节目】面板构成。
* 区域E：该区域主要由【信息】、【标记】和【历史】面板构成。
* 区域F：该区域主要由【工具】面板构成。
* 区域G：该区域主要由【时间线】面板构成。

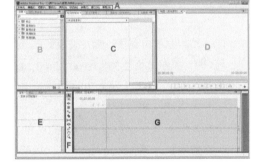

图2-4

Tips

　　视频制作涵盖了多个方面的任务，完成一份作品，可能需要采集视频、编辑视频，以及创建字幕、切换效果和特效等，Premiere Pro窗口可以帮助分类及组织这些任务。

Premiere Pro中有很多工作面板并没有显示出来，可以在【窗口】菜单中执行命令打开相应的面板，如图2-5所示。

↘ 2.4.3 Premiere Pro CS6的界面操作

Premiere Pro CS6的面板非常灵活，用户可以根据个人习惯和爱好随意调整。Premiere Pro的所有视频编辑工具所驻留的面板都可以任意编组或停放，停放面板时面板会连接在一起，因此调整一个面板的大小时，会改变另一个面板的大小。图2-6所示的是调整节目监视器大小前后的对比效果，在扩大节目【监视器】面板时会使素材源【监视器】面板变小。

图2-5

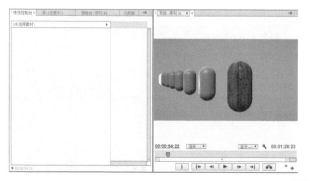

图2-6

● 调整面板的大小

素材文件：无

素材位置：无

技术掌握：调整工作界面中的面板大小

（扫码观看视频）

01 新建一个项目，然后执行【窗口】>【工作区】>【重置当前工作区】菜单命令，使界面恢复到默认状态，如图2-7所示。

02 将光标放置在两个相邻面板或群组面板之间的边界上，当光标呈■状时，拖曳光标就可以调整相邻面板之间的水平尺寸，如图2-8所示。

03 将光标移至面板的边角，当光标呈■状时，拖曳光标就可以同时调整面板之间的水平和垂直的尺寸，如图2-9所示。

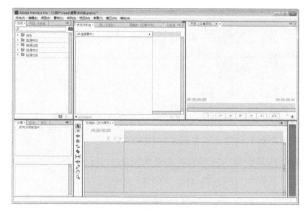

图2-7

图2-8

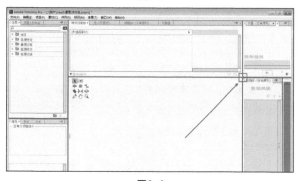

图2-9

● 面板编组与停放

素材文件：无

素材位置：无

技术掌握：进行面板编组与停放操作

（扫码观看视频）

01 新建一个项目，然后执行【窗口】>【工作区】>【重置当前工作区】菜单命令，使界面恢复到默认状态，然后将光标移至【特效控制台】面板的标题处，接着按住鼠标左键并拖曳到【项目】面板的标题处，松开鼠标后【特效控制台】面板就移动到【项目】面板处了，如图2-10所示。

图2-10

02 将光标移至【特效控制台】面板的标题处，接着按住鼠标左键并拖曳到【源】面板的上端，松开鼠标后【特效控制台】面板就移动到【源】面板的上端了，如图2-11所示。

图2-11

即学即用	● 创建浮动面板
	素材文件：无
	素材位置：无
	技术掌握：将面板设置为浮动面板的样式

（扫码观看视频）

01 新建一个项目，然后执行【窗口】>【工作区】>【重置当前工作区】菜单命令，使界面恢复到默认状态，然后在【特效控制台】面板的标题处单击鼠标右键，在打开的菜单中选择【浮动面板】功能。此时，【特效控制台】面板就会成为一个独立的对话框，如图2-12所示。

图2-12

02 如果在【特效控制台】面板的标题处单击鼠标右键，在打开的菜单中选择【浮动窗口】功能，那么该区域中的所有面板就会成为一个独立的对话框，如图2-13所示。

图2-13

单击面板右边的 按钮，也可以浮动窗口和面板，如图2-14所示。

图2-14

● 打开和关闭面板

即学即用

素材文件：无

素材位置：无

技术掌握：打开被关闭的面板和关闭不需要的面板

（扫码观看视频）

01 新建一个项目，然后在【特效控制台】面板的标题处单击鼠标右键，在打开的菜单中选择【关闭面板】命令可以将该面板关闭，如图2-15所示。

02 执行【窗口】>【特效控制台】菜单命令，则可以显示【特效控制台】面板，如图2-16所示。

如果想将当前调整好的界面保存，可以执行【窗口】>【工作区】>【新建工作区】菜单命令，然后为工作区命名，接着在【窗口】>【工作区】菜单中可以随时调用保存的工作区。

图2-15

图2-16

2.5 认识Premiere Pro CS6的功能面板

前面学习了Premiere Pro CS6的工作界面，接下来学习其中常用面板的主要功能和相关操作。

↘ 2.5.1 项目面板

【项目】面板用来显示和管理导入的素材和项目文件，如果素材中包含视频和音频文件，那么可以单击▶按钮来播放或暂停文件，如图2-17所示。

图2-17

↘ 2.5.2 时间线面板

【时间线】面板是视频作品的基础，它提供了组成项目的视频序列、特效、字幕和切换效果的临时图形总览，如图2-18所示。时间线并非仅用于查看，也可对素材进行编辑。使用鼠标把视频和音频素材、图形和字幕从项目面板拖曳到时间线中，即可以构建自己的作品。

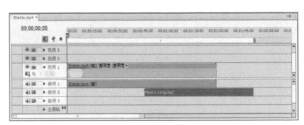

图2-18

使用【工具】面板中的工具可以在【时间线】面板中排列、裁剪与扩展素材。拖曳工作区条任意一端的工作区标记，可以指定Premiere Pro预览或导出的时间线部分。工作区条下方的彩色提示条指示项目的预览文件是否存在。红色条表示没有预览，绿色条表示已经创建了视频预览，如果存在音频预览，则会出现一条更窄的浅绿色提示条。

【时间线】面板中最有用的视觉表征是将视频和音频轨道表示为平行条，Premiere Pro提供了多个平行轨道以便实时预览并将作品概念化。例如，使用平行的视频和音频轨道，可以在播放音频时查看视频，时间线也包含了用于隐藏或查看轨道的图标。在【时间线】面板中通常可以执行以下操作。

1.打开和关闭视频轨道内容

单击视频轨道中的【切换轨道输出】图标 ，可以在预览作品时隐藏轨道中的内容，再次单击此图标可以使轨道的内容可见，如图2-19所示。

2.打开或关闭音频轨道

单击音频的【开关轨道输出】图标 ，可以打开或关闭音频轨道内容，如图2-20所示。

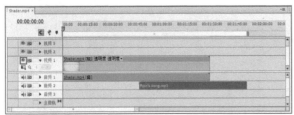

图2-19

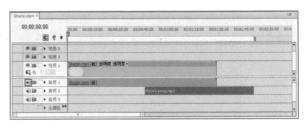

图2-20

3.设置显示样式

在【切换轨道输出】图标下方是【设置显示样式】图标 ，用于设置轨道中素材的显示模式。单击此图标，可以选择在时间线中是显示实际素材的帧，还是仅显示素材的名称，如图2-21所示。

4.缩放时间线区域

使用【时间线】面板的左下角的时间缩放滑块可以改变时间线的时间间隔，如图2-22所示。缩小显示项目可以占用更少的时间线空间，而放大显示项目将占用更大的时间线区域。因此，如果正在时间线中查看帧，放大可以显示更多的帧。

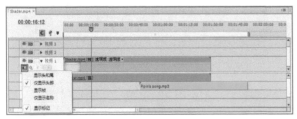

图2-21

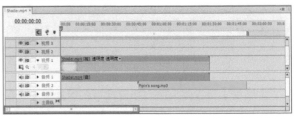

图2-22

↘ 2.5.3 监视器面板

【监视器】面板主要用于预览创建作品。在预览作品时,在素材源监视器或节目监视器中单击【播放-停止切换】按钮▶可以播放作品,如图2-23所示。

使用Premiere Pro进行工作时,可以拖曳时间滑块来调整当前的播放位置,也可以设置精确的时间来指定播放的位置,如图2-24所示。

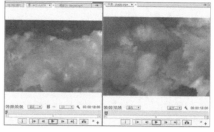
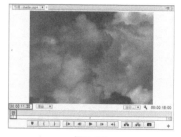

图2-23　　　　　　　　　　图2-24

Premiere Pro提供了5种不同的【监视器】面板,分别为素材源监视器、节目监视器、修剪监视器、参考监视器和多机位监视器。通过节目监视器的面板菜单,可以访问修整、参考和多机位监视器。

1.素材源监视器

素材源监视器用来显示还未放入时间线的视频序列中的源影片,还可以设置素材的入点和出点,以及显示音频素材的音频波形,如图2-25所示。

图2-25

2.节目监视器

节目监视器用来显示在【时间线】面板的视频序列中编辑的素材、图形、特效和切换效果,也可以按【提升】和【提取】按钮移除影片,如图2-26所示。

图2-26

3.修剪监视器

修剪监视器可以精确地编辑素材,如图2-27所示。执行【窗口】>【修剪监视器】菜单命令可以访问修剪监视器。

图2-27

在【修剪监视器】面板中,一段素材的左边和右边显示在窗口的两边。在素材的两个监视器视图之间拖曳,可以在素材的任意一边添加或移除帧,如图2-28所示。

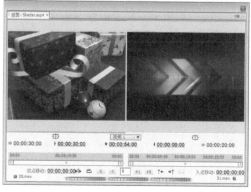

图2-28

4.参考监视器

在许多情况下，参考监视器是另一个节目监视器，可以调整颜色和音调，因为在参考监视器中查看视频示波器（显示色调和饱和度级别）的同时，可以在节目监视器中查看实际的影片，如图2-29所示。参考监视器可以设置为与节目监视器同步播放或统调，也可以设置为不统调。

5.多机位监视器

使用多机位监视器可以在一个监视器中同时查看多个不同的素材，如图2-30所示。在监视器中播放影片时，可以使用鼠标或键盘选定一个场景，将它插入到节目序列中。在编辑从不同机位同步拍摄的事件影片时，使用多机位监视器最有用。

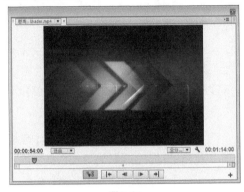

图2-29

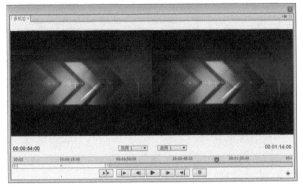

图2-30

↘ 2.5.4 调音台面板

使用【调音台】面板可以混合不同的音频轨道、创建音频特效和录制叙述材料，如图2-31所示。调音台具有实时工作的能力，因此可以在查看伴随视频的同时混合音频轨道并应用音频特效。

拖曳音量衰减器控件，可以提高或降低轨道的音频级别。使用圆形、旋钮状控件可以摇动或平衡音频，拖曳旋钮可以改变设置。使用平衡控件下方的按钮可以播放所有轨道，选定想要收听的轨道，或者选定想要静音的轨道。使用调音台窗口底部相似的控件可以在音频播放时启动或停止录制。

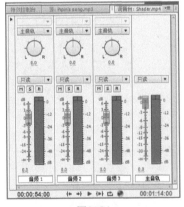

图2-31

↘ 2.5.5 效果面板

使用【效果】面板可以快速应用多种音频特效、视频特效和切换效果。例如，视频特效文件夹包含了变换、图像控制、实用、扭曲和时间等特效类型，如图2-32所示。具体的特效放置在文件夹中，例如【扭曲】文件夹中包含了【偏移】、【变换】、【弯曲】、【放大】和【球面化】等滤镜，如图2-33所示。选择并将特效拖曳到时间线中的素材上，即可对素材添加特效，然后可以使用【特效控制台】面板中的控件编辑特效。

图2-32

图2-33

2.5.6 特效控制台面板

使用【特效控制台】面板可以快速创建和控制音频、视频特效以及切换效果。例如，在【效果】面板中选定一种特效，然后将其拖曳到时间线中的素材上，或直接拖到【特效控制台】面板中，就可以对素材添加特效。图2-34所示的【特效控制台】面板包含了其特有的时间线和一个缩放时间线的滑块控件。

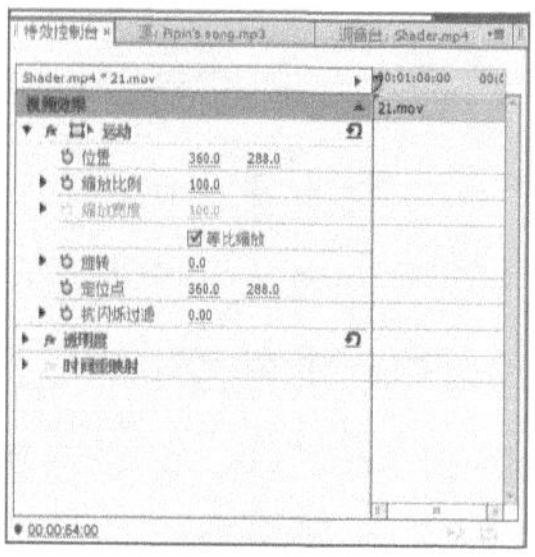

图2-34

2.5.7 工具面板

【工具】面板中的工具主要用于在时间线中编辑素材，如图2-35所示。

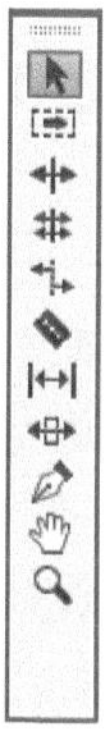

图2-35

工具介绍

* 选择工具：该工具用于对素材进行选择和移动，还可以调节素材关键帧，以及为素材设置入点和出点。
* 轨道选择工具：该工具可以选择某一轨道上的所有素材。
* 波纹编辑工具：该工具可以拖曳素材的出点以改变素材的长度，而相邻素材的长度不变，项目片段的总长度改变。
* 滚动编辑工具：该工具在需要剪辑的素材边缘拖曳，可以将增加到该素材的帧数从相邻的素材中减去，也就是说项目片段的总长度不发生改变。
* 速率伸缩工具：该工具可以对素材进行相应地速度调整，以改变素材长度。
* 剃刀工具：该工具用于分割素材。选择该工具后单击素材，会将素材分为两段，产生新的入点和出点。
* 错落工具：该工具用于改变一段素材的入点和出点，保持其总长度不变，并且不影响相邻的其他素材。
* 滑动工具：该工具可以保持要剪辑素材的入点与出点不变，通过相邻素材入点和出点的变化，改变其在序列窗口中的位置，项目片段时间长度不变。
* 钢笔工具：该工具主要用来设置素材的关键帧。
* 手形工具：该工具用于改变序列窗口的可视区域，有助于编辑一些较长的素材。
* 缩放工具：该工具用来调整时间线显示的单位比例。按Alt键，可以在放大和缩小模式间进行切换。

2.5.8 历史面板

【历史】面板可以无限制地执行撤销操作。进行编辑工作时，【历史】面板会记录项目制作步骤，如果要返回到项目的以前状态，只需单击【历史】面板中的历史状态即可，如图2-36所示。

单击并重新开始工作之后，返回历史状态的所有后续步骤都会从面板中移除，被新步骤取代。如果想在面板中清除所有历史，可以单击面板右上方的下拉菜单按钮，然后选择【清除历史记录】命令，如图2-37所示。要删除某个历史状态，可以在面板中选择该记录，再单击【删除重做操作】按钮。

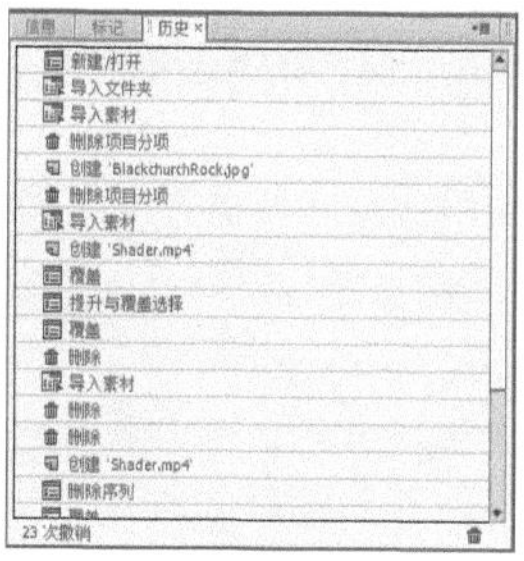

图2-36

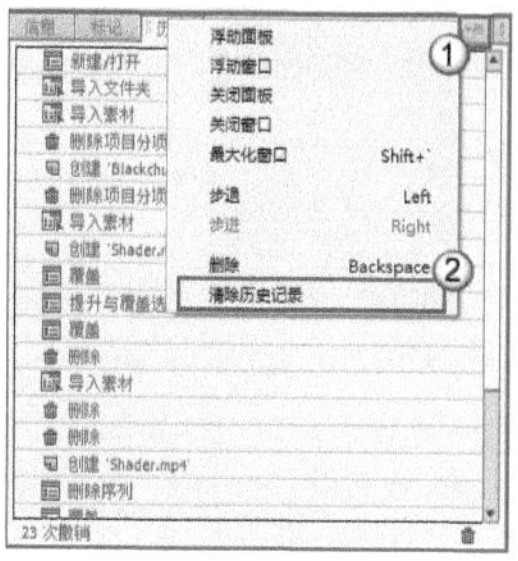

图2-37

Tips

如果在【历史】面板中单击某个历史状态来撤销一个动作，然后继续工作，那么所单击状态之后的所有步骤都会从项目中移除。

↘ 2.5.9 信息面板

【信息】面板提供了关于素材和切换效果，乃至时间线中空白间隙的重要信息。如果查看活动中的【信息】面板，那么单击一段素材、切换效果或时间线中的空白处。【信息】面板将显示素材或空白间隙的大小、持续时间以及起点和终点，如图2-38所示。

图2-38

↘ 2.5.10 字幕面板

使用Premiere Pro的字幕设计可以为视频项目快速创建字幕，也可以创建动画字幕效果。为了辅助字幕放置，字幕设计可以在所创建的字幕后面显示视频。

选择【窗口】菜单中的【字幕工具】、【字幕样式】、【字幕动作】或【字幕属性】命令，可以在屏幕上打开用于创建字幕的工具和其他选项，如图2-39所示。

图2-39

 Tips

选择【文件>新建>字幕】菜单命令，可以打开字幕设计面板。如果想编辑时间线中已存在的字幕，双击此字幕，也可以打开字幕面板，并且可以编辑其中的字幕内容。

即学即用

● 创建文件夹

素材文件：素材文件 > 第 2 章 > 即学即用：创建文件夹

素材位置：无

技术掌握：在项目面板中创建文件夹

（扫码观看视频）

01 打开光盘中的"素材文件>第2章>即学即用：创建文件夹>即学即用：创建文件夹.Prproj"文件，然后在【项目】面板中单击【新建文件夹】按钮 📁 创建一个文件夹，如图2-40所示。

02 将新建的文件夹命名为video，然后按Enter键完成操作，如图2-41所示。接着将cloud.MOV文件拖曳到video文件夹中，如图2-42所示。

图2-40

图2-41

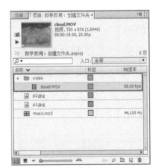

图2-42

Tips

　　如果创建了多个文件夹，可以对文件夹中的素材进行统一管理和修改。例如，选择文件夹，然后选择【素材】>【速度和持续时间】菜单命令，可以一次性对文件夹中素材的速度和持续时间进行修改。

即学即用

● 创建分项

素材文件：无

素材位置：无

技术掌握：在项目面板中创建分项

（扫码观看视频）

01 新建一个项目，然后在【项目】面板中单击【新建分项】按钮，接着在打开的菜单中选择【黑场】命令，如图2-43所示。

02 在打开的【新建黑场视频】对话框中单击【确定】按钮，如图2-44所示。此时，【项目】面板中就有了新建的【黑场】对象，如图2-45所示。

图2-43

图2-44

图2-45

即学即用

● 进行图标和列表视图切换

素材文件：素材文件 > 第2章 > 即学即用：进行图标和列表视图切换

素材位置：无

技术掌握：在项目面板中进行图标和列表视图切换

（扫码观看视频）

01 打开光盘中的"素材文件>第2章>即学即用：进行图标和列表视图切换>即学即用：创建文件夹.Prproj"文件，默认情况下项目中的对象都是以列表的方式显示，如图2-46所示。

02 在【项目】面板中单击【图标视图】按钮，就能以图标的方式显示元素对象，如图2-47所示。

图2-46

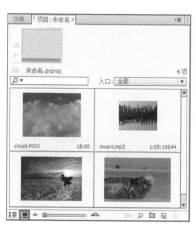

图2-47

● 查看素材信息

素材文件：素材文件 > 第 2 章 > 即学即用：查看素材信息

素材位置：无

技术掌握：在项目面板中查看素材的各种信息

（扫码观看视频）

01 打开光盘中的 "素材文件>第2章 >即学即用：查看素材信息>即学即用：查看素材信息.Prproj"文件，将【项目】面板展开，可以看到素材的详细信息，如图2-48所示。

02 在项目面板的信息栏单击鼠标右键，在打开的菜单中选择【元数据显示】命令，如图2-49所示。在【元数据显示】对话框中可以设置添加要显示的信息，如图2-50所示。

图2-48

图2-49

图2-50

03 在【添加属性】列表中选择【基本】>【修改日期】详细，然后单击【确定】按钮，如图2-51所示。此时，在【项目】面板中就可以查看添加的【修改日期】信息了，如图2-52所示。

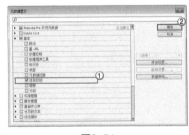

图2-51

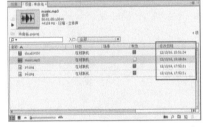

图2-52

 Tips

如果要节省空间并隐藏【项目】面板的缩略图监视器，可以在【项目】面板的菜单中取消选择【预览区域】学习，如图2-53所示。这时要显示素材效果，可以切换到源监视器中进行预览。

图2-53

2.6 认识Premiere Pro CS6的菜单命令

Premiere Pro CS6主要包含了9个菜单，分别为【文件】、【编辑】、【项目】、【素材】、【序列】、【标记】、【字幕】、【窗口】和【帮助】，如图2-54所示。

Adobe Premiere Pro - C:\用户\read\桌面\未命名.prproj *

文件(F) 编辑(E) 项目(C) 素材(C) 序列(S) 标记(M) 字幕(T) 窗口(W) 帮助(H)

图2-54

↘ 2.6.1 文件菜单

【文件】菜单包含了标准Windows命令，如【新建】、【打开项目】、【关闭项目】、【保存】、【另存为】、【返回】和【退出】等命令，如图2-55所示。该菜单还包含用于载入影片素材和文件夹的命令，例如可以执行【文件】>【新建】>【序列】命令将时间线添加到项目中，如图2-56所示。

图2-55

图2-56

表2-2列出了【文件】菜单中常用命令的作用。

表2-2

命令	作用
新建>项目	为新数字视频作品创建新文件
新建>序列	为当前项目添加新序列
新建>文件夹	在项目面板中创建新文件夹
新建>脱机文件	在项目面板中创建新文件条目，用于采集的影片
新建>字幕	打开字幕设计以创建文字或图形字幕
新建>Photoshop文件	新建与项目大小相等的空白Photoshop文件
新建>色条和色调	在项目面板的文件夹中添加彩条和声音音调
新建>黑色视频	在项目面板的文件夹中添加纯黑色视频素材
新建>彩色遮罩	在项目面板中创建新彩色蒙版
新建>倒计时向导	自动创建倒计时素材
新建>透明视频	创建可以置于轨道中用于显示时间码的透明视频
打开项目	打开一个Premiere Pro项目文件
打开最近项目	打开一个最近使用的Premiere Pro影片
在Bridge中浏览	打开Adobe Bridge窗口并浏览素材
关闭项目	关闭所有的项目面板
关闭	关闭当前的项目面板
保存	将项目文件保存到磁盘
另存为	以新名称保存项目文件，或者将项目文件保存到不同的磁盘位置；此命令将使用户停留在最新创建的文件中
保存副本	在磁盘上创建一份项目的副本，但用户仍停留在当前项目中
返回	将项目返回到以前保存的版本

表2-2（续）

命令	作用
采集	从录像带中采集素材
批量采集	从同一磁带中自动采集多个素材；此命令需要设备控制
Adobe动态链接→发送到Encore	使用此命令可以新建一个连接到Premiere Pro项目的Encore合成
Adobe动态链接→以After Effects合成方式替换	创建链接并使用Adobe After Effects替换当前程序合成图像
Adobe动态链接→新建After Effects合成图像	使用此命令可以新建一个连接到Premiere Pro项目的Adobe After Effects合成图像
Adobe动态链接→导入After Effects合成图像	创建链接并在Adobe After Effects中导入合成图像
导入	导入视频素材、音频素材或图形
导入最近使用文件	将最近使用的文件导入到Premiere Pro中
导出>媒体	根据【导出媒体】对话框中的设置将影片导出到磁盘中
导出>字幕	从项目面板中导出字幕
导出>磁带	将时间线导出到录像带中
导出>EDL	导出到Edit Decision List（编辑决策表）
导出>OMF	导出为OMF格式的文件
导出>AAF	将项目导出为Advanced Authoring Format（高级制作格式）以用于其他应用程序
导出>Final Cut Pro XML	导出为XML格式的文件
获取属性>文件	提供文件的大小、分辨率和其他数字信息
获取属性>选择	提供项目面板中一项选择的大小、分辨率和其他数字信息
在Bridge中显示	在Adobe Bridge中打开一个文件的信息
退出	退出Premiere Pro

↘ 2.6.2 编辑菜单

Premiere Pro的【编辑】菜单包含可以在整个程序中使用的标准编辑命令，例如【复制】、【剪切】和【粘贴】等。编辑菜单也提供了用于编辑的特定粘贴功能，以及Premiere Pro默认设置的参数，如图2-57所示。

图2-57

表2-3描述了【编辑】菜单中常用命令的作用。

表2-3

命令	作用
还原	撤销上次操作
重做	重复上次操作
剪切	从屏幕上剪切选定分类，将它放置在剪贴板中
复制	将选定分类复制到剪贴板中
粘贴	更改已粘贴素材的出点以适合粘贴区域
粘贴插入	粘贴并插入一段素材
粘贴属性	将一段素材的属性粘贴到另一段中
清除	从屏幕中剪切分类但不保存在剪贴板中
波纹删除	删除选定素材而不在时间线中留下空白间隙
副本	在项目面板中复制选定元素
全选	在项目面板中选择所有元素
取消全选	在项目面板中取消选择所有元素
查找	在项目面板中查找元素（此项目必须已经打开）
查找脸部	在项目面板中查找多个元素
标签	允许在项目面板中选择标签颜色
编辑原始资源	从磁盘的原始应用程序中载入选定素材或图形
在Adobe Audition中编辑	打开一个音频文件以便在Adobe Audition中编辑
在Adobe Soundbooth中编辑	打开一个音频文件以便在Adobe Soundbooth中编辑
在Adobe Photoshop中编辑	打开一个图形文件以便在Adobe Photoshop中编辑
键盘快捷方式	指定键盘快捷键
首选项	选择其中的子命令可以访问多种设置参数

↘ 2.6.3 项目菜单

【项目】菜单提供了改变整个项目属性的命令。使用这些最重要的命令可以设置压缩率、画幅大小和帧速率，如图2-58所示。

图2-58

表2-4描述了【项目】菜单中常用命令的作用。

表2-4

命令	作用
项目设置>常规	设置视频影片、时间基准和时间显示；显示视频和音频设置
项目设置>缓存	提供了用于采集音频和视频的设置及路径
链接媒体	使用磁盘上采集的文件替换时间线中的脱机文件
造成脱机	使素材脱机，使之在项目中不可用
自动匹配到序列	按顺序将项目面板文件中的内容放置到时间线中
导入批处理列表	将批量列表导入项目面板中
导出批处理列表	将批量列表从项目面板中导出为文本
项目管理	使用此命令可以创建项目的修整版本
移除未使用资源	从项目面板中移除不使用的素材

↘ 2.6.4 素材菜单

【素材】菜单提供了用于更改素材运动和透明度设置的选项，有助于编辑素材，如图2-59所示。

图2-59

表2-5描述了【素材】菜单中常用命令的作用。

表2-5

命令	作用
重命名	重命名选定的素材
制作子素材	根据在素材源监视器中编辑的素材创建附加素材
编辑子素材	允许编辑附加素材的入点和出点
脱机编辑	进行脱机编辑素材
源设置	对素材源对象进行设置
修改>音频声道	可以在打开的【修改素材】对话框中修改音频的声道

表2-5（续）

命令	作用
修改>解释素材	可以在打开的【修改素材】对话框中查看或修改素材的信息
修改>时间码	可以在打开的【修改素材】对话框中修改素材的时间码
视频选项>帧定格	指定从素材中制作静态帧的设置
视频选项>场选项	设置交换场序选项；也可以设置反交错
视频选项>帧混合	使速度或帧速率已更改的素材的运动更平滑
视频选项>缩放为当前画面大小	按比例将素材或图形适配到项目大小
音频选项>音频增益	允许改变音频级别
音频选项>拆分为单声道	允许将声道素材拆解为单体声
音频选项>渲染并替换	将选定音频素材替换为新素材并保留特效
音频选项>提取音频	从选定素材中创建新音频素材
速度/持续时间	允许更改速度和/或持续时间
移除效果	可以清除对素材所使用的各种特效
插入	将素材自动插入到时间线中的当前时间指示处
覆盖	将影片放置到当前时间标示点处，覆盖所有已存在的影片
素材替换	对项目中的素材进行替换
启用	允许激活或禁用时间线中的素材。禁用的素材不会显示在节目监视器中，也不能被导出
链接视频和音频	取消音频到视频素材的链接，以及将音频链接到视频
编组	将时间线素材放在一组中以便整体操作
解组	取消素材编组
同步	根据素材的起点、终点或时间码在时间线上排列素材
嵌套	在素材中添加其他素材

↘ 2.6.5 序列菜单

使用【序列】菜单中的命令可以在【时间线】面板中预览素材，并能更改在时间线文件夹中出现的视频和音频轨道数，如图2-60所示。

图2-60

表2-6描述了【序列】菜单中常用命令的作用。

表2-6

命令	作用
序列设置	可以在打开的【序列设置】对话框中对序列参数进行设置
Render Effects in Work Area	渲染工作区域内的效果，创建工作区预览，并将预览文件存储在磁盘上
Render Entire Work Area	渲染完整工作区域，为整个项目创建完成的渲染效果，并将预览文件存储在磁盘上
渲染音频	只对音频文件进行渲染
删除渲染文件	从磁盘中移除渲染文件
删除工作区域渲染文件	只删除工作区域内的渲染文件
应用视频过渡效果	在两段素材之间的当前时间指示器处应用默认视频切换效果
应用音频过渡效果	在两段素材之间的当前时间指示器处应用默认音频切换效果
应用默认过渡效果到所选择区域	将默认的过渡效果应用到所选择的素材对象上
提升	移除在节目监视器中设置的从入点到出点的帧，并在时间线中保留空白间隙
提取	移除序列在节目监视器中设置的从入点到出点的帧，而不在时间线中留下空白间隙
放大	放大时间线
缩小	缩小时间线
跳转间隔>序列中下一段	跳转到序列中的下一段对象上
跳转间隔>序列中前一段	跳转到序列中的前一段对象上
跳转间隔>轨道中下一段	跳转到轨道中的下一段对象上
跳转间隔>轨道中前一段	跳转到轨道中的前一段对象上
吸附	打开/关闭吸附到素材边缘
标准化主音轨	对主音轨道进行标准化设置
添加轨道	在时间线中添加轨道
删除轨道	从时间线中删除轨道

↘ 2.6.6 标记菜单

Premiere Pro的【标记】菜单提供了用于创建和编辑素材和序列标记的命令，如图2-61所示。标记表示为类似五边形的形状，位于时间线标尺下方或时间线中的素材内。使用标记可以快速跳转到时间线的特定区域或素材中的特定帧。

表2-7总结了【标记】菜单中常用命令的作用。

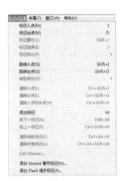

图2-61

表2-7

命令	作用
素材标记	在素材源监视器中为素材在子菜单的指定点处设置一个素材标记
跳转入点	跳转到素材的入点
跳转出点	跳转到素材的出点
清除入点	清除素材的入点
清除出点	清除素材的出点
添加标记	在子菜单的指定处设置一个标记
到下一标记	跳转到素材的下一个标记
到上一标记	跳转到素材的上一个标记
清除当前标记	清除在素材指定的标记
清除所有标记	清除在素材中所有的标记
添加Encore章节标记	在当前时间标示点处创建一个Encore章节标记
添加Flash提示标记	在当前时间标示点处创建一个Flash提示标记

↘ 2.6.7 字幕菜单

Premiere Pro的【字幕】菜单提供了用于设置字幕的字体、大小、方向、排列和位置等命令，如图2-62所示。在创建一个新字幕后，大多数Premiere Pro的【字幕】菜单命令都会被激活。

表2-8总结了【字幕】菜单中常用命令的作用。

图2-62

表2-8

命令	作用
新建字幕>默认静态字幕	创建带有用于创建静态字幕选项的新字幕屏幕
新建字幕>默认滚动字幕	创建带有用于创建滚动字幕选项的新字幕屏幕
新建字幕>默认游动字幕	创建带有用于创建游动字幕选项的新字幕屏幕
新建字幕>基于当前字幕	基于当前字幕创建新字幕屏幕
新建字幕>基于模板	基于模板创建新字幕屏幕
字体	提供字体选择
大小	提供文字大小选择
文字对齐	允许文字左对齐、居中对齐和右对齐
方向	控制对象的横向或纵向朝向
自动换行	打开或关闭文字自动换行

表2-8（续）

命令	作用
制表符设置	在文本框中设置跳格
模板	允许使用和创建字幕模板
滚动/游动选项	允许创建和控制动画字幕
标记	允许将图形导入字幕中
变换	提供视觉转换命令：位置、比例、旋转和不透明度
选择	在子菜单中提供了选择对象的多个命令
排列	在子菜单中提供了向前或向后移动对象的命令
位置	在子菜单中提供了将选定分类放置在屏幕上的命令
对齐对象	在子菜单中提供了排列未选定对象的命令
分布对象	在子菜单中提供了在屏幕上分布或分散选定对象的对象
查看	在子菜单中提供了允许查看字幕和动作安全区域、文字基线、跳格标记和视频等命令

2.6.8 窗口菜单

使用【窗口】菜单可以打开Premiere Pro的各个面板，如图2-63所示。Premiere Pro包含了【项目】、【监视器】、【时间线】、【效果】、【特效控制台面板】【事件】、【历史】、【信息】、【工具】和【字幕】等面板。其中，大多数面板的作用都很相似。

选择【窗口】>【工作区】中的不同子命令，如图2-64所示，可以得到不同类型的面板模式，各种面板效果主要是针对方便当前的操作进行布置。

图2-63

图2-64

2.6.9 帮助菜单

Premiere Pro的【帮助】菜单提供了程序应用的帮助和支持产品改进计划等命令，如图2-65所示。用户执行【帮助】>【Adobe Premiere Pro帮助】命令，可以载入主帮助屏幕，然后选择或搜索某个主题进行学习。

图2-65

CHAPTER
03

视频编辑的一般流程

本章讲述了一个简短视频作品的整个制作流程，帮助读者了解运用Premiere Pro CS6视频编辑软件进行视频编辑工作的过程。通过本章的学习，读者可以了解到如何创建Premiere Pro项目、添加特效、编辑素材以及输出视频。

* 制订脚本和收集素材
* 建立Premiere Pro项目
* 添加字幕素材

* 编辑素材
* 生成影视文件

3.1 制订脚本和收集素材

要制作一部完整的影片，必须先具备创作构思和素材这两个要素。创作构思是一部影片的灵魂，素材则是组成它的各个部分，Premiere所做的只是将其穿插组合成一个连贯的整体。

当设计者脑海中有了一个绝妙的构思后，应该马上用笔把它描述出来，这就是脚本，也就是通常所说的影片的剧本。在编写脚本时，首先要拟定一个比较详细的提纲，然后根据这个提纲做好尽量详细的细节描述，以作为在Premiere中进行编辑过程的参考指导。脚本的形式有很多种，例如绘画式和小说式等。

第1章讲到，在Premiere Pro CS6中可以使用的素材有图像、字幕文件、声音文件和视频文件等。通过DV摄像机，可以将拍摄的视频内容通过数据线直接保存到计算机中以获取素材。根据脚本的内容将素材收集齐备后，将这些素材保存到计算机中指定的文件夹，以便管理，然后便可以开始编辑工作了。

3.2 建立Premiere Pro项目

Premiere Pro数字视频作品在此称为一个项目而不是视频产品，其原因是使用Premiere Pro不仅能创建作品，还可以管理作品资源，以及创建和存储字幕、切换效果和特效。因此，工作的文件不仅仅是一份作品，而是一个项目。在Premiere Pro中创建一份数字视频作品的第1步是新建一个项目。

 Tips

> 如果为Web或多媒体应用程序创建项目，那么通常会以比原始项目设置更小的画幅大小、更慢的帧速率和更低分辨率的音频导出项目。一般情况下，应该先使用匹配源影片的项目设置对项目进行编辑，再将影片导出。

3.3 导入作品元素

在Premiere Pro项目中可以放置并编辑视频、音频和静帧图像，因为它们是数字格式。表3-1列出了可以导入Premiere Pro的主要文件格式。所有的媒体影片，或称为素材，必须先保存在磁盘上。即使视频存储在数字摄像机上，也仍然必须转移到磁盘上。Premiere Pro可以采集数字视频素材并将它们自动存储到项目中。模拟媒体（如动画电影和录像带等）必须先数字化，才能在Premiere Pro中使用。在这种情况下，连接有采集板的Premiere Pro，可以将素材直接采集到项目中。

表3-1

媒体	文件格式
视频	Video for Windows（AVI Type 2）、QuickTime（MOV）（必须安装苹果公司的QuickTime）、MPEG和Windows Media（WMV、WMA）
音频	AIFF、WAV、AVI、MOV和MP3
静帧图像和序列	TIFF、JPEG、BMP、PNG、EPS、GIF、Filmstrip、Illustrator和Photoshop

打开Premiere Pro面板之后，就可以导入各种图形与声音元素，以组成自己的数字视频作品。所有导入的素材都出现在【项目】面板的列表中。一个图标代表一个分类。在图标旁边，Premiere Pro显示此分类是一段视频素材还是一个图形。

（扫码观看视频）

即学即用

● 导入素材

素材文件：素材文件 > 第3章 > 即学即用：导入素材

素材位置：素材文件 > 第3章 > 即学即用：导入素材

技术掌握：导入并查看素材的方法

01 新建一个项目，然后在【项目】面板中单击鼠标右键，在打开的菜单中选择【新建文件夹】命令，如图3-1所示。接着将文件夹命名为footage，如图3-2所示。

02 选择footage文件夹，然后执行【文件】>【导入】菜单命令，接着在打开的【导入】对话框中选择光盘中的"素材文件>第3章>即学即用：导入素材>1.jpg/2.jpg"文件，最后单击【打开】按钮，如图3-3所示。

图3-1　　　　　图3-2

图3-3

Tips

如果需要将其他项目导入当前项目，可以使用【文件】>【导入】菜单命令，然后在打开的【导入】对话框中选择需要导入的项目文件即可。

03 展开footage文件，可以看到之前导入的1.jpg和2.jpg文件，选择1.jpg文件，然后单击鼠标右键，在打开的菜单中选择【重命名】命令，将其命名为pic1，接着将2.jpg重命名为pic2，如图3-4所示。

04 使用同样的方法，导入光盘中的"素材文件>第3章>即学即用：导入素材>music2.mp3"文件，如图3-5所示。

05 在开始编排自己的作品之前，可能想查看素材或图形，或者听一听音频。这时，选择素材，在【项目】面板上端的预览区域中预览。如果是视频或音频文件，可以先选择素材，然后单击【播放-停止切换】按钮 ▶（快捷键为Space键）来预览，如图3-6所示。

图3-4

Tips

选择素材文件，然后按Enter键，也可以对其重命名。

图3-5

图3-6

Tips

双击项目中的素材，然后单击【源】面板中的单击【播放-停止切换】按钮 ▶ 也可以预览素材，如图3-7所示。

图3-7

3.4 添加字幕素材

如果有字幕素材，用户也可以直接将其导入【项目】面板，如果没有字幕素材，则可以通过创建字幕的方式新建一个字幕素材。

即学即用

（扫码观看视频）

● 创建字幕素材

素材文件：

素材文件 > 第3章 > 即学即用：创建字幕素材

素材位置：

素材文件 > 第3章 > 即学即用：创建字幕素材

技术掌握：

创建字幕素材的方法

本例主要介绍创建字幕素材的方法，案例效果如图3-8所示。

图3-8

01 打开光盘中的"素材文件>第3章>即学即用：创建字幕素材>即学即用：创建字幕素材_l.prproj"文件，然后执行【文件】>【新建】>【字幕】菜单命令，在打开的【新建字幕】对话框中设置【名称】为Premiere Pro，然后单击【确定】按钮，如图3-9所示。

02 在打开的字幕对话框中，单击【输入工具】按钮 T，然后设置字体为Adobe Heiti Std、字号为50，接着在画面中输入文字Premiere Pro，如图3-10所示。

03 关闭字幕对话框，即可在【项目】面板中生成新建的字幕对象，如图3-11所示。

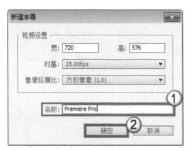

图3-9

图3-10

图3-11

3.5 编排素材元素

导入所有作品素材元素之后，需要将它们放置在【时间线】面板的一个序列中，以便开始编辑项目。一个序列是指作品的视频、音频、特效和切换效果等各组成部分的顺序集合。

Tips

如果在Premiere Pro中处理的项目很长，那么可能需要将工作拆分成多个序列。编辑序列之后，可以将它们拖曳到另一个【时间线】面板中，在此它们将显示为嵌套的序列。

即学即用	● 编排素材元素
	素材文件：素材文件 > 第3章 > 即学即用：编排素材元素
	素材位置：素材文件 > 第3章 > 即学即用：编排素材元素
	技术掌握：在【时间线】面板中添加并调整素材的顺序

（扫码观看视频）

01 打开光盘中的"素材文件>第3章>即学即用：编排素材元素>即学即用：编排素材元素_l.prproj"文件，然后将【项目】面板中的waterfall.mov素材拖曳到轨道上，如图3-12所示。

02 将waterfall.mov素材向2.jpg素材拖曳，当两个素材相距一定距离后，Premiere Pro会将waterfall.mov吸附到2.jpg的末端，使两个素材无缝拼接，如图3-13所示。

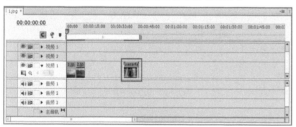

图3-12

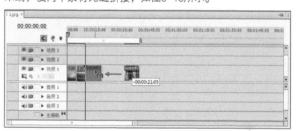

图3-13

Tips

在【源】面板中打开素材并单击【插入】或【覆盖】按钮，可以将素材直接放置到时间线中。

03 可以将素材拖入其他轨道，靠上轨道中的内容会遮挡靠下轨道中的内容，这跟Photoshop中的图层很相似，如图3-14所示。

知识拓展：激活选择工具和轨道选择工具的快捷键

在移动素材时，要确保【选择工具】▶被激活，可在【工具】面板中单击该按钮，也可以按V键激活。

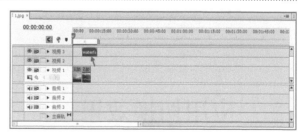

图3-14

3.6 编辑视频素材

将素材拖入【时间线】面板后，需要对素材进行修改编辑，以达到符合视频编辑要求的效果，例如控制素材的播放速度和时间长度等。

● 编辑视频素材

素材文件：素材文件 > 第 3 章 > 即学即用：编辑视频素材

素材位置：素材文件 > 第 3 章 > 即学即用：编辑视频素材

技术掌握：调整素材的播放速度和时间长度

（扫码观看视频）

01 打开光盘中的"素材文件>第3章>即学即用：编辑视频素材>即学即用：编辑视频素材_l.prproj"文件，然后在【时间线】面板中选择waterfall.mov素材，在【信息】面板中可以看到素材的时间长度为8秒10帧，如图3-15所示。

02 在【时间线】面板中选择waterfall.mov素材，然后单击鼠标右键，在打开的菜单中选择【速度/持续时间】命令，如图3-16所示。

图3-15

图3-16

03 在打开的【速度/持续时间】对话框中设置【速度】为80%，然后单击【确定】按钮，如图3-17所示。

04 此时，在【信息】面板中可以看到素材的时间长度为10秒13帧，如图3-18所示。

Tips

修改素材的播放速度的前提是该素材属于视频素材。如果是图片素材，只能对该素材的时间长度进行修改。另外，用户也可以在【项目】面板中修改素材的长度和持续时间。

图3-17

图3-18

3.7 应用切换效果

在编辑视频节目的过程中，使用视频切换效果能使素材间的连接更加和谐、自然。为【时间线】面板中两个相邻的素材添加某种视频切换效果，可以在效果面板中展开该类型的文件夹，然后将相应的视频切换效果拖曳到【时间线】面板中相邻素材之间。

即学即用

● 添加切换效果

素材文件：	素材位置：	技术掌握：
素材文件 > 第3章 > 即学即用： 添加切换效果	素材文件 > 第3章 > 即学即用： 添加切换效果	为素材添加切换效果

本例主要介绍如何为素材添加切换效果，案例效果如图3-19所示。

图3-19

即学即用

（扫码观看视频）

01 打开光盘中的"素材文件>第3章>即学即用：添加切换效果>即学即用：添加切换效果_l.prproj"文件，在【时间线】面板中可以看到两段素材的衔接点在第5秒处，如图3-20所示。

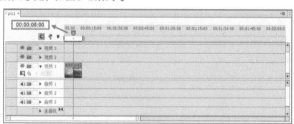

图3-20

02 在【效果】面板中选择【视频切换】>【擦除】>【擦除】滤镜，如图3-21所示。然后在第0帧处，将【擦除】效果拖曳到【时间线】上的pic1素材上。

03 在【节目】面板中单击【播放-停止切换】按钮 ▶ 播放动画，可以看到两张图切换时的效果，如图3-22所示。

图3-21

图3-22

3.8 使用运动特效

使用Premiere Pro CS6进行视频编辑的过程中，也可以为静态的图像素材添加运动效果。对素材使用运动特效的操作是在【特效控制台】面板中完成的。

即学即用

（扫码观看视频）

● 为字幕添加运动效果

素材文件：
素材文件 > 第3章 > 即学即用：
为字幕添加运动效果

素材位置：
素材文件 > 第3章 > 即学即用：
为字幕添加运动效果

技术掌握：
为字幕添加运动效果
的方法

本例主要介绍如何为字幕添加运动效果，案例效果如图3-23所示。

图3-23

01 打开光盘中的 "素材文件>第3章>即学即用：为字幕添加运动效果>即学即用：为字幕添加运动效果_l.prproj" 文件，然后在【时间线】面板中选择Premiere Pro字幕素材，接着在【特效控制台】面板中展开【运动】属性组，如图3-24所示。

02 在【特效控制台】面板左下方的时间码处输入00:00:01:00，将时间移至第1秒处，然后设置【位置】为（360，692），接着单击【位置】属性前面的【切换动画】按钮，在该时间点添加一个关键帧，如图3-25所示。

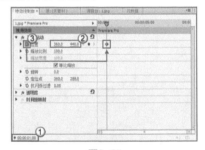

图3-24　　　　　　　　　　　图3-25

03 在第3秒处设置【位置】为（360，288），Premiere Pro会自动在该时间点添加一个关键帧，如图3-26所示。

04 单击【节目】面板中的【播放-停止切换】按钮，对添加运动效果后的字幕素材进行预览，效果如图3-27所示。

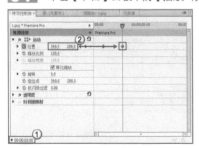

图3-26　　　　　　　　　　　图3-27

3.9 添加视频特效

视频特效是非线性编辑系统中很重要的一个功能，对素材使用视频特效可以使一个影视片段的视觉效果更加丰富多彩。

● 为素材添加视频特效

素材文件：	素材位置：	技术掌握：
素材文件 > 第3章 > 即学即用： 为素材添加视频特效	素材文件 > 第3章 > 即学即用： 为素材添加视频特效	为素材添加视频特效

本例主要介绍如何为素材添加视频特效，案例效果如图3-28所示。

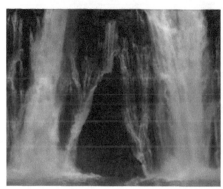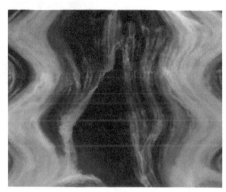

（扫码观看视频）

图3-28

01 打开光盘中的"素材文件>第3章>即学即用：为素材添加视频特效>即学即用：为素材添加视频特效_l.prproj"文件，项目的效果如图3-29所示。

02 在【效果】面板中选择【视频特效】>【扭曲】>【弯曲】效果，如图3-30所示。然后将其拖曳到【时间线】上的素材上，画面就变得扭曲了，效果如图3-31所示。

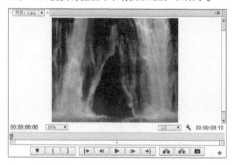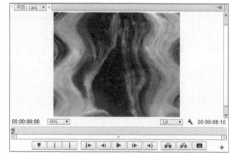

图3-29　　　　　　　　　图3-30　　　　　　　　　图3-31

3.10 编辑音频素材

将音频素材导入到【时间线】面板中后，如果音频的长度与视频不符合，用户可以通过编辑音频的持续时间改变音频长度，但是，音频的节奏也将发生相应的变化。如果音频过长，则可以通过剪切多余的音频内容来修改音频的长度。

即学即用

● 编辑音频素材

素材文件：素材文件 > 第3章 > 即学即用：编辑音频素材

素材位置：素材文件 > 第3章 > 即学即用：编辑音频素材

技术掌握：修改音频长度的方法

（扫码观看视频）

01 打开光盘中的"素材文件>第3章>即学即用：编辑音频素材>即学即用：编辑音频素材_l.prproj"文件，在【源】面板中可以查看音频的信息，如图3-32所示。

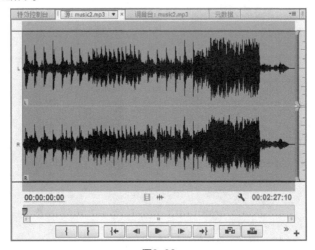

图3-32

02 在【时间线】面板中将时间滑块移至17秒12帧处，然后使用【工具】面板中的【剃刀工具】剪切音频素材，如图3-33所示。接着在1分26秒13帧处剪切音频素材，如图3-34所示。

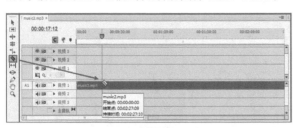

图3-33

图3-34

03 使用【工具】面板中的【选择工具】选择音频首尾的片段，然后按Delete键删除，如图3-35所示，最后将截取的音频素材移至轨道的前端。这样就将需要的片段剪切完成，如图3-36所示。

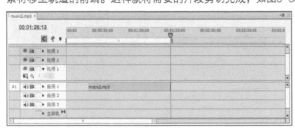

图3-35

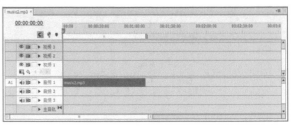

图3-36

3.11 添加音频特效

在视频的制作中，不仅可以为视频素材添加特效，也可以为音频素材添加特效。例如，用户可以为音频添加立体声或渐隐效果等。

即学即用

● 添加音频特效

素材文件：素材文件 > 第 3 章 > 即学即用：添加音频特效

素材位置：素材文件 > 第 3 章 > 即学即用：添加音频特效

技术掌握：添加音频特效的方法

（扫码观看视频）

01 打开光盘中的"素材文件>第3章>即学即用：添加音频特效>即学即用：添加音频特效_l.prproj"文件，然后在【效果】面板中选择【音频过渡】>【交叉渐隐】>【指数型淡入淡出】滤镜，如图3-37所示。

02 将选择的音频特效拖曳到【时间线】面板的【音乐】素材结尾处，将显示添加的音频特效名称，如图3-38所示。

03 在【特效控制台】面板中将音频特效的【持续时间】设置为2秒，如图3-39所示。这样，该音频就具有了淡出的效果。

图3-37

图3-38

图3-39

3.12 生成影视文件

生成影片是将编辑好的项目文件以视频的格式输出，输出的效果通常是动态的且具有音频效果。在输出影片时需要根据实际需要为影片选择一种压缩格式。在输出影片之前，应先做好项目的保存工作，并对影片的效果进行预览。

即学即用

● 生成影片

素材文件：

素材文件 > 第 3 章 > 即学即用：生成影片

素材位置：

无

技术掌握：

将项目文件导出为影片的方法

（扫码观看视频）

本例主要介绍如何导出影片，案例效果如图3-40所示。

图3-40

01 打开光盘中的"素材文件>第3章>即学即用：生成影片>即学即用：生成影片_l.prproj"文件，然后执行【文件】>【导出】>【媒体】菜单命令，接着在打开的【导出设置】对话框中设置【格式】为QuickTime，如图3-41所示。

02 单击【输出名称】属性后面的蓝色字样，在打开的【另存为】对话框中设置输出视频的位置和名称，如图3-42所示。

03 单击【导出】按钮后，Premiere Pro开始输出文件，如图3-43所示。

图3-41

图3-42

图3-43

3.13 课后习题

● 输出文件

课后习题

素材文件：素材文件 > 第3章 > 课后习题：输出文件

素材位置：无

技术掌握：Premiere Pro 的制作流程

（扫码观看视频）

本例需要制作一个完整的Premiere Pro项目，读者通过本习题可以掌握Premiere Pro的制作流程。

操作提示

第1步：新建一个项目，然后导入光盘中的"素材文件>第3章>课后习题：输出文件>D027.mov"文件。

第2步：将D027.mov素材拖曳至【时间线】面板中，然后为素材添加【视频特效】>【扭曲】>【波形弯曲】滤镜。

第3步：执行【文件】>【导出】>【媒体】菜单命令，然后在打开的【导出设置】对话框中设置输出的文件名和路径。

CHAPTER

04

素材的采集

Premiere Pro项目中视频素材的质量好坏通常决定着作品的成败，好的素材能吸引观众并紧紧抓住他们的注意力，从而使作品获得成功。使用Premiere Pro可以采集所有的视频素材源，这取决于设备的复杂程度和作品的质量要求。本章将讲述使用Premiere Pro采集视频素材和音频素材的方法。

* 素材采集的基本知识
* 使用【设备控制】采集视频或音频素材

* 批量采集
* 使用【调音台】单独采集音频素材

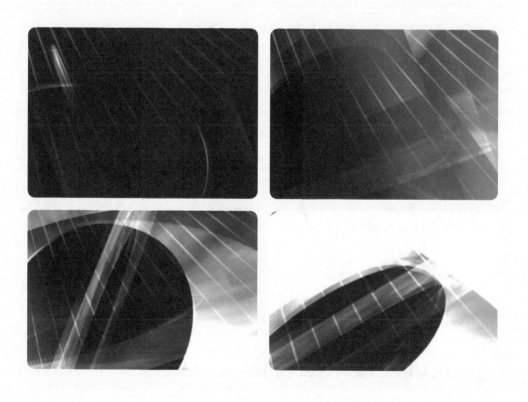

4.1 素材采集的基本知识

在开始为作品采集视频之前，用户首先应认识到，最终采集影片的品质取决于数字化设备的复杂程度和采集素材所使用的硬盘驱动速度。现在市场上出售的多数设备所提供的品质都适合于Web或公司内部视频。但是，如果要创建非常高品质的视频作品并将它们传送到录像带中，就应该分析制作需求并精确评估最适合自己需求的硬件和软件配置。

Premiere Pro既能使用低端硬件又能使用高端硬件采集音频和视频。采集硬件，无论是低端还是高端，通常都分为如下3类。

↘ 4.1.1 FireWire/IEEE 1394

苹果计算机创建的IEEE 1394端口主要用于将数字化的视频从视频设备中快速传输到计算机中。在苹果计算机中，IEEE 1394板卡称作FireWire端口。少数PC制造商，包括索尼和戴尔，出售的计算机中预装有IEEE（索尼称其IEEE 1394端口为i.Link端口）。如果购买IEEE 1394板卡，则硬件必须是开放式主机控制器接口（Open Host Controller Interface，OHCI）。OHCI是一个标准接口，它允许Windows识别板卡使用它工作。如果Windows能够识别此板卡，那么多数DV软件应用程序都可以毫无问题地使用此板卡。

如果计算机有IEEE 1394端口，那么就可以将数字化的数据从DV摄像机直接传送到计算机中。DV和HDV摄像机实际上在拍摄时就数字化并压缩了信号。因此，IEEE 1394端口是已数字化的数据和Premiere Pro之间的一条渠道。如果设备与Premiere Pro兼容，那么就可以使用Premiere Pro的采集窗口启动、停止和预览采集过程。如果计算机上安装有IEEE 1394板卡，就可以在Premiere Pro中启动和停止摄像机或录音机，这称作设备控制。使用设备控制，就可以在Premiere Pro中控制一切动作。用户可以为视频源材料指定特定的磁带位置、录制时间码并建立批量会话，使用批量会话可以在一个会话中自动录制录像带的不同部分。

↘ 4.1.2 模拟/数字采集卡

此板卡可以采集模拟视频信号并对它进行数字化。某些计算机制造商出售的机型中直接将这些板卡嵌入计算机。在PC上，多数模拟/数字采集卡允许进行设备控制，这便可以启动、停止摄像机或录音机，以及指定到想要录制的录像带位置。如果用户正在使用模拟/数字采集卡，则必须意识到，并非所有的板卡都是使用相同的标准设计的，某些板卡可能与Premiere Pro不兼容。

↘ 4.1.3 带有SDI输入的HD或SD采集卡

如果正在采集HD影片，则需要在系统中安装一张Premiere Pro兼容的HD采集卡。此板卡必须有一个串行设备接口（Serial Device Interface，SDI），Premiere Pro本身支持AJA的HD SDI板卡。

4.2 正确连接采集设备

在开始采集视频或音频之前，确保已经阅读了所有随同硬件提供的相关文档。许多板卡包含了插件，以便直接采集到Premiere Pro中（而不是先采集到另一个软件应用程序，然后导入Premiere Pro）。本节简要描述模拟/数字采集卡和IEEE 1394端口的连接需求。

↘ 4.2.1 IEEE 1394/FireWire的连接

要将DV或HDV摄像机连接到计算机的IEEE 1394端口非常简单，只需将IEEE 1394线缆插进摄像机的DV入/出插孔，然后将另一端插进计算机的IEEE 1394插孔。虽然这个步骤很简单，但也要保证阅读所有的文档。例如，只有将外部电源接入DV/HDV摄像机，连接才会有效，在只有DV/HDV摄像机电池的情况下，也许不会发生传送现象。

> **Tips**
>
> 用于桌面计算机和笔记本电脑的IEEE 1394线缆通常是不同的，不能够相互交换。此外，将外部FireWire硬盘驱动连接到计算机的IEEE 1394线缆也许不同于将计算机连接到摄像机的IEEE 1394线缆。在购买IEEE 1394线缆之前，要确保它是适合计算机的正确线缆。

↘ 4.2.2 模拟到数字

多数模拟/数字采集卡使用复式视频或S视频系统，某些板卡既提供了复式视频也提供了S视频。连接复式视频系统通常需要使用3个RCA插孔的线缆，将摄像机或录音机的视频和声音输出插孔连接到计算机采集卡的视频和声音输入插孔。S视频连接提供了从摄像机到采集卡的视频输出，一般来说，这意味着只需简单地将一根线缆从摄像机或录音机的S视频输出插孔连接到计算机的S视频输入插孔。某些S视频线缆额外提供有声音插孔。

↘ 4.2.3 串行设备控制

使用Premiere Pro可以通过计算机的串行通信（COM）端口控制专业的录像带录制设备（计算机的串行通信端口通常用于调制解调器通信和打印）。串行控制允许通过计算机的串行端口传输与发送时间码信息。使用串行设备控制，就可以采集重放和录制视频。因为串行控制只导出时间码和传输信号，所以需要一张硬件采集卡将视频和音频信号发送到磁带。Premiere Pro支持九针串行端口、Sony RS-422、Sony RS-232、Sony RS-422 UVW、Panasonic RS-422、Panasonic RS-232和JVC-232等标准。

4.3 采集时需要注意的问题

视频采集对计算机来说是一项相当耗费资源的工作，要在现有的计算机硬件条件下最大程度地发挥计算机的效能，需要注意以下5点。

第1点：对现有的系统资源进行释放。关闭所有常驻内存中的应用程序，包括防毒程序、电源管理程序等，只保留运行的Premiere Pro和Windows资源管理器这两个应用程序。最好在开始采集前重新启动系统。

第2点：对计算机的磁盘空间进行释放。为了在捕获视频时能够有足够大的磁盘空间，建议把计算机中不常用的资料和文件备份到其他存储设备上。

第3点：对系统进行优化。如果没有进行过磁盘碎片整理，最好先运行磁盘碎片整理程序和磁盘清理程序。这两个程序都可以在【开始】>【所有程序】>【附件】>【系统工具】中找到。磁盘碎片整理程序的界面如图4-1所示。

图4-1

第4点：对时间码进行校正。如果要更好地采集影片和更顺畅地控制设备，校正DV录像带的时间码是必须的。要校正时间码，则必须在拍摄视频前先使用标准的播放模式从头到尾不中断地录制视频，也可以在拍摄时用不透明的纸或布来盖住摄像机。

第5点：关闭屏幕保护程序。在此还有一点是需要用户特别注意的，就是一定要停止屏幕保护。因为屏幕保护在启动的时候，可能会终止采集工作。

4.4 进行采集设置

Premiere Pro中的许多设置取决于计算机中实际安装的设备。采集过程中出现的对话框取决于计算机中安装的硬件和软件。本章出现的对话框也许与用户在屏幕上看到的不同，但是采集视频和音频的常规步骤是相似的。如果有一张数字化模拟视频的采集卡，且计算机中安装了IEEE 1394端口，那么其安装过程将有所不同。下一节将描述如何为这两个系统安装IEEE 1394。

 Tips

为了确保采集会话成功，请用户务必阅读制造商的所有自述文件和文档，确切知道自己的计算机中安装了什么设备是很重要的。

4.4.1 检查采集设置

在开始采集过程之前，用户需要检查Premiere Pro的项目和默认设置，因为这会影响采集过程。设置完默认值，再次启动程序时，这些设置也会继续保存。影响采集的默认值包括暂存盘设置和设备控制设置。

1.设置暂存盘参数

无论是正在采集数字视频还是数字化模拟视频，都应该确保恰当地设置了Premiere Pro的采集暂存盘位置。暂存盘是用于实际执行采集的磁盘。请确保暂存盘是连接到计算机的最快磁盘，而且硬盘驱动上应该有最大的可用空间。在Premiere Pro中，可以为视频和音频设置不同的暂存盘。

2.设置采集参数

使用Premiere Pro的采集参数可以指定是否因丢帧而中断采集、报告丢帧或者在失败时生成批量日志文件。批量日志文件是一份文本文件，其中列出了关于采集失败的素材信息。

选择【编辑】>【首选项】>【采集】菜单命令，打开【首选项】对话框的【采集】部分，在该对话框中可以查看采集参数，如图4-2所示。

如果想采用外部设备创建的时间码，而不是素材源材料的时间码，则在【首选项】对话框的【采集】部分选择【使用设备控制时间码】选项，如图4-3所示。

图4-2　　　　　　　　　　　　图4-3

3.使用设备控制默认设置

如果系统允许设备控制，就可以使用Premiere Pro启动或停止录制，并设置入点和出点。也可以执行批量采集操作，使Premiere Pro自动采集多个素材。

要访问设备控制的默认设置，请选择【编辑】>【首选项】>【设备控制】菜单命令，然后在打开的【首选项】对话框的【设备控制器】部分设置预卷和时间码参数，如图4-4所示。

部分属性介绍

*　设备：如果正在使用设备控制，则使用此下拉列表选择【DV/HDV设备控制】或由板卡制造商提供的一个设备控制选项。如果没有使用设备控制，那么可以将此选项设置为【无】。

*　预卷：设置预卷时间，使得播放设备可以在采集开始之前达到指定速度。特定信息请参考摄像机和录音机的说明书。

*　时间码偏移：使用此设置可以更改已采集视频上录制的时间码，以使它精确匹配素材源录像带上相同的帧。

图4-4

*　选项：单击【选项】按钮，可以打开【DV/HDV设备控制设置】对话框，如图4-5所示。在此可以设置特定的视频标准（NTSC或PAL）、设备品牌、设备类型（标准或HDV）和时间码格式（丢帧或无丢帧）。如果设备已经恰当连接到计算机，打开并处于VCR模式，则状态读数应该是【在线】。如果未能得到在线状态并且连接到Internet，那么单击【转到在线设备信息】按钮，将打开一个Adobe Web页面，上面有兼容性信息。

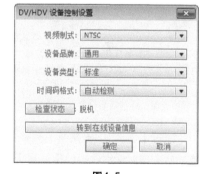

图4-5

4.采集项目设置

项目的采集设置决定了如何采集视频和音频，采集设置是由项目预置决定的。如果想从DV摄像机或DV录音机中采集视频，那么采集过程很简单，因为DV摄像机能压缩和数字化，所以几乎不需要更改任何设置。但是，为了保证最好品质的采集，必须在采集会话之前创建一个DV项目。

即学即用

● 设置暂存盘

素材文件：无

素材位置：无

技术掌握：设置暂存盘参数的方法

（扫码观看视频）

01 新建一个项目，然后选择【项目】>【项目设置】>【暂存盘】菜单命令，打开图4-6所示的【项目设置】对话框，接着在【暂存盘】选项卡中检查暂存盘的设置情况。

02 要更改已采集视频或音频的暂存盘设置，可单击相应的【浏览】按钮，在打开的【浏览文件夹】对话框中选择特定的硬盘和文件夹，以设置新的采集路径，如图4-7所示。

03 单击【视频预览】或【音频预演】对应的【浏览】按钮，可选择用于采集视频和音频的硬盘，如图4-8所示。

图4-6

图4-7

图4-8

 Tips

在采集过程中，Premiere Pro也会相应创建一个高品质音频文件，用于快速访问音频。

↘ 4.4.2 采集窗口设置

在开始采集之前，首先要熟悉采集窗口设置，这些设置决定了是同时采集还是分别采集视频和音频，使用此窗口也可以更改暂存盘和设备控制设置。

 Tips

在开始采集会话之前，确保除了Premiere Pro之外没有任何其他程序在运行，另外确保硬盘中没有碎片。Windows Pro用户可以整理碎片并检查硬盘错误，选择硬盘单击鼠标右键，然后单击【属性】命令，再单击【工具】选项卡访问硬盘的维护工具。

执行【文件】>【采集】菜单命令，即可打开图4-9所示的采集对话框。单击该对话框右边的【设置】选项卡，可查看采集设置，如图4-10所示。

 Tips

如果【采集】对话框中的【设置】选项卡不能访问，则说明该对话框处于折叠状态，这时单击该对话框右上角的 按钮，然后选择【展开窗口】命令即可显示该标签，如图4-11所示。

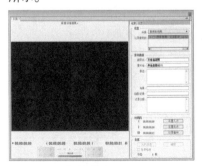
图4-9

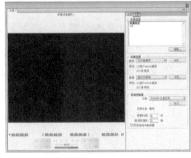
图4-10

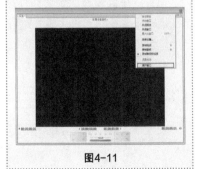
图4-11

1.采集设置选项

【设置】选项卡中的【采集设置】部分与【项目设置】对话框中的采集设置一致。单击【设置】选项卡，采集设置选项如图4-12所示。如前所述，如果正在采集DV，则不能更改画幅大小和音频选项，因为所有的采集设置遵守IEEE 1394标准。使用第三方板卡的Premiere Pro用户或许能够看到某些允许更改画幅大小、帧速率和音频取样率的设置。

图4-12

2.采集位置设置

【设置】选项卡中的【采集位置】部分显示了视频和音频的默认设置，如图4-13所示。单击对应的【浏览】按钮，可以更改视频和音频的采集位置。

3.设备控制器设置

【设置】选项卡中的【设备控制器】部分显示了设备控制器的默认值，如图4-14所示。在此也可以更改默认值，也可以单击【选项】按钮，然后选择播放设备并查看它是否在线；还可以选择因丢帧而中断采集。

4.采集窗口菜单

单击【采集】对话框右上角的 按钮，将打开【采集】对话框的菜单命令，如图4-15所示。

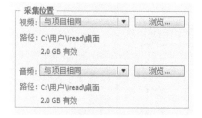

图4-13

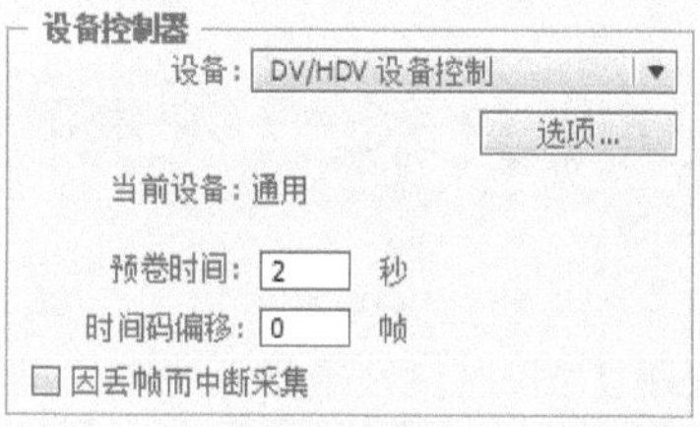

图4-14

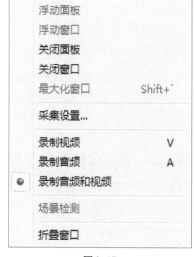

图4-15

命令介绍

* 采集设置：选择该命令，将打开【项目设置】对话框，在此可以检查或更改采集格式，如图4-16所示。

* 录制视频/录制音频/录制音频和视频：在此可以选择是仅采集音频或视频，还是同时采集音频和视频。默认选择的是【录制音频和视频】选项。

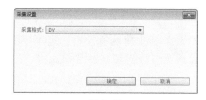

图4-16

* 场景侦测：选择该命令，将打开Premiere Pro的自动场景侦测，此功能在设备控制时可用。打开场景侦测时，Premiere Pro会在侦测到视频时间印章发生改变时自动将采集分割成不同的素材，按下摄像机的【暂停】按钮时，会发生时间印章改变。

* 折叠窗口：此命令将从对话框中隐藏【设置】和【记录】标签。在对话框折叠时，此菜单命令变为【展开窗口】命令。

4.5 在采集窗口采集视频或音频

如果系统不允许设备控制，那么可以打开录音机或摄像机并在采集窗口中查看影片以采集视频。通过手动启动和停止摄像机或录音机，可以预览素材源材料。

在确保已正确连接所有设备线缆后，选择【文件】>【采集】菜单命令打开【采集】对话框。如果仅采集视频或音频，可以在【采集】下拉菜单中选择【视频】或【音频】来更改此设置，如图4-17所示。

素材采集完成后单击播放设备上的【停止】按钮■，停止素材的采集，在【项目】面板中选择素材，然后单击鼠标右键选择【属性】命令，在打开的对话框中可以查看关于丢帧、数据速率和文件位置的素材信息，如图4-18所示。

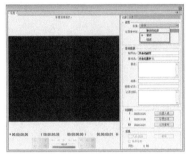

图4-17

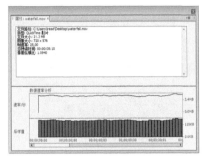

图4-18

知识拓展：音频的位置

如果已经采集了视频和音频，但是没有听到音频，那么或许需要等待Premiere Pro为已采集的片段创建对应的音频文件。当创建AVI视频文件时，音频会与视频交织在一起。通过创建单独的对应的高品质音频文件，Premiere Pro就可以在编辑过程中更快地访问与处理音频。对应文件的缺点是，用户必须等待其创建，并且这要占用额外的硬盘空间。

4.6 使用【设备控制】采集视频或音频

在采集过程中，使用设备控制可以直接在Premiere Pro中启动和停止摄像机或录音机。如果使用了IEEE 1394连接并且正从摄像机中进行采集，则很适合使用设备控制。否则，要使用设备控制，则需要一张支持设备控制的采集卡和精确帧录音机（由板卡控制）。如果没有DV板卡，那么可能需要一个Premiere Pro兼容的插件才能使用设备控制。如果系统支持设备控制，也可以导入时间码并自动生成批量列表以便自动批量采集素材。

在【采集】窗口底部提供的设备控制按钮可以方便地控制摄像机或VCR，按钮如图4-19所示。使用这些按钮，用户可以启动和停止视频，以及为视频设置入点和出点。

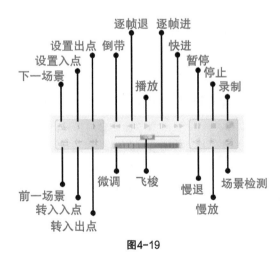

图4-19

当准备好使用设备控制采集时，用户可以按照如下步骤操作。

第1步：在【采集】对话框中切换到【设置】选项卡，检查采集设置。在【设备控制器】区域中，确保将【设备】下拉菜单设置为【DV/HDV设备控制】选项。如果需要检查播放设备的状态，则单击【选项】按钮，在打开的【DV/HDV设备控制设置】对话框中进行检测，如图4-20所示。

第2步：在【采集设置】区域中单击【编辑】按钮，然后可以更改项目设置。如果要更改视频或音频暂存盘的位置，则在【采集位置】区域单击【浏览】按钮。

第3步：切换到【记录】选项卡，设置开始采集视频的时间点。单击【设置入点】按钮，或者单击【记录】选项卡的【时间码】部分的【设置入点】按钮 设置入点 即可完成设置。

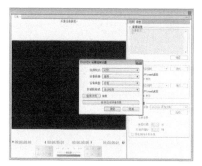

图4-20

 Tips

单击并向左拖曳微调控件区域可以倒放一帧，单击并向右拖曳可以快进一帧，拖曳快速搜索控件可以更改观看影片的速度。

第4步：设置停止采集视频的时间点，然后单击【设置出点】按钮 或【时间码】部分的【设置出点】按钮 设置出点 。此时可以单击【转到入点】或【转到出点】按钮检查入点和出点。

Tips

如果打开了场景侦测，那么Premiere Pro或许会在特定的入点和出点之间分割素材。

第5步：如果要在所采集素材的入点之前或出点之后添加帧，则在【记录】选项卡的【采集】区域中的【手控】文本框中输入帧数。

第6步：如果要开始采集，那么在【采集】区域中单击【入点/出点】按钮，Premiere Pro将开始预卷。预卷之后，视频会出现在采集窗口中。Premiere Pro在入点处开始采集并在出点处结束。

第7步：当出现【文件名】对话框时，为素材输入一个名称。如果屏幕上打开了一个项目，则素材会自动出现在【项目】面板中。

Tips

如果用户不想为录制过程设置入点和出点，可以只单击【播放】按钮 ，然后单击【录制】按钮 ，以采集出现在【采集】窗口中的序列。

4.7 批量采集

如果采集卡支持设备控制，则可以设置【项目】面板中出现的批量采集列表，如图4-21所示。

当执行【文件】>【批采集】菜单命令时，列表中会出现一系列使用入点和出点的脱机素材。注意，在【项目】面板中，用于脱机素材的图标与正常在线的图标是不同的。创建此列表之后，可以选择想要采集的素材，然后离开时让Premiere Pro自动采集各个素材，也可以手动或使用设备控制创建批量采集列表。

如果手动创建批量列表，则需要为所有素材输入入点和出点的时间码。如果使用设备控制，在采集窗口记录选项卡下，单击时间码部分中的设置入点和设置出点按钮时，Premiere Pro会输入开始和停止时间。

图4-21

知识拓展：选择采集设置

当Premiere Pro在批量采集列表中进行采集时，它会使用当前项目设置自动采集。虽然大多数情况下Premiere Pro会使用当前项目的画幅大小及其他设置批量采集素材，但是也可以在【项目】面板中选择一个要采集的素材，然后选择【素材】>【采集设置】>【设置采集设置】命令，为其选择一种采集设置。要清除素材的采集设置，请选择此素材并选择【素材】>【采集设置】>【清除采集设置】命令。

也可以在【项目】面板中选择一个脱机素材，然后单击鼠标右键，在打开的菜单中选择【批采集】命令，将打开【批采集】对话框，在此选择【忽略采集设置】选项，接着选择另一种采集格式，如图4-22所示。

图4-22

↘ 4.7.1 手动创建批量采集列表

如果想让批量列表出现在【项目】面板的一个容器中，则需要打开容器或单击面板底部的文件夹按钮创建一个容器；如果要创建批量采集列表，那么需要选择【文件】>【新建】>【脱机文件】菜单命令，然后将打开【新建脱机文件】对话框，如图4-23所示。

在【新建脱机文件】对话框中设置画面大小、时间基准、像素纵横比和采样率等参数，然后单击【确定】按钮打开【脱机文件】对话框，如图4-24所示。接着为素材输入入点、出点和文件名，并添加其他描述性备注（如磁带名称），最后单击【确定】按钮，素材的信息将添加到【项目】面板中，如图4-25所示。

图4-23

图4-24

图4-25

知识拓展：在【项目】面板中更改时间码读数

在【项目】面板中单击特定素材的【视频入点】和【视频出点】栏，然后更改时间码读数，可以编辑脱机文件的入点和出点，如图4-26所示。

图4-26

如果想将批量列表保存到磁盘中，以便在其他时间采集素材，或者将此列表导入另一台计算机的程序中，那么可以选择【项目】>【导出批处理列表】菜单命令。此后可以选择【项目】>【导入批处理列表】菜单命令，重新载入列表开始采集过程。

↘ 4.7.2 使用设备控制创建批量采集列表

如果用户想创建批量采集列表，但又不想为所有的素材输入入点和出点，可以使用Premiere Pro的【采集】对话框来实现。可以按照如下步骤操作。

第1步：打开【采集】对话框，然后切换到【记录】选项卡，在【素材数据】区域输入【项目】面板中的磁带名称和素材名称等信息，如图4-27所示。

第2步：使用采集控制图标定位录像带中包含了采集素材的部分，然后单击【设置入点】按钮 ，入点出现在【记录】选项卡的入点区，接着使用【采集控制】按钮定位素材的出点，最后单击【设置出点】按钮 设置出点 ，出点出现在【记录】选项卡出点区。

第3步：在【时间码】部分单击【记录素材】按钮 记录素材 ，并为素材输入文件名。如果需要，可以在对话框中输入描述信息，然后单击【确定】按钮。

图4-27

第4步：如果要将批量列表保存到磁盘中，可选择【项目】>【导出批处理列表】菜单命令，此后可以选择【项目】>【导入批处理列表】菜单命令，重新载入列表开始采集过程。

↘ 4.7.3 使用批量列表采集

在创建了欲采集素材的批量列表之后，用户可以令Premiere Pro自动采集【项目】面板列表中的素材。用户要完成如下步骤，需要先按照上一小节描述的方法创建批量列表。

> **Tips**
>
> 只有支持设备控制的系统才能自动创建采集批量列表。

第1步：如果脱机文件批量列表已经保存但没有载入【项目】面板，请选择【项目】>【导入批处理列表】菜单命令将列表载入【项目】面板。

第2步：如果要指定采集的素材，那么在【项目】面板中单击第一个素材，然后按住Shift键并单击加选其他脱机素材，接着执行【文件】>【批采集】菜单命令，打开图4-28所示的【批采集】对话框，指定是否使用手控采集（设置在入点之前和出点之后想采集的帧数）。如果需要，用户可以单击【忽略采集设置】选项；否则，单击【确定】按钮。

第3步：在出现【插入磁带】对话框时，确保摄像机或重放设备中磁带正确，然后单击【确定】按钮。此时将打开【采集】窗口进行采集。

第4步：检查采集状态。批量采集过程结束之后，会出现警告，指示素材已经采集。在【项目】面板中，Premiere Pro更改了文件名图标，指示它们已经链接到磁盘上的文件。如果要查看所采集素材的状态，那么向右滚动【项目】面板。在采集设置栏中可以看到已采集素材的对号标记。素材的状态应该是在线，这也指示素材已经链接到磁盘文件。

图4-28

> **Tips**
>
> 如果在【项目】面板中有脱机文件，并且想把它们链接到已采集的文件，那么可以选择【项目】面板中的素材，然后单击鼠标右键选择【链接媒体】，接着指定要链接的文件。

4.8 更改素材的时间码

时间码以【小时：分钟：秒钟：帧数】的格式为每个录像带帧提供了一个精确帧读数。视频制作者可以使用时间码跳转到特定位置并设置入点和出点。在编辑过程中，广播设备使用时间码在最终节目录像带上创建素材源材料的精确帧剪辑。

4.9 使用【调音台】单独采集音频

使用Premiere Pro的【调音台】面板可以独立于视频采集音频。使用调音台可以直接从音频源（如麦克风或录音机）录制到Premiere Pro中，甚至可以在节目监视器中查看视频的同时录制叙述材料。在采集音频时，其品质基于为音频硬件设置的取样率和位数深度。

要查看这些设置，请选择【编辑】>【首选项】>【音频硬件】菜单命令，打开图4-29所示的【首选项】对话框，然后单击【ASIO设置】按钮，在打开的【音频硬件设置】对话框中进行查看和设置，如图4-30所示。

图4-29

图4-30

硬件详情通常包含了关于音频取样率和位数深度的信息。取样率是每秒采集样本的数量，位数深度是实际数字化音频中每个样本的位数（一个字节数据包含8位）。大多数音频编解码器的最小位数深度是16。

4.10 课后习题

课后习题	● 设备控制设置
	素材文件：无
	素材位置：无
	技术掌握：设备控制设置的方法

（扫码观看视频）

本例通过设置链接视频设备来掌握如何在【首选项】对话框中设置设备控制。

操作提示

第1步：新建一个项目，然后检查所有从视频设备到计算机的连接。

第2步：执行【编辑】>【首选项】>【设备控制】菜单命令，在打开的【首选项】对话框中设置设备的类型。

Premiere Pro程序设置

Premiere Pro为工具和命令提供快捷键，使用快捷键可以大大提高工作效率。本章介绍了
Premiere Pro的默认设置，如何自定义快捷键，以及如何设置程序的参数，用户可以根据需
要调整菜单命令、面板和工具的快捷键。另外，用户可以通过设置【首选项】对话框中的
参数，来提高Premiere Pro的性能。

* 项目和序列设置　　　　　　　　　　* 设置程序参数
* 设置快捷键

5.1 项目和序列设置

在对帧速率、画幅大小和压缩有了基本了解后，用户在Premiere Pro中创建项目时就可以更好地选择设置，仔细选择项目设置能制作更好品质的视频和音频。

↘ 5.1.1 项目常规设置

在启动Premiere Pro后单击欢迎画面中的【新建项目】图标，或在载入Premiere Pro后选择【文件】>【新建】>【项目】菜单命令，即可打开【新建项目】对话框，该对话框默认为【常规】选项卡设置，如图5-1所示。

图5-1

参数介绍

* 活动与字幕安全区域：在视频监视器中查看项目时，这两个设置很重要。此设置帮助补偿监视器扫描，使TV监视器切断图片的边缘。本设置提供了一个警告边界，用于显示可以安全查看字幕和动作的界限。在此区域用户可以更改字幕和动作安全区域的百分比。如果用户要在监视器窗口中查看安全区域，需要在监视器窗口菜单中选择【安全框】命令。当安全区域出现时，确保所有字幕都在第一个边界内，所有动作都在第二个边界内，如图5-2所示。

图5-2

* 视频显示格式：本设置决定了帧在时间线中播放时，Premiere Pro所使用的帧数目，以及是否使用丢帧或不丢帧时间码。在Premiere Pro中，用于视频项目的时间显示在时间线和其他面板中，使用的是电影电视工程师协会（Society of Motion Picture and Television Engineers，SMPTE）视频时间读数，称作时间码。在不丢帧时间码中，使用冒号分隔小时、分钟、秒钟和帧数。在不丢帧时间码中帧速率是29.97帧/秒或30帧/秒，1:01:59:29的下一帧是1:02:00:00。在丢帧时间码中，使用分号分隔小时、分钟、秒钟和帧数。例如，1:01:59:29的下一帧是1:02:00:02。每分钟可视帧显示都会丢失数目，以补偿帧速率是29.97帧/秒而不是30帧/秒的NTSC视频帧速率。注意，视频的帧并没有丢失，丢失的只是时间码显示的数字。如果所工作的影片项目是24帧/秒，那么可以选择16mm或35mm的选项。

* 音频显示格式：处理音频素材时，可以更改时间线面板和节目监视器面板显示，以显示音频单位而不是视频帧。使用音频显示格式可以将音频单位设置为毫秒或音频取样。就像视频中的帧一样，音频取样是用于编辑的最小增量。

* 采集：在【采集格式】下拉列表中可以选择所要采集视频或音频的格式，其中包括【DV】和【HDV】两种格式。

* 位置：用于选择该项目存储的位置。单击【浏览】按钮，在打开的【浏览文件夹】对话框中指定文件的存储路径即可。

* 名称：用于为该项目命名。

选择【新建项目】对话框中的【暂存盘】选项卡，其设置如图5-3所示，在该选项卡中可以设置视频采集的路径。

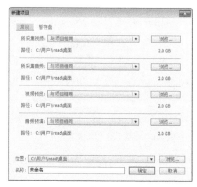

图5-3

属性介绍

* 所采集视频：存放视频采集文件的地方，默认为相同项目，也就是与Premiere Pro主程序所在的目录相同。单击【浏览】按钮可以更改路径。

* 所采集音频：存放音频采集文件的地方，默认为相同项目，也就是与Premiere Pro主程序所在的目录相同。单击【浏览】按钮可以更改路径。

* 视频预览：放置预演影片的文件夹。

* 音频预览：放置预演声音的文件夹。

在【新建项目】对话框中设置好各项设置后，单击【确定】按钮，可打开【新建序列】对话框，在其中可以选择一个可用的预设，也可以通过自定义序列预设，以满足制作视频和音频的需要。

↘ 5.1.2 序列预设

要选择预设，也可以在载入Premiere Pro后选择【文件】>【新建】>【序列】菜单命令，打开【新建序列】对话框，在其中的【有效预设】列表中单击一个所需的预设，如图5-4所示。

选择序列预设后，在该对话框的【预设描述】区域中，将显示该预设的编辑模式、画面大小、帧速率、像素纵横比和位数深度设置以及音频设置等。

Premiere Pro为NTSC电视和PAL标准提供了DV（数字视频）格式预设。如果正在使用HDV或HD进行工作，也可以选择预设。

如果所工作的DV项目中的视频不准备用于宽银幕格式（16：9的纵横比），可以选择【标准48kHz】选项。该预设将声音品质指示为48kHz，它用于匹配素材源影片的声音品质。

图5-4

24 P预设文件夹用于以24帧/秒拍摄且画幅大小是720像素×480像素的逐行扫描影片（松下和佳能制造的摄像机在此模式下拍摄）。如果有第三方视频采集卡，可以看到其他预设，专门用于辅助采集卡工作。

如果使用DV影片，可以无须更改默认设置。

知识拓展：音频的位置

　　Premiere Pro为手机视频和其他移动设备（如视频iPod）提供了预设。通用中间格式（Common Intermediate Format，CIF）和四分之一通用中间格式（Quarter Common Intermediate Format，QCIF）是为视频会议创建的标准。Premiere Pro的CIF编辑预设是为支持第三代合作伙伴计划（Third Generation Partnership Project，3GP2）格式的移动设备特别设计的。3G移动网络是支持视频会议以及发送与接收全动作视音频的第三代移动网络。3GP2格式是当前最通用的第三代格式。两种第三代视频格式——3GPP和3GPP2都基于MPEG-4。

　　Premiere Pro的CIF和QVGA（用于视频iPod）预设与视频录制设置不同。例如，标准手机屏幕是176像素×220像素。如果素材源影片符合移动标准，则应该使用CIF或QVGA预设。导出CIF或QVGA项目时，需要用Adobe Media Encoder选择H.264输出格式，因为它为QCIF和QVGA提供了输出规范。如果素材源影片不是CIF或QVGA，在为移动设备创建项目时，仍然可以使用H.264选项。

　　用户还可以更改预设，同时将自定义预设保存起来，用于其他项目。

5.1.3 序列常规设置

　　选择【文件】>【新建】>【序列】菜单命令，打开【新建序列】对话框，然后选择【设置】选项卡，其参数设置如图5-5所示。

属性介绍

　　* 编辑模式：编辑模式是由【序列预设】选项卡中选定的预设所决定的。使用编辑模式选项可以设置时间线播放方法和压缩设置。选择DV预设，编辑模式将自动设置为DV NTSC或DV PAL。如果用户不想挑选某种预设，那么可以从【编辑模式】下拉列表中选择一种编辑模式，选项如图5-6所示。

图5-5

　　* 时基：也就是时间基准。在计算编辑精度时，【时基】选项决定了Premiere Pro如何划分每秒的视频帧。在大多数项目中，时间基准应该匹配所采集影片的帧率。对于DV项目来说，时间基准设置为29.97并且不能更改。应当将PAL项目的时间基准设置为25，影片项目为24，移动设备为15。【时基】设置也决定了【显示格式】区域中哪个选项可用。【时基】和【显示格式】选项决定了时间线窗口中的标尺核准标记的位置。

　　* 画面大小：项目的画面大小是其以像素为单位的宽度和高度。

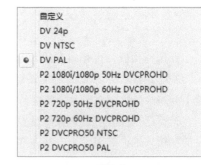

图5-6

第一个数字代表画面宽度，第二个数字代表画面高度。如果选择了DV预设，则画面大小设置为DV默认值（720像素×480像素）。如果使用DV编辑模式，则不能更改项目画幅大小。但是，如果使用桌面编辑模式创建的项目，则可以更改画幅大小，如果为Web或光盘创建的项目，那么在导出项目时可以降低其画面大小。

　　* 像素纵横比：本设置应该匹配图像像素的形状——图像中一个像素的宽与高的比值。对于在图形程序中扫描或创建的模拟视频和图像，应选择方形像素。根据所选择的编辑模式的不同，【像素纵横比】选项的设置也会不同。例如，如果选择了【DV NTSC】编辑模式，可以从0.9和1.2中进行选择，用于宽银幕影片，如图5-7所示。如果选择【自定义】编辑模式，则可以自由选择像素纵横比，如图5-8所示。此格式多用于方形像素。如果胶片上的视频有变形镜头拍摄的，则选择【变形宽银幕2:1（2.0）】选项，这样镜头会在拍摄时压缩图像，但投影时，可变形放映镜头可以反向压缩以创建宽银幕效果。D1/DV项目的默认设置是0.9。

图5-7　　　　　　　　　　　图5-8

　　如果需要更改所导入素材的帧速率或像素纵横比（因为它们可能与项目设置不匹配），可以在项目面板中选定此素材，然后选择【素材】>【修改】>【解释素材】命令，打开【修改素材】对话框。如果要更改帧速率，可以在该对话框中单击【假定帧速率为】单选项，然后在文本编辑框中输入新的帧速率；如果要更改像素纵横比，可以单击【符合为】单选项，然后从像素纵横比列表中进行选择。设置完成后单击【确定】按钮，项目面板即指示出这种改变。

　　如果需要在纵横比为4∶3的项目中导入纵横比为16∶9的宽银幕影片，那么可以使用【运动】视频特效的【位置】和【比例】选项，以缩放与控制宽银幕影片。

　　＊　场序：在将所工作的项目导出到录像带中时，就要用到场。每个视频帧都会分为两个场，它们会显示1/60秒。在PAL标准中，每个场会显示1/50秒。在【场】下拉列表中可以选择【上场优先】或【下场优先】选项，这取决于系统期望什么样的场。

　　＊　采样速率：音频取样值决定了音频品质。取样值越高，提供的音质就越好。最好将此设置保持为录制时的值。如果将此设置更改为其他值，就需要更多处理过程，而且还可能降低品质。

　　因为DV项目使用的是行业标准设置，所以不应该更改像素纵横比、时间基准、画面大小或场的设置。

　　＊　视频预览：用于指定使用Premiere Pro时如何预览视频。大多数选项是由项目编辑模式决定的，因此不能更改。例如，对DV项目而言，任何选项都不能更改。如果选择HD编辑模式，则可以选择一种文件格式。如果预览部分的选项可用，可以选择组合文件格式和色彩深度，以便在重放品质、渲染时间和文件大小之间取得最佳平衡效果。

↘5.1.4　序列轨道设置

　　在打开的【新建序列】对话框中选择【轨道】选项卡，该部分设置如图5-9所示，在该选项卡中可以设置时间线窗口中的视频和音频轨道数，也可以选择是否创建子混合轨道和数字轨道。

　　在【轨道】选项卡中更改设置并不会改变当前时间线，不过如果通过选择【文件】>【新建】>【序列】菜单命令的方式创建一个新项目或新序列后，添加到项目中的下一个时间线会显示新设置。

图5-9

即学即用

● 更改并保存序列

素材文件：无

素材位置：无

技术掌握：更改并保存序列的方法

（扫码观看视频）

01 选择【文件】>【新建】>【序列】菜单命令，打开【新建序列】对话框，在【新建序列】对话框中选择【设置】选项卡，如图5-10所示。

02 设置【设置】选项卡的参数，然后单击【存储预设...】按钮，如图5-11所示。

图5-10

图5-11

03 在打开的【存储设置】对话框中为该自定义预设命名，也可以在【描述】文本框中输入一些该预设的说明性文字，然后单击【确定】按钮，如图5-12所示。保存的预设将出现在【序列预设】选项卡的【自定义】文件夹中，如图5-13所示。

Tips

在首次创建项目时，新建项目对话框中所有部分都是可访问的，但是在创建项目后，大多数设置将不能被修改。如果用户想在创建项目之后查看项目设置，可以选择【项目】>【项目设置】>【常规】菜单命令。

图5-12

图5-13

5.2 设置键盘快捷键

使用键盘快捷方式可以使重复性工作更轻松，并提高制作速度。Premiere Pro为激活工具、打开面板以及访问大多数菜单命令都提供了键盘快捷方式。这些命令是预置的，但要修改也很方便。用户还可以自己创建Premiere Pro操作的键盘命令。执行【编辑】>【键盘快捷方式】菜单命令，如图5-14所示。打开的【键盘快捷键】对话框中，用户可以修改或创建【应用】、【面板】和【工具】这三个部分的快捷键，如图5-15所示。

图5-14   图5-15

↘ 5.2.1 修改菜单命令快捷键

在默认状态下，【键盘快捷键】对话框中显示了【应用】类型的键盘命令。用户如果要更改或创建其中的键盘设置，可以单击下方列表中的三角形按钮，展开包含相应命令的菜单标题，然后对其进行相应的修改或创建操作。

↘ 5.2.2 修改面板快捷键

Premiere Pro面板命令的键盘自定义使用得非常广泛。要创建或修改面板键盘命令，可以在【键盘快捷键】对话框的【应用】下拉菜单中选择【面板】选项。其中的键盘命令为许多命令提供了快捷方式，而执行这些命令一般需要单击鼠标来完成。因此，即使用户不打算创建或更改现有的键盘命令，也值得花时间查看面板键盘命令，了解Premiere Pro提供的许多节省时间的快捷方式。

图5-16和图5-17所示的是项目和历史面板中的快捷键。如果用户要创建或更改面板中的快捷键，可以使用上一小节所介绍的操作方法，即单击命令行中的快捷方式，然后按下要使用的快捷键。

图5-16   图5-17

↘ 5.2.3 修改工具快捷键

Premiere Pro为每个工具提供了快捷键。在【键盘快捷键】对话框的【应用】下拉菜单中选择【工具】选项，可以修改工具的快捷键，如图5-18所示，如果用户要更改【工具】中部分键盘命令，只需要在工具行的快捷方式列中单击鼠标，然后输入新的键盘快捷键。

图5-18

↘ 5.2.4 保存与载入自定义快捷键

更改键盘命令后，Premiere Pro将自动在【设置】下拉菜单中添加新的自定义设置，这样可以避免改写Premiere Pro的出厂默认设置，如图5-19所示。

图5-19

如果用户想在新键盘命令设置中保存键盘命令，可以单击【另存为】按钮，然后在【键盘布局设置】对话框中输入名称，如图5-20所示，接着单击【保存】按钮。如果快捷键设置错误或者用户想删除某个命令快捷键，只需在【键盘快捷键】对话框中单击【清除】按钮。另外，用户也可以单击【键盘快捷键】对话框中的【还原】按钮，撤消快捷键的设置操作。

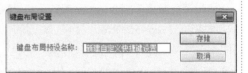

图5-20

即学即用

● 创建自定义键盘命令

素材文件：无

素材位置：无

技术掌握：创建自定义键盘命令的方法

（扫码观看视频）

01 新建项目，然后执行【编辑】>【键盘快捷方式】菜单命令打开【键盘快捷键】对话框，如图5-21所示。

02 在列表中选择【素材】>【重命名】选项，然后双击该选项后面的空白处激活命令设置行，接着按Shift+R组合键为该命令设置快捷键，最后单击【确定】按钮，如图5-22所示。

03 选择【序列01】，然后按设置的组合键Shift+R，此时即可为选择对象重命名，如图5-23所示。

图5-21

图5-22

图5-23

Tips

为命令指定快捷键的操作中，可以使用任何未指定的快捷方式，如Ctrl+Shift+R或Alt+Shift+R。

5.3 设置程序参数

Premiere Pro的程序参数控制着每次打开项目时所载入的各种设置。在当前项目中可以更改这些参数设置，但是只有在创建或打开一个新项目后，才能激活这些更改。在编辑菜单时，用户可以更改采集设备的默认值、切换效果和静帧图像的持续时间，以及标签颜色。本节介绍Premiere Pro提供的默认设置。选择【编辑】>【首选项】命令，然后在参数子菜单中选择一个选项即可访问这些设置，如图5-24所示。

图5-24

↘ 5.3.1 常规

选择【编辑】>【首选项】>【常规】命令,打开【首选项】对话框,在该对话框中将显示【常规】参数的内容。该对话框为Premiere Pro的多种默认参数提供了设置,如图5-25所示。

属性介绍

* 视频切换默认持续时间:在首次应用切换效果时,此设置用于控制其持续时间。默认情况下,此字段设置为30帧,大约为1秒。

图5-25

* 音频过渡默认持续时间:在首次应用音频切换效果时,此设置用于控制其持续时间。默认设置是1秒钟。

* 静帧图像默认持续时间:在首次将静帧图像放置在时间线上时,此设置用于控制其持续时间。默认设置是150帧(5秒钟),即30帧/秒。

* 时间线播放自动滚屏:使用此设置可以选择播放时时间线面板是否滚动。使用自动滚动可以在中断播放时停在时间线某一特定点上,并且可以在播放期间反映时间线编辑。在右方的下拉菜单中可以将时间线设置为播放时按不滚动、页面滚动或平滑滚动(CTI位于时间线可视区域的中间),如图5-26所示。

图5-26

* 时间线鼠标滚动:使用此设置时间线面板中的鼠标滚动方式,在右方的下拉菜单中可以选择【水平】和【垂直】两种方式。

* 新建时间线音频轨:用于设置在时间线面板中新建音频轨道的状态,在右方的下拉菜单中可以选择新建音频轨道的显示状态,如图5-27所示。

* 新建时间线视频轨:用于设置在时间线面板中新建视频轨道的状态,在右方的下拉菜单中可以选择新建视频轨道的显示状态,如图5-28所示。

图5-27   图5-28

* 渲染预览后播放工作区:默认情况下,Premiere Pro在渲染后播放工作区。如果用户不想在渲染后播放工作区,则可以取消选择此选项。

* 画面大小默认缩放为当前项目画面尺寸:默认情况下,Premiere Pro不会放大或缩小与项目画幅大小不匹配的影片。如果用户想让Premiere Pro自动缩放导入的影片,则需要选择此选项。注意,如果选择让Premiere Pro缩放到画幅大小,那么不按项目画幅大小创建的导入图像可能会出现扭曲。

* 文件夹:使用文件夹部分可以在项目面板中管理影片。单击各个选项中的下拉菜单可以选择是在新窗口打开、在当前处打开或是打开新标签,如图5-29所示。

图5-29

＊ 渲染视频时渲染音频：默认情况下，渲染视频将不渲染音频，选择此选项后，渲染视频时，将音频一同渲染出来。

↘5.3.2 界面

在【首选项】对话框的左方列表中选择【界面】选项，将显示【界面】的参数设置。将亮度滑块向左拖曳，界面将变暗；向右拖曳，界面则会变亮，如图5-30所示。另外，单击【默认】按钮将还原界面亮度。

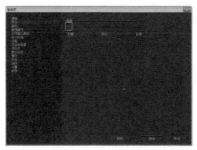

图5-30

↘5.3.3 音频

在【首选项】对话框的左方列表中选择【音频】选项，在对话框右方将显示相关【音频】的设置参数，如图5-31所示。

属性介绍

＊ 自动匹配时间：此设置需要与调音台中的【触动】选项联合使用，如图5-32所示。在调音台面板中选择触动后，Premiere Pro将返回更改以前的值——但是仅在指定的秒数后。例如，如果在调音时更改了音频1的音频级别，那么在更改后，此级别将返回到以前的设置——即记录更改之前的设置。自动匹配设置用于控制Premiere Pro返回到音频更改之前的值所需的时间间隔。

图5-31

＊ 5.1缩混类型：此设置用于控制5.1环绕音轨混合。一个5.1音轨包括左、中、左后、右后和一个低频声道（LFE）。使用5.1缩混类型下拉菜单可以更改混合声道时的设置，这将降低声道的数目，如图5-33所示。

＊ 在搜索时播放音频：此设置用于控制是否在时间线或监视器面板中搜索走带时的播放音频。

＊ 时间线录制期间静音输入：此设置在使用【调音台】进行录制时关闭音频。当计算机上连接扬声器时，选择此选项可以避免音频反馈。

＊ 默认音频轨：单击【默认音频轨】区域中各个选项的下拉按钮，可以在各个下拉列表中选择对应的默认轨道格式，如图5-34所示。

＊ 自动关键帧优化：使用此设置可防止调音台创建过多的关键帧而导致性能降低。

＊ 减少线性关键帧密度：此设置试图仅在直线末端创建关键帧。例如，指示音量改变的一段斜线在每端有一个关键帧。

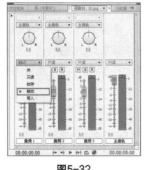

图5-32　　　　　　　图5-33　　　　　　　图5-34

* 　**最小时间间隔**：使用此设置控制关键帧之间的最小时间。例如，如果将间隔时间设置为20毫秒，则只有在间隔20毫秒之后才会创建关键帧。

↘ 5.3.4　音频硬件

在【首选项】对话框的左侧列表中选择【音频硬件】选项，在对话框右侧将显示相关【音频硬件】的设置参数，在【默认设置】选项的下拉列表中可以选择音频硬件的默认设置，如图5-35所示。

图5-35

↘ 5.3.5　音频输出映射

在【首选项】对话框的左侧列表中选择【音频输出映射】选项，将显示【音频输出映射】的相关参数，其中提供了用于扬声器输出的显示，在此将指示音频如何映射到声音设备中，如图5-36所示。

图5-36

↘ 5.3.6　自动存储

在Premiere Pro中，不必过于担心工作时忘记保存项目的问题，因为Premiere Pro默认状态下会打开【自动存储】的参数。在【首选项】对话框的左方列表中选择【自动存储】选项，在此可以设置自动存储项目的间隔时间，还可以修改自动存储项目的数量，如图5-37所示。

图5-37

Tips

用户不必担心自动存储会消耗大量的硬盘空间。当Premiere Pro进行自动存储项目时，它仅保存与媒体文件相关的部分，并不会在每次创建作品的新版本时都重新保存文件。

↘ 5.3.7　采集

在【首选项】对话框的左方列表中选择【采集】选项，在此可以设置采集的相关参数，如图5-38所示。Premiere Pro的默认【采集】设置提供了用于视频和音频采集的选项。采集参数的作用是显而易见的，可以选择在丢帧时中断采集。也可以选择在屏幕上查看关于采集过程和丢失帧的报告。选择【仅在未成功采集时生成批量日志文件】选项，可以在硬盘中保存日志文件，列出未能成功批量采集时的结果。

图5-38

↘ 5.3.8 设备控制器

在【首选项】对话框的左侧列表中选择【设备控制器】选项，可以在【设备】下拉列表中选择当前的采集设备，如图5-39所示。

属性介绍

   ※ 预卷：使用【预卷】设置可以设置磁盘卷动时间和采集开始时间之间的间隔。这可使录像机或VCR在采集之前达到应有的速度。

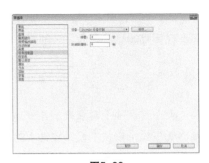

图5-39

   ※ 时间码偏移：使用【时间码偏移】选项可以指定1/4帧的时间间隔，以补偿采集材料和实际磁带的时间码之间的偏差。使用此选项可以设置采集视频的时间码以匹配录像带上的帧。

   ※ 选项：单击【选项】按钮可以打开【DV/HDV设备控制设置】对话框，在此可以选择采集设备的品牌、设置时间码格式，并检查设备的状态是在线还是离线等，如图5-40所示。

图5-40

↘ 5.3.9 标签色

在【首选项】对话框的左侧列表中选择【标签】选项，可以在【标签色】参数中更改项目面板中出现的标签颜色，如图5-41所示。例如，可以在项目面板中为不同的媒体类型指定特定的颜色。单击彩色标签样本，将打开【颜色拾取】

对话框，如图5-42所示。在对话框的矩形颜色框内单击，然后单击并拖曳垂直滑块可以更改颜色，也可以通过输入数值更改颜色。更改颜色之后，可以在参数对话框的标签颜色部分编辑颜色名称。

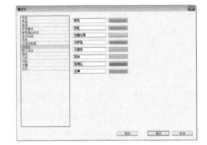

图5-41

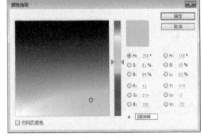

图5-42

↘ 5.3.10 默认标签

在【首选项】对话框的左侧列表中选择【默认标签】选项，可以在【默认标签】参数中更改指定的标签颜色，如项目面板中出现的视频、音频、文件夹和序列标签等，如图5-43所示。

如果用户不喜欢Adobe为各种媒体类型指定的标签颜色，可以更改颜色分配。例如，要更改视频的标签颜色，只需单击【视频】行的下拉菜单并选择一种不同的颜色，如图5-44所示。

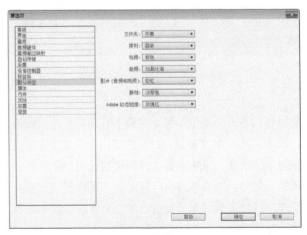

图5-43

图5-44

↘ 5.3.11 媒体

在【首选项】对话框的左侧列表中选择【媒体】选项，可以使用Premiere Pro的【媒体】参数设置媒体高速缓存数据库的位置，如图5-45所示。

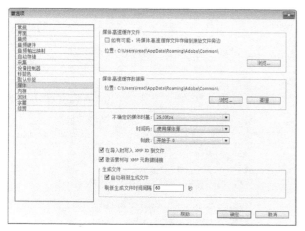

图5-45

媒体高速缓存库是用于跟踪作品中所使用的缓存媒体，计算机使用缓存来快速访问最近使用的数据。Premiere Pro中可以识别的缓存数据文件有.pek（Peak音频文件）、.cfa（统一音频文件）和MPEG视频索引文件。单击【清理】按钮可以从计算机中移除这些不必要的缓存文件。单击【清理】按钮后，Premiere Pro将审查原始文件，将它们与缓存文件比较，然后移除不再需要的文件。

媒体参数也可以设置使用媒体源的帧速率显示时间码。在【时间码】选项列表中可以改用项目帧速率。当新建项目时，在自定义设置选项卡的时间码字段将被设置为项目帧速率。

↘ 5.3.12 内存

在【首选项】对话框的左侧列表中选择【内存】选项，可以在对话框中查看计算机安装的内存信息和可用的内存信息，还可以修改优化渲染的对象，如图5-46所示。

图5-46

↘ 5.3.13 回放设置

在【首选项】对话框的左方列表中选择【回放】选项，可以在对话框中选择默认的播放器和音频设备，如图5-47所示。其中【预卷】和【过卷】属性可以在单击监视器中的【循环】播放按钮时，控制Premiere Pro在当前时间指示（CTI）前后播放的影片。如果在素材源监视器、节目监视器或多机位监视器中单击【循环】播放按钮，则CTI将回到预卷位置并播放到后卷位置。

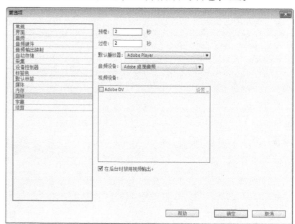

图5-47

↘ 5.3.14 字幕

在【首选项】对话框的左侧列表中选择【字幕】选项，可以在对话框中控制Adobe字幕设计中出现的样式示例和字体浏览器的显示，如图5-48所示。选择【文件】>【新建】>【字幕】命令，可以打开字幕设计窗口，如图5-49所示。

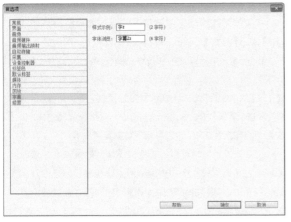

图5-48

图5-49

↘ 5.3.15 修剪

在【首选项】对话框的左侧列表中选择【修剪】选项，可以在对话框中修改最大修剪偏移的值和音频时间单位，如图5-50所示。当节目监视器面板处于修剪监视器视图中时，使用修剪参数可以更改监视器面板中出现的最大修剪偏移，在默认情况下，最大修剪偏移设置为5帧。如果更改了修剪部分的最大修剪偏移字段的值，那么下次创建项目时，此值在监视器面板中显示为一个按钮。

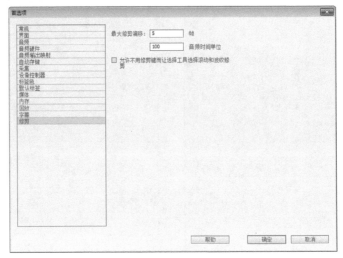

图5-50

即学即用

● 设置输入或输出音频硬件

素材文件：无

素材位置：无

技术掌握：设置输入或输出音频硬件的方法

01 新建项目，然后执行【编辑】>【首选项】>【音频硬件】菜单命令，接着在打开的【首选项】对话框中单击【ASIO设置】按钮，如图5-51所示。

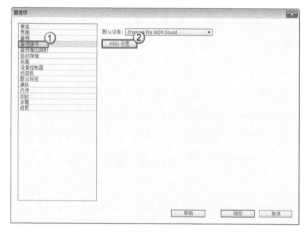

图5-51

02 在打开的【音频硬件设置】对话框中选择【输入】选项卡，在该选项卡下可以设置音频输入的硬件设备，还可以设置输入音频的缓冲大小和采样，如图5-52所示。

03 切换到【输出】选项卡，在该选项卡下可以设置音频输出的硬件设备，还可以设置输入音频的缓冲大小和采样，如图5-53所示。

图5-52

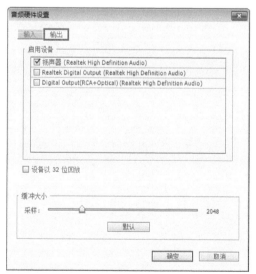

图5-53

5.4 课后习题

课后习题	● 修改自定义键盘命令	
	素材文件：无	
	素材位置：无	
	技术掌握：修改自定义键盘命令的方法	（扫码观看视频）

本例主要介绍修改【打开项目】命令的快捷键的方法，读者可以掌握如何在【键盘快捷键】对话框中修改命令的快捷键，如图5-54所示。

操作提示

第1步：新建一个项目，然后执行【编辑】>【键盘快捷方式】菜单命令，打开【键盘快捷键】对话框。

第2步：在【键盘快捷键】对话框中修改【打开项目】命令的快捷键。

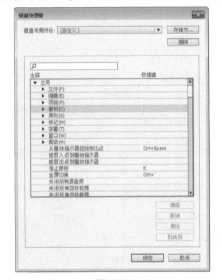

图5-54

06 创建项目背景素材

在视频制作过程中，用户可能需要创建简单的彩色背景视频轨道，而且希望轨道是适合文字的纯色背景，或者是适合透明效果的背景。本章将介绍在Adobe Premiere Pro创建彩色背景的方法，从素材中导出静帧图像作为背景的方法，以及使用Adobe Photoshop创建背景的方法。

* 创建Premiere Pro背景
* 编辑Premiere Pro背景元素
* 使用静态帧创建背景
* 创建Photoshop背景文件

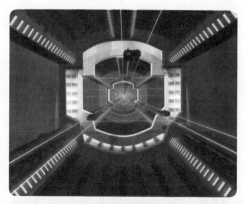

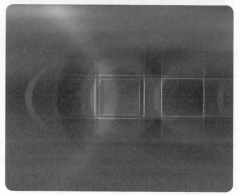

6.1 创建Premiere Pro背景元素

如果用户需要为文本或图形创建黑色、彩色或透明背景，可以使用Premiere Pro提供的相应命令来创建。用户可以通过Premiere Pro的菜单命令或【项目】面板中的【新建分项】工具来创建这些背景元素。

↘ 6.1.1 使用菜单命令创建Premiere Pro背景

选择【文件】>【新建】菜单命令，通过打开的菜单选择相应的命令，可以创建彩条、黑场、彩色蒙版和透明视频等背景元素，如图6-1所示。

图6-1

知识拓展：修改彩色蒙版的默认持续时间

执行【编辑】>【首选项】>【常规】菜单命令，然后在打开的【首选项】对话框中设置【静帧图像默认持续时间】，可修改彩色蒙版的默认持续时间，如图6-2所示。

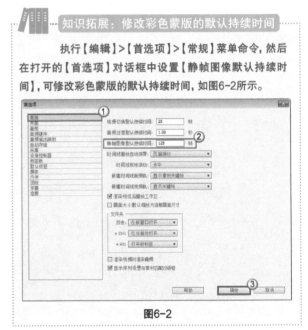

图6-2

↘ 6.1.2 在项目面板中创建Premiere Pro背景

用户除了可以使用菜单命令创建Premiere Pro背景元素外，还可以在Premiere Pro的【项目】面板中单击【新建分项】按钮来创建Premiere Pro背景元素。

↘ 6.1.3 编辑Premiere Pro背景元素

在Premiere Pro中创建的自带背景元素后，用户可以通过双击元素对象对其进行编辑。但是，彩条、黑场和透明视频只有唯一的状态，因此不能对其进行重新编辑。

即学即用

● 创建透明视频

素材文件：无

素材位置：无

技术掌握：创建透明视频的方法

（扫码观看视频）

01 新建一个项目，然后执行【文件】>【新建】>【透明视频】菜单命令，如图6-3所示。

02 在打开的【新建透明视频】对话框中单击【确定】按钮，如图6-4所示。此时，在【项目】面板中就出现了新建的透明视频，如图6-5所示。

图6-3　　　　　　　　　　　　　　图6-4　　　　　　　　　　　　　图6-5

● 修改彩色蒙版的颜色

即学即用

素材文件：素材文件>第6章>即学即用：修改彩色蒙版的颜色

素材位置：素材文件>第6章>即学即用：修改彩色蒙版的颜色

技术掌握：修改彩色蒙版颜色的方法

（扫码观看视频）

01 新建一个项目，然后执行【文件】>【新建】>【彩色蒙版】菜单命令，如图6-6所示。

02 在打开的【新建彩色蒙版】对话框中单击【确定】按钮，如图6-7所示。然后在打开的【颜色拾取】对话框中选择红色，接着单击【确定】按钮，如图6-8所示。

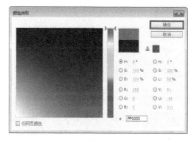

图6-6　　　　　　　　　　　　　图6-7　　　　　　　　　　　　图6-8

03 在【项目】面板中双击【彩色蒙版】文件，如图6-9所示。然后在打开的【颜色拾取】对话框中设置颜色为蓝色，接着单击【确定】按钮即可修改蒙版的颜色，如图6-10所示。

图6-9　　　　　　　　　　图6-10

知识拓展：修改时间线面板中的彩色蒙版

　　将彩色蒙版放在【时间线】面板中，如果要修改它的颜色，只需双击【时间线】面板中的彩色蒙版素材，当出现Premiere Pro的【颜色拾取】对话框后，选择一种新的颜色，然后单击【确定】按钮。在【时间线】面板中修改彩色蒙版的颜色后，不仅选择素材中的颜色发生改变，而且轨道上所有使用该彩色蒙版素材中的颜色都会随之改变。

即学即用

（扫码观看视频）

● 创建彩条

素材文件：

无

素材位置：

无

技术掌握：

创建彩条的方法

本例主要介绍如何创建彩条，案例效果如图6-11所示。

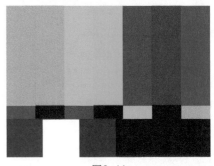

图6-11

01 新建一个项目，然后执行【文件】>【新建】>【彩条】菜单命令，如图6-12所示。

02 在打开的【新建彩条】对话框中单击【确定】按钮，如图6-13所示。在【源】面板中可以查看彩条的效果，如图6-14所示。

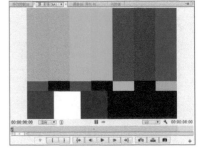

图6-12　　　　　　　　　图6-13　　　　　　　　　图6-14

6.2 在字幕窗口中创建背景

　　字幕设计可以用于创建背景。用户可以使用各种工具创建作为背景的艺术作品，或者使用【矩形工具】创建背景。下面介绍在Premiere Pro的【字幕】窗口中使用【矩形工具】创建背景的方法。

即学即用

● 在字幕窗口中创建背景

素材文件：无

素材位置：无

技术掌握：在【字幕】窗口中创建背景的方法

01 新建一个项目，然后执行【文件】>【新建】>【字幕】菜单命令，如图6-15所示。

02 在打开的【新建字幕】对话框中设置【名称】为【创建背景】，然后单击【确定】按钮，如图6-16所示。

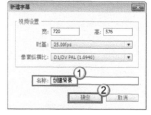

图6-15　　　　　　　　　　　　　　　　　图6-16

03 在打开的对话框中单击【矩形工具】按钮▢，然后在视窗中绘制一个矩形，如图6-17所示。

04 在【字幕属性】面板中单击【填充】>【颜色】属性后面的色块，如图6-18所示。然后在打开的【颜色拾取】对话框中设置填充颜色为蓝色，接着单击【确定】按钮，如图6-19所示。效果如图6-20所示。

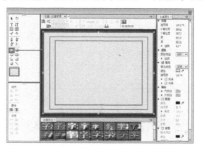

图6-17　　　　　　　　　　　　　　　　　图6-18

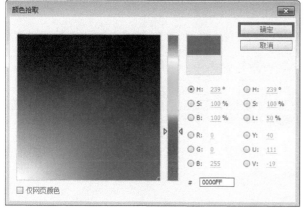

图6-19

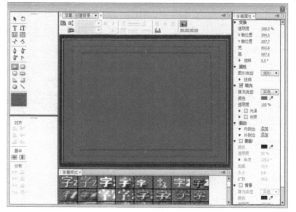

图6-20

 Tips

在【字幕】对话框中创建背景后，可以将视频特效应用于【时间线】面板的视频轨道中背景所在的字幕。视频特效可以修改背景颜色或者扭曲字幕素材。

6.3 使用静态帧创建背景

使用Premiere Pro时，用户可能需要从视频素材中导出静态帧，并将其保存为TIFF或BMP格式，以便在Photoshop或Illustrator中打开它，并增强其效果以作为背景蒙版。图6-21所示的是使用Photoshop对从Premiere Pro导出的静态帧进行绘制所获得的油画效果。

图6-21

即学即用

● 创建静态帧背景

素材文件：素材文件 > 第 6 章 > 即学即用：创建静态帧背景

素材位置：素材文件 > 第 6 章 > 即学即用：创建静态帧背景

技术掌握：创建静态帧背景的方法

（扫码观看视频）

01 打开光盘中的"素材文件>第6章>即学即用：创建静态帧背景>即学即用：创建静态帧背景_l .prproj"文件，然后在【项目】面板中选择【序列01】文件，接着执行【文件】>【导出】>【媒体】菜单命令，如图6-22所示。

02 在打开的【导出设置】对话框中设置在【格式】为JPEG，然后设置输出的路径，接着单击【导出】按钮，如图6-23所示。

03 输出完成后，用户可以在指定的目录中找到导出的文件序列，如图6-24所示。

图6-22

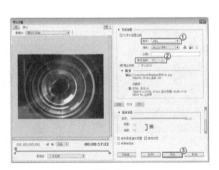

图6-23

图6-24

即学即用

● 创建单帧背景

素材文件：素材文件 > 第 6 章 > 即学即用：创建单帧背景

素材位置：素材文件 > 第 6 章 > 即学即用：创建单帧背景

技术掌握：创建单帧背景的方法

（扫码观看视频）

01 打开光盘中的"素材文件>第6章>即学即用：创建单帧背景>即学即用：创建单帧背景_l .prproj"文件，然后在【项目】面板中选择【序列01】文件，接着执行【文件】>【导出】>【媒体】菜单命令，如图6-25所示。

02 将打开的【导出设置】对话框切换到【源】选项卡，然后设置时间在第5秒处，如图6-26所示。

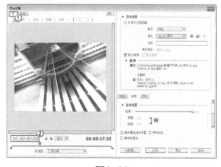

图6-25   图6-26

03 设置【格式】为JPEG，然后设置输出的路径，接着切换到【视频】选项卡，再取消选择【导出为序列】复选项，最后单击【导出】按钮，如图6-27所示。

04 输出完成后，可以在指定的目录中找到导出的文件，如图6-28所示。

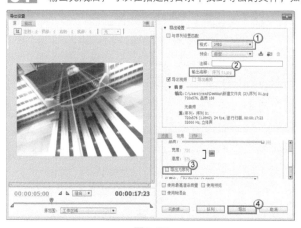

图6-27   图6-28

6.4 创建Photoshop背景文件

对于创建全屏背景蒙版或者背景而言，Adobe Photoshop是一个功能非常强大的程序。在Photoshop中不仅可以编辑和操作图像，还可以创建黑白、灰度或彩色图像来作为背景模板。

用户可以用两种不同的方式创建新的Photoshop背景文件，分别是在Premiere Pro项目中创建和在Photoshop中创建。

↘ 6.4.1 在Premiere Pro项目中创建Photoshop背景文件

在Premiere Pro项目中创建Photoshop文件的优点就是不必将创建文件导入Premiere Pro中，它会自动放置在Premiere Pro项目下。

↘ 6.4.2 在Photoshop中创建Photoshop背景文件

Photoshop CS6是Adobe公司推出的最新版本图形图像处理软件，其功能强大、操作方便，是当今使用范围最广泛的平面图像处理软件之一。用户使用该软件可以方便地制作背景图像。

即学即用

● 在项目中创建 Photoshop 文件

素材文件：无

素材位置：无

技术掌握：在项目中创建 Photoshop 文件的方法

（扫码观看视频）

01 新建一个项目，然后执行【文件】>【新建】>【Photoshop文件】菜单命令，如图6-29所示。接着在打开的【新建 Photoshop文件】对话框中单击【确定】按钮，如图6-30所示。

02 在打开的【存储Photoshop文件为】对话框中设置文件保存的路径，然后设置【文件名】为【PS】，接着单击【保存】按钮，如图6-31所示。

图6-29

图6-30

图6-31

Tips

在【存储Photoshop文件为】对话框中确保选择了【添加到项目（合并图层）】选项，这样保存文件时，它会自动保存到当前Premiere Pro项目的【项目】面板中。

03 Premiere Pro通过保存的Photoshop文件将自行启动Photoshop程序，连同动作安全框和字幕安全框一起出现在程序窗口中，如图6-32所示。

04 首先在Photoshop的工具箱中单击【渐变工具】按钮，然后在窗口的绘图区通过单击并拖曳鼠标来创建渐变背景，如图6-33所示，最后选择【文件】>【保存】命令保存创建的图像。

05 关闭Photoshop应用程序，创建的Photoshop文件会出现在正在工作的Premiere Pro【项目】面板中，如图6-34所示。

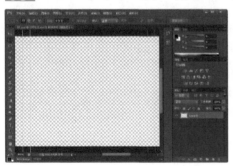

图6-32

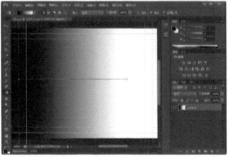

图6-33

图6-34

即学即用

● 在 Photoshop 中创建背景

素材文件：素材文件 > 第 6 章 > 即学即用：在 Photoshop 中创建背景

素材位置：素材文件 > 第 6 章 > 即学即用：在 Photoshop 中创建背景

技术掌握：在 Photoshop 中创建背景文件的方法

（扫码观看视频）

01 启动Photoshop应用程序，然后执行【文件】>【新建】菜单命令，如图6-35所示。

02 在打开的【新建】对话框中设置【名称】为【02】、【预设】为【胶片和视频】，如图6-36所示。此时，一个具有动作安全框和字幕安全框的Photoshop文件将出现在Photoshop窗口中，如图6-37所示。

图6-35

图6-36

图6-37

03 选择【画笔工具】，然后执行【窗口】>【画笔】菜单命令显示【画笔】面板，在【画笔】面板中选择一种画笔样式和大小，如图6-38所示。

04 在【颜色】或【色板】面板中选择一种绘图颜色（如红色），然后在绘图区中单击并拖曳鼠标创建画笔描边图像，如图6-39所示。继续使用不同的颜色在绘图区创建其他画笔描边图像，直到画完整个绘图区，如图6-40所示。

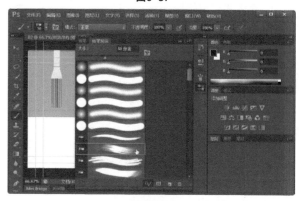

图6-38

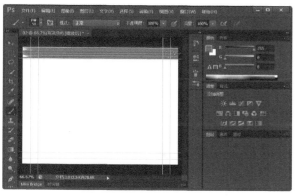

图6-39

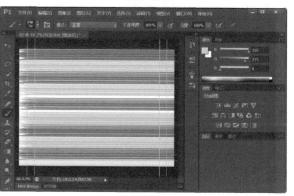

图6-40

如果要对Photoshop文件中的图像进行颜色填充，那么执行【编辑】>【填充】菜单命令，然后在打开的【填充】对话框中单击【内容】下拉菜单，可以选择要使用的颜色，如图6-41所示。

图6-41

05 编辑完Photoshop背景文件，选择【文件】>【存储】命令，在【存储为】对话框中将文件以Photoshop格式保存下来，如图6-42所示。

06 启动Premiere Pro，选择【文件】>【导入】命令，在【导入】对话框中找到并导入创建的Photoshop文件，可以将创建的Photoshop文件导入Premiere Pro的【项目】面板，如图6-43所示。

图6-42

图6-43

6.5 课后习题

本章安排了两个课后习题，用来练习蒙版和倒计时向导的操作。建议读者先根据操作提示尝试制作案例中的效果，遇到困难时再观看教学视频。

课后习题	● 创建彩色蒙版
	素材文件：无
	素材位置：无
	技术掌握：创建彩色蒙版的方法

（扫码观看视频）

操作提示

第1步：新建一个项目，然后新建一个蒙版。

第2步：为蒙版设置颜色、大小和名称等属性。

课后习题	● 修改倒计时片头
	素材文件：素材文件>第6章>课后习题：修改倒计时片头
	素材位置：素材文件>第6章>课后习题：修改倒计时片头
	技术掌握：修改倒计时片头的方法

（扫码观看视频）

操作提示

第1步：打开光盘中的"素材文件>第6章>课后习题：修改倒计时片头>课后习题：修改倒计时片头_I.prproj"文件。

第2步：新建一个通用倒计时片头，然后设置其参数。

07

管理和编辑素材

在Premiere Pro中编辑视频之前，用户应该熟悉一下素材的管理和编辑技术，以便多次使用，或方便其他操作人员使用。本章将介绍使用Premiere Pro进行素材管理和编辑的操作，包括在Premiere Pro的【项目】面板中进行素材的管理，使用【源】面板查看素材效果，以及在【源】面板中设置素材的入点和出点等操作。

* 使用项目管理素材
* 复制、重命名和删除素材
* 创建序列
* 设置出入点

7.1 使用项目面板

Premiere Pro提供了一些用于在工作时保持源素材有序化的功能。下面将介绍提高处理素材效率的各种菜单命令和选项。

7.1.1 查看素材

在Premiere Pro中，用户要了解导入素材的属性，可以按照以下两种方法来完成。

1.查看素材的基本信息

在【项目】面板中选择素材，然后单击鼠标右键，在打开的菜单中选择【属性】命令，即可查看素材的属性，如图7-1所示。在打开的【属性】对话框中将会显示该素材的基本属性，包括文件路径、类型、大小和帧速率等，如图7-2所示。

2.查看更多的素材信息

单击【项目】面板底部的【列表视图】按钮 ≡，将显示模式设置为列表，然后将【项目】面板向右展开，即可在该面板中查看素材的帧速率、类型、媒体持续时间、音频信息、视频信息和状态信息等内容，如图7-3所示。

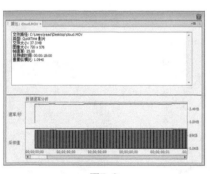

图7-1　　　　　　图7-2　　　　　　　　　　图7-3

7.1.2 分类管理素材

使用【项目】面板中的文件夹管理功能，可以帮助用户有条理地管理各种导入的素材文件。创建了新的文件夹后，用户可以将同类的素材文件放入一个文件夹中，以便于分类管理素材。

7.1.3 使用项目管理素材

Premiere Pro的项目管理提供了一种减小项目文件大小和删除无关素材的最快方法。项目管理通过删除未使用文件以及入点前和出点后的额外帧来节省磁盘空间。项目管理提供了两种选项，即创建一个新的修整项目，或者将所有或部分项目文件复制到一个新位置。

用户要使用项目管理，可以选择【项目】>【项目管理】菜单命令，将打开图7-4所示的【项目管理】对话框。

部分参数介绍

＊ 排除未使用素材：此选项将从新项目中删除未使用的素材。

* 造成脱机：选择此选项使项目素材脱机，以便使用Premiere Pro的批量采集命令重新采集它们。如果使用低分辨率的影片，这个选项将非常有用。

* 包含控制信息：此选项用于选择项目素材的入点前和出点后的额外帧数。

* 包含预览文件：此选项用于在新项目中包含渲染影片的预览文件。如果选择此选项，则会创建一个更小的项目，但是需要重新渲染以查看新项目中的效果。注意，只有选择【收集文件并复制到新的位置】选项之后，才能选择此选项。

* 包含音频匹配文件：选择此选项，在新项目中保存匹配的音频文件，并且新项目将会占用更少的硬盘空间，但是Premiere Pro必须在新项目中匹配文件，因此这会花费很多时间。注意，只有选择【收集文件并复制到新的位置】选项之后，才能选择此选项。

图7-4

* 重命名媒体文件以匹配素材名：如果重命名【项目】面板中的素材，此选项可以确保在新项目中保留这些新名称。注意，如果重命名一个素材，然后将其状态设置为脱机，则原始的文件名将会保留。

* 项目目标：此选项用于为包含修整项目材料的项目文件夹指定一个位置。单击【浏览】按钮，指定新的位置。

* 磁盘空间：此选项将原始项目的文件大小与新的修整项目进行比较。单击【计算】按钮，即可更新文件大小。

 Tips

执行【项目】>【移除未使用资源】菜单命令，可以只删除项目中未使用的素材。

即学即用

● 分类管理素材

素材文件：素材文件 > 第 7 章 > 即学即用：分类管理素材

素材位置：素材文件 > 第 7 章 > 即学即用：分类管理素材

技术掌握：分类管理素材的方法

（扫码观看视频）

01 新建一个项目，然后导入光盘中的"素材文件>第7章>即学即用：分类管理素材>01.MOV/02.MOV/03.MOV/04.MOV/05.MOV"文件，如图7-5所示。

02 单击【项目】面板下方的【新建文件夹】按钮，创建一个新的文件夹，然后将其命名为shot1，如图7-6所示。接着将素材01.MOV、02.MOV和03.MOV拖曳到shot1文件夹中，如图7-7所示。

图7-5

图7-6

图7-7

03 单击【项目】面板下方的【新建文件夹】按钮■创建一个新的文件夹，然后将其命名为shot2，如图7-8所示。接着将素材04.MOV

和05.MOV拖曳到shot2文件夹中，如图7-9所示。

04 将shot2文件夹拖曳到【清除】按钮■处，可将文件夹及其包含的文件删除，如图7-10所示。

| 图7-8 | 图7-9 | 图7-10 |

Tips

　　用户还可以在【项目】面板中根据所要使用的素材类型，预先创建多个文件夹，然后将需要的素材文件直接导入指定的文件夹，从而快速完成对素材的分类管理。

7.2 主素材和子素材

　　如果用户正在处理一个较长的视频项目，那么有效地组织视频和音频素材将有助于提高工作效率。Premiere Pro提供了大量用于素材管理的方便特性，用户可以重命名素材，并在主素材中创建子素材。

↘ 7.2.1 认识主素材和子素材

　　由于子素材是父级主素材的子对象，并且它们可以同时服务于一个项目，所以必须理解它们与原始源影片之间的关系。

　　* 主素材■：当首次导入素材时，它会作为【项目】面板中的主素材。主素材是媒体硬盘文件的屏幕表示。用户可以在【项目】面板中重命名和删除主素材，且不会影响原始的硬盘文件。

　　* 子素材■：子素材是主素材的一个更短的、经过编辑的版本，独立于主素材。例如，如果采集一个较长的访谈素材，可以将不同的主题分解为多个子素材，并在【项目】面板中快速访问它们。编辑时，处理更短的素材比在时间线中为更长的素材使用不同的实例效率更高。如果从项目中删除主素材，它的子素材仍会保留在项目中。用户可以使用Premiere的批量采集选项从【项目】面板重新采集子素材。

　　在管理主素材和子素材的时，需要注意以下5点。

　　第1点：如果造成一个主素材脱机，或者从【项目】面板中将其删除，这样并未从磁盘中将素材文件删除，子素材和子素材实例仍然是联机的。

　　第2点：如果造成一个素材脱机并从磁盘中删除素材文件，则子素材及其主素材将会脱机。

　　第3点：如果从项目中删除子素材，则不会影响主素材。

　　第4点：如果造成一个子素材脱机，则它在时间线序列中的实例也会脱机，但是其副本将会保持联机状态。基于主素材的其他子素材也会保持联机状态。

　　第5点：如果重新采集一个子素材，那么它会变为主素材。子素材在序列中的实例被链接到新的子素材电影胶片，就不再被链接到旧的子素材材料。

7.2.2 使用主素材和子素材管理素材

理解了主素材、素材实例和子素材之间的关系之后，就可以在项目中使用子素材了。正如前面所述，Premiere Pro允许在一个或更多较短的素材（称为子素材）中重新生成较长素材的部分影片，此特性允许处理与主素材独立的更短子素材。

知识拓展：如何将子素材转换为主素材

要将子素材转换为主素材，需要选择【素材】>【编辑子素材】菜单命令，在打开的【编辑子素材】对话框中选择【转换为主素材】选项，如图7-11所示，单击【确定】按钮即可。将子素材转换为主素材后，其在【项目】面板中的图标将变为主素材图标，如图7-12所示。

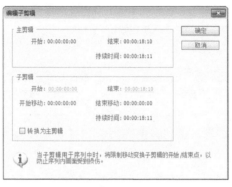

图7-11

图7-12

7.2.3 复制、重命名和删除素材

尽管创建子素材的操作要比复制和重命名素材效率更高，但有时也需要复制整个素材，以在【项目】面板中拥有主素材的另一个实例。

即学即用

● 创建一个子素材

素材文件：素材文件 > 第 7 章 > 即学即用：创建一个子素材

素材位置：素材文件 > 第 7 章 > 即学即用：创建一个子素材

技术掌握：创建一个子素材的方法

（扫码观看视频）

01 打开光盘中的"素材文件>第7章>即学即用：创建一个子素材>即学即用：创建一个子素材_l.prproj"文件，然后在【项目】面板中双击D1.MOV文件，在【源】面板中显示该素材，如图7-13所示。

02 在【源】面板中将时间设置在第4秒处，然后单击【标记入点】按钮，如图7-14所示。接着将时间设置在第10秒处，单击【标记出点】按钮，如图7-15所示。

图7-13

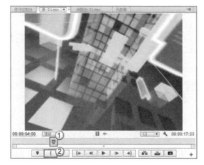

图7-14

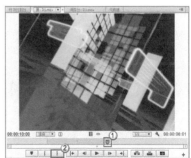

图7-15

03 在【时间线】面板中选择素材，然后执行【素材】>【制作子素材】菜单命令，接着在打开的【制作子剪辑】对话框中单击【确定】按钮，如图7-16所示。此时，在【项目】面板中就生成了子素材，如图7-17所示。

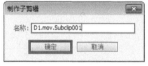

图7-16　　　　　　　　　图7-17

即学即用

● 复制、重命名和删除素材

素材文件：素材文件 > 第 7 章 > 即学即用：复制、重命名和删除素材

素材位置：素材文件 > 第 7 章 > 即学即用：复制、重命名和删除素材

技术掌握：复制、重命名和删除素材的方法

（扫码观看视频）

01 打开光盘中的 "素材文件>第7章>即学即用：复制、重命名和删除素材>即学即用：复制、重命名和删除素材_l.prproj" 文件，然后选择D3.mov文件，执行【编辑】>【副本】菜单命令复制文件，如图7-18所示。

02 选择 "D3.mov副本" 文件，然后执行【编辑】>【重命名】菜单命令，将其命名为D4.mov，如图7-19所示。

03 选择D4.mov文件，然后执行【编辑】>【清除】菜单命令，即可将选择的素材删除，如图7-20所示。

图7-18　　　　　　　图7-19　　　　　　　图7-20

Tips

在【项目】面板中按住Ctrl键将主素材拖曳到面板中的空白处，释放鼠标后可以复制主素材。如果想要从【项目】面板或【时间线】面板中删除素材，可以选择素材并按Backspace键，或者执行【编辑】>【清除】命令。

7.3 使素材脱机或联机

处理素材时，如果让素材的位置发生变化，将会出现素材脱机的现象，Premiere Pro将删除【项目】面板中从素材到其磁盘文件的链接。另外，用户也可以通过删除此链接，对素材进行脱机修改。当素材造成脱机情况，则在打开项目时，Premiere Pro将不再尝试访问影片。在素材脱机之后，用户可以将其重新链接到硬盘媒体并在一个批量采集会话中对其重新采集。

即学即用	● 素材脱机和联机	
	素材文件：素材文件 > 第 7 章 > 即学即用：素材脱机和联机	
	素材位置：素材文件 > 第 7 章 > 即学即用：素材脱机和联机	
	技术掌握：将素材脱机和将脱机素材联机的方法	（扫码观看视频）

01 打开光盘中的"素材文件>第7章>即学即用：素材脱机和联机>即学即用：素材脱机和联机_l.prproj"文件，然后选择D4.mov文件，接着执行【项目】>【造成脱机】命令，如图7-21所示。

02 在打开的【造成脱机】对话框中单击【确定】按钮，如图7-22所示。脱机素材在【项目】面板中将显示为问号图标，如图7-23所示。

图7-21　　　　　　　　图7-22　　　　　　　　　　图7-23

03 选择D4.mov文件，执行【项目】>【链接媒体】菜单命令，如图7-24所示。然后在打开的【链接媒体到】对话框中选择D5.mov文件，接着单击【选择】按钮，如图7-25所示。

04 此时，在【项目】面板中D4.mov的文件名并没有发生变化，但实际内容已经替换为D5.mov中的内容了，如图7-26所示。

图7-24　　　　　　　　图7-25　　　　　　　　　　图7-26

Tips

用户可以使用硬盘上的采集影片替换一个或多个脱机文件。

7.4 使用监视器面板

在大多数编辑情况下，用户需要在屏幕上一直打开源监视器和节目监视器，以便同时查看源素材（将在节目中使用的素材）和节目素材（已经放置在【时间线】面板序列中的素材）。

↘ 7.4.1 认识监视器面板

源监视器、节目监视器和修剪监视器面板不仅可以在工作时预览作品，还可以用于精确编辑和修整影片。用户可以在将素材放入视频序列之前，使用【源】面板修整这些素材，如图7-27所示。

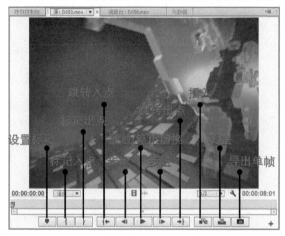

图7-27

使用【节目】面板可以编辑已经放置在时间线上的影片，如图7-28所示。在【修整】面板中可以进行素材微调编辑，以便更精确地设置入点和出点，选择【窗口】>【修剪监视器】命令即可打开【修剪监】面板，如图7-29所示。

图7-28

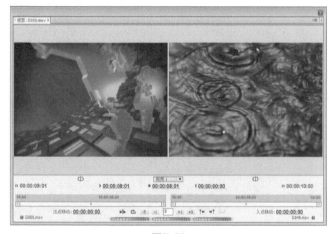

图7-29

源监视器和节目监视器都允许查看安全框区域。监视器安全框显示动作和字幕所在的安全区域。这些框指示图像区域在监视器视图区域内是安全的，包括那些可能被过扫描的图像区域。安全区域是必需的，因为电视屏幕（不同于视频制作监视器或计算机屏幕）无法显示照相机实际拍摄到的完整视频帧。

用户要查看监视器面板中的安全框标记，需要从监视器面板菜单中选择【安全框】命令，或单击监视器的【安全框】按钮┼。当安全区域边界显示在监视器中时，内部安全区域就是字幕安全区域，而外部安全区域则是动作安全区域。

↘ 7.4.2 查看素材的帧

在【源】面板中可以精确地查找素材片段的每一帧，通过时间码和时间滑块可以指定当前帧的位置，如图7-30所示。

图7-30

Tips

单击【逐帧进】按钮 ▶ 可以使画面向前移动一帧，如果按住Shift键的同时单击该按钮，可以使画面向前移动5帧。

单击【逐帧退】按钮 ◀，可以使画面向后移动一帧。如果按住Shift键的同时单击该按钮，可以使画面向后移动5帧。

↘ 7.4.3 在源面板中选择素材

使用【源】面板中的素材时，用户可以轻松返回以前使用的素材。如果第一次使用【源】面板中的素材，那么该素材的名字会显示在【源】面板顶部的选项卡中。如果想返回到源监视器中以前使用的某个素材，只需展开下拉菜单，选择想要的素材，如图7-31所示。在下拉菜单中选择素材之后，该素材会出现在源监视器窗口中。

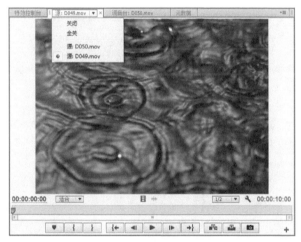

图7-31

↘ 7.4.4 在源面板中修整素材

在将素材放到时间线上的某个视频序列中时，可能需要先在【源】面板中修整它们（设置素材的入点和出点），因为采集的素材包含的影片总是多于所需的影片。如果在将素材放入时间线中的某个视频序列之前修整它，可以节省在时间线中拖曳素材边缘所花费的时间。

↘ 7.4.5 使用素材标记

如果想返回素材中的某个特定帧，可以设置一个标记作为参考点。在【源】面板或时间线序列中，标记显示为三角形。

即学即用

● 在源面板中设置入点和出点

素材文件：素材文件＞第7章＞即学即用：在源面板中设置入点和出点

素材位置：素材文件＞第7章＞即学即用：在源面板中设置入点和出点

技术掌握：在【源】面板中设置素材入点和出点的方法

（扫码观看视频）

01 打开光盘中的"素材文件＞第7章＞即学即用：在源面板中设置入点和出点＞即学即用：在源面板中设置入点和出点_
l.prproj"文件，然后在【项目】面板中双击D6.mov文件，使该文件在【源】面板中显示，如图7-32所示。

02 在第3秒处单击【标记入点】按钮 ，然后在第10秒处单击【标记出点】按钮 ，如图7-33所示。

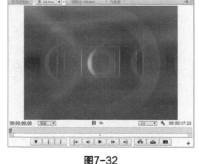

图7-32　　　　　　　　　　　图7-33

🎬 **Tips**

要精确访问要设置为入点的帧，需要单击当前时间指针，并在【源】面板的标尺区域中拖曳它。当拖曳当前时间指针时，源监视器的时间显示会指示帧的位置。如果没有在所需的帧处停下，可以单击【逐帧进】 或【逐帧退】按钮 ，一次一帧地慢慢向前或向后移动。

03 如果对设置的入点或出点不满意，可以通过拖曳入点或出点来调整。将视频的入点拖曳到第2秒处，如图7-34所示。单击【源】面板右下方的【按钮编辑器】按钮 ，在打开的面板中将【播放入点到出点】按钮 拖曳到【源】面板下方的工具按钮栏中，如图7-35所示。

04 在【源】面板中单击添加的【播放入点到出点】按钮 ，可以在【源】面板中预览素材在入点和出点之间的视频，如图7-36所示。

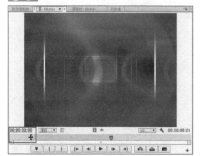

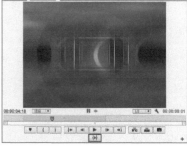

图7-34　　　　　　　　　图7-35　　　　　　　　　图7-36

📚 **知识拓展：移动时间指针的组合键**

在【源】面板中通过组合键可以快速移动时间指针到需要的位置，移动时间指针的组合键如下。

逐帧进：按住K键的同时按L键。

逐帧退：按住K键的同时按J键。

以8 fps的速度向前播放：按K后再按L键。

以8 fps的速度后退：按K后再按J键。

前进5帧：Shift+→。

后退5帧：Shift+←。

（扫码观看视频）

● 使用素材标记

即学即用

素材文件：素材文件 > 第 7 章 > 即学即用：使用素材标记

素材位置：素材文件 > 第 7 章 > 即学即用：使用素材标记

技术掌握：使用素材标记的方法

01 打开光盘中的"素材文件>第7章>即学即用：使用素材标记>即学即用：使用素材标记_l.prproj"文件，然后在【项目】面板中双击D6.mov文件，使该文件在【源】面板中显示，如图7-37所示。

02 在第5秒处单击【源】面板中的【添加标记】按钮 ，在该时间点添加一个标记，如图7-38所示。然后分别在第8秒、第12秒和第14秒处添加标记，如图7-39所示。

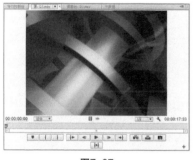
图7-37

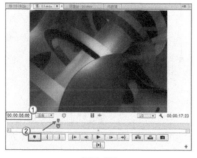
图7-38

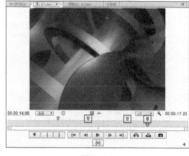
图7-39

03 单击【源】面板中的【跳转到前一标记】按钮 ，时间指针将会移至第12秒处，如图7-40所示。

04 执行【标记】>【清除当前标记】菜单命令可以删除当前时间点的标记，如图7-41所示。效果如图7-42所示。

图7-40

图7-41

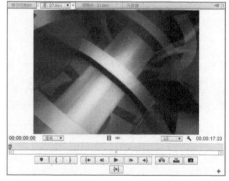
图7-42

7.5 使用【时间线】面板

要掌握所有的时间线按钮、图标、滑块和控件似乎非常困难，但是在开始使用时间线之后，读者将逐渐了解每个特性的功能和用法。

为了使学习时间线的过程变得更轻松，本节将根据3个特定的时间线元素，标尺区和控制标尺的图标、视频轨道、音频轨道来介绍。

↘ 7.5.1 时间线标尺选项

【时间线】面板中的时间线标尺图标和控件决定了观看影片的方式，以及Premiere Pro渲染和导出的区域，图7-43所示为时间线标尺图标和控件的外观。

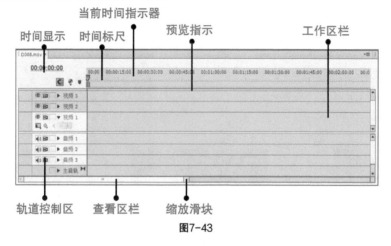

图7-43

参数介绍

* 时间标尺：时间标尺是时间间隔的可视化显示，它将时间间隔转换为每秒包含的帧数，对应于项目的帧速率。标尺上出现的数字之间的实际刻度数取决于当前的缩放级别，用户可以通过拖曳查看区栏或缩放滑动块进行调整。

 Tips

默认情况下，时间线标尺以每秒包含的帧数来显示时间间隔。如果正在编辑音频，可以将标尺更改为以毫秒或音频采样的形式显示音频单位。如果要切换音频单位，可以在【时间线】面板菜单中选择【显示音频时间单位】命令，也可以执行【项目】>【项目设置】>【常规】菜单命令，在打开的【项目设置】对话框的音频显示格式下拉列表中进行选择。

* 当前时间指针：当前时间指针是标尺上的蓝色三角图标。用户可以拖曳当前时间指针在影片上缓缓移动，也可以单击标尺区域中的某个位置将当前时间指针移动到特定帧处，如图7-44所示；或者在时间显示区输入一个时间并按Enter键移动到指定位置，还可以单击并向左或向右拖曳时间，以沿着标尺向左或向右移动当前时间指针。

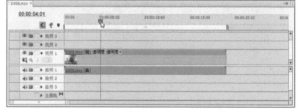

图7-44

* 时间显示：在时间线上移动当前时间指针时，时间显示会指示当前帧所在的位置。用户可以单击时间显示并输入一个时间，以快速跳到指定的帧处。键入时间时不必输入分号或冒号。例如，单击时间显示并输入515后按Enter键，如图7-45所示，即可移动到5秒15帧的位置，如图7-46所示。

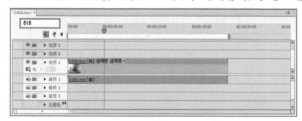

图7-45

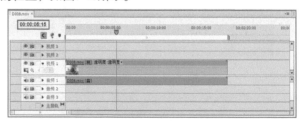

图7-46

＊ 查看区栏：拖曳查看区栏可以更改时间线中的查看位置，如图7-47所示。

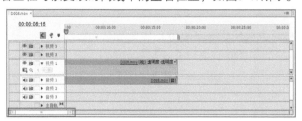

图7-47

＊ 缩放按钮：拖曳查看区栏两边的缩放按钮，可以更改时间线中的缩放级别。缩放级别决定标尺的增量和在【时间线】面板中显示的影片长度，用户可以拖曳查看区栏的一端更改缩放级别。单击查看区栏的右侧端点并将其向左拖曳，可以在时间线上显示更少的帧。因此，随着显示的时间间隔缩短，标尺上刻度线之间的距离会增加。总而言之，要放大时间线，需要单击查看区栏两边的缩放按钮并向左拖曳，如图7-48所示；要缩小时间线，需要单击查看区栏两边的缩放按钮并向右拖曳，如图7-49所示。

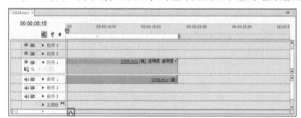
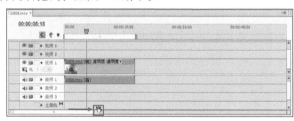

图7-48   图7-49

＊ 工作区栏：时间线标尺的下面是Premiere Pro的工作区栏，用于指定将要导出或渲染的工作区。用户可以单击工作区的某个端点并拖曳，或者从左向右拖曳整个栏。为什么要更改工作区栏呢？因为在渲染项目时，Premiere Pro只渲染工作区栏定义的区域。这样，当想要查看一个复杂效果的外观时，不需要等到整个项目渲染完毕。而且，当导出文件时，可以选择只导出时间线中选定序列的工作区部分。

 Tips

通过快捷键重新设置工作区栏的端点，可以快速调整其宽度和位置。要设置左侧端点，需要将当前时间指针移动到特定的帧并按组合键Alt+[；要设置右侧端点，需要将当前时间指针移动到特定的帧并按组合键Alt+]。也可以双击工作区栏将其展开或缩短，以包含当前序列中的影片或【时间线】面板的宽度（更短的一边）。

＊ 预览指示：预览指示器调整节目进行渲染的时间区域。在渲染影片后，转场和效果的质量最好（如果将素材源监视器或节目监视器菜单的显示设置为最高质量或自动质量）。当Premiere Pro渲染一个序列时，它将渲染的工作文件保存到硬盘上。预览指示区域的绿色区域指示已渲染的影片，红色区域指示未渲染的影片，如图7-50所示。用户如果要渲染工作区，按Enter键即可。

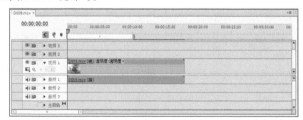

图7-50

＊ 轨道控制区：轨道控制区用于控制轨道的折叠与展开、轨道的开关、轨道的锁定以及关键帧的设置等。后面将对这些设置进行详细介绍。

↘ 7.5.2 轨道控制区设置

【时间线】面板的重点是它的视频和音频轨道，轨道提供了视频和音频影片、转场和效果的可视化表示。使用时间线轨道选项可以添加和删除轨道，并控制轨道的显示方式，还可以控制在导出项目时是否输出指定轨道，以及锁定轨道并指定是否在视频轨道中查看视频帧。轨道控制区中的图标和轨道选项，如图7-51所示。

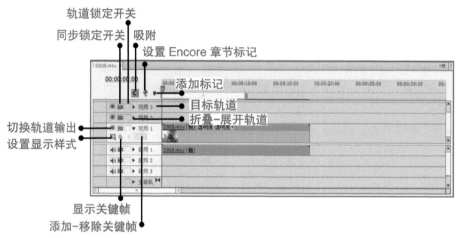

图7-51

参数介绍

＊ 吸附：该按钮触发Premiere Pro的吸附到边界命令。当打开吸附功能时，一个序列的帧吸附到下一个序列的帧上，这种磁铁似的效果有助于确保产品中没有间隙。要激活吸附功能，可以单击【时间线】面板中的【吸附】按钮，或选择【序列】>【吸附】菜单命令（快捷键为S）。打开吸附功能后，【吸附】按钮显示为被按下的状态，此时，单击一个素材并向另一个邻近的素材拖曳时，它们会自动吸附在一起，这可以防止素材之间出现时间线间隙。

＊ 添加标记：使用序列标记，可以设置想要快速跳至的时间线上的点，序列标记有助于在编辑时将时间线中的工作分解。当将Premiere Pro项目导出到Encore DVD时，还可以将标记用作章节标题。要设置未编号标记，可以将当前时间指针拖曳到想要设置标记的地方，然后单击【添加标记】按钮，如图7-52所示。

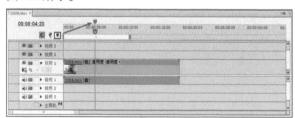

图7-52

> **知识拓展：为标记区添加注释**
>
> 如果想为标记区添加注释，可以双击标记图标，打开图7-53所示的【标记】对话框，然后在其中的【注释】文本框中输入描述文字。

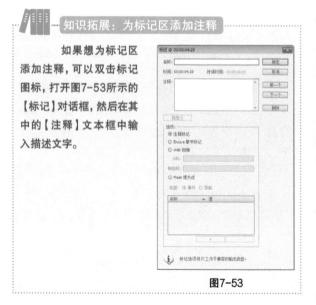

图7-53

* 设置Encore章节标记：如果使用Encore DVD创建DVD项目，可以为章节点设置一个Encore章节标记。在将电影胶片导入Encore DVD时，这些章节点将会出现。要设置Encore DVD标记，将当前时间指针拖曳至想要标记出现的帧处，然后单击【设置Encore章节标记】按钮 即可，如图7-54所示。

* 目标轨道：当使用素材源监视器插入影片，或者使用节目监视器或修剪监视器编辑影片时，Premiere Pro将会改变时间线中当前目标轨道中的影片。用户如果要指定一个目标轨道，只需单击此轨道的最左侧区域。目标轨道将会变亮，如图7-55所示的【视频1】和【音频2】轨道。

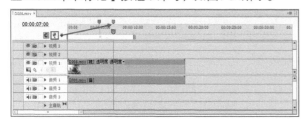

图7-54

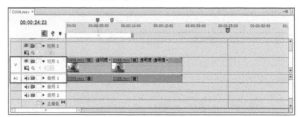

图7-55

* 折叠-展开轨道：要查看一个轨道的所有可用选项，可以单击【折叠-展开轨道】按钮 。如果未在轨道中放置影片，可以将轨道保持为折叠模式，这样不会占用太多屏幕空间。如果展开了一个轨道，并要将其折叠，只需再次单击【折叠-展开轨道】按钮 。

* 切换轨道输出：单击【切换轨道输出】眼睛图标可以打开或关闭轨道输出，这样可以避免在播放期间或导出时在节目监视器面板中查看轨道。要再次打开输出，只需再次单击此按钮，眼睛图标再次出现，指示导出时将在节目监视器面板中查看轨道。

* 轨道锁定开关：轨道锁定是一个安全特性，以防止意外编辑。当一个轨道被锁定时，不能对轨道进行任何更改。单击【轨道锁定开关】图标后，此图标将出现锁定标记 ，指示轨道已被锁定。要对轨道解锁，再次单击该图标即可。

* 设置显示样式：单击此下拉按钮，打开图7-56所示的下拉列表，在其中可以选择缩略图在时间线轨道中显示的方式，或者选择是否在时间线轨道中出现。要查看素材的所有帧中的电影胶片，可选择【显示帧】命令。

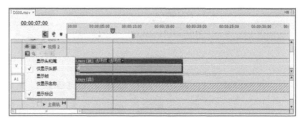

图7-56

* 显示关键帧：在其下拉列表中可以选择在时间线效果图形线中查看或隐藏关键帧，以及对透明度的控制，如图7-57所示。关键帧指示在效果面板中选择的特殊效果控制点，不透明性指示帧中的透明度。创建关键帧之后，右击关键帧可以打开关键帧类型的下拉列表，如图7-58所示。在该下拉列表中选择类型之后，可以在时间线中拖曳其关键帧来调整相应的效果。如果使用不透明控制，向下拖曳可以降低不透明度，反之则提高不透明度。

图7-57

图7-58

* 添加-移除关键帧：单击此按钮，可以在轨道的效果图形线中添加或删除关键帧。要添加关键帧，只需将当前时间指针移动到想要关键帧出现的位置，然后单击【添加-移除关键帧】按钮◆；要删除关键帧，只需将当前时间指针移动到该关键帧处，然后单击【添加-移除关键帧】按钮◆；要将一个关键帧移到另一个关键帧处，只需单击向左◀或向右▶箭头图标。

↘ 7.5.3 音频轨道设置

音频轨道时间线控件与视频轨道控件类似。使用音频轨道时间线选项，可以调整音频音量、选择要导出的轨道，以及显示和隐藏关键帧。Premiere Pro提供了各种不同的音频轨道，包括标准音频轨道、子混合轨、主音轨以及5.1轨道。标准音频轨道用于WAV和AIFF素材。子混合轨用来为轨道的子集创建效果，而不是为所有轨道创建效果，使用Premiere Pro调音台可以将音频放到主音轨和子混合轨道中。主音轨需要和调音台联合使用。与其他音频轨道一样，主音轨也可以被扩展，可以显示关键帧和音量，还可以设置或删除关键帧。5.1轨道是一种特殊轨道，仅用于立体声音频。

> ▶ Tips
>
> 如果将一个包含音频的视频素材拖到一个视频轨道中，其中的音频会自动放置在对应的音频轨道中。也可以直接将音乐音频拖到音频轨道中。当播放项目时，也会播放视频和对应的音频。

图7-59所示为音频轨道设置，下面将描述【时间线】面板中的音频轨道图标和选项功能。

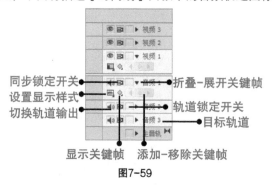

图7-59

* 目标轨道：要将一个轨道转变为目标轨道，单击其左侧边界即可。

* 切换轨道输出：单击此图标◀，将会打开或关闭轨道的音频输出。如果关闭输出，则在节目监视器面板中播放输出时，将不会输出音频。

* 轨道锁定开关：此图标控制轨道是否被锁定。当轨道被锁定后，不能对轨道进行更改。单击轨道锁定开关图标，可以打开或关闭轨道锁定。当轨道被锁定时，将会出现一个锁形图标🔒。

* 设置显示样式：在其下拉列表中可以选择是否通过名称显示音频素材，或是将音频素材显示为一个波形。图7-60所示为仅显示音频素材名称的效果。

图7-60

* 显示关键帧：此下拉列表中可以选择是查看还是隐藏音频素材，或者整个轨道的关键帧以及音量设

置，如图7-61所示。如果选择显示素材或整个轨道的音量设置，创建关键帧的音频特效之后，特效名称将出现在【时间线】面板的音频特效图形线的一个下拉列表中。在此下拉列表中选择特效后，可以通过单击或拖曳其在【时间线】面板中的关键帧来对其进行调整。

图7-61

* 添加-移除关键帧：单击此按钮，可以在一个轨道的音量或音频特效的图形线中添加或删除关键帧。要添加关键帧，可以将当前时间指针移动到希望关键帧出现的位置，然后单击【添加-移除关键帧】按钮 ◆ 。要删除关键帧，可以将当前时间指针移动到该关键帧处并单击【添加-移除关键帧】按钮 ◆ 。

* 主音轨：主音轨需要和调音台联合使用。与其他音频轨道一样，主音轨也可以被扩展，可以显示关键帧和音量，还可以设置或删除关键帧。

7.5.4 时间线轨道命令

使用时间线时可能需要添加、删除音频或视频轨道，也有可能对其重命名。本节将学习使用添加、删除和重命名轨道命令的方法。

1.重命名轨道

要重命名一个音频或视频轨道，右击其名称，并在出现的菜单中选择【重命名】命令，如图7-62所示。然后为轨道重新命名，接着单击【确定】按钮即可，如图7-63所示。

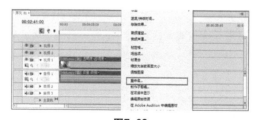
图7-62

图7-63

2.添加轨道

要添加轨道，可以选择【序列】>【添加轨道】菜单命令，将会打开图7-64所示的【添加视音轨】对话框，在此可以选择要创建的轨道类型和轨道放置的位置。

3.删除轨道

删除一个轨道之前，需要决定删除一个目标轨道还是空轨道。如果删除一个目标轨道，单击轨道左侧将其选择，然后选择【序列】>【删除轨道】菜单命令，将打开【删除轨道】对话框，可以在其中选择删除空轨道、目标轨道还是音频子混合轨，如图7-65所示。

图7-64

图7-65

4.设置开始时间

用户可以从【时间线】面板菜单中选择【开始时间】命令来更改一个序列的零点，如图7-66所示。选择【开始时间】命令，将打开图7-67所示的【开始时间】对话框，在其中输入想要设置为零点的帧，然后单击【确定】按钮。

图7-66

图7-67

Tips

设置开始时间的作用是使用倒计时或以其他序列作为作品的起点，但是不把打开序列的持续时间也添加到时间线帧的计时中。

5.显示音频时间单位

默认情况下，Premiere Pro以帧的形式显示时间线间隔。可以在【时间线】面板菜单中选择【显示音频时间单位】命令，如图7-68所示。将时间线间隔更改为显示音频取样。如果选择【显示音频时间单位】命令，可以选择以毫秒或音频取样的形式显示音频单位。在首次创建项目或新序列时，在【项目设置】对话框中也可以指定音频单位为毫秒或取样。图7-69所示的是显示音频时间单位的【时间线】面板。

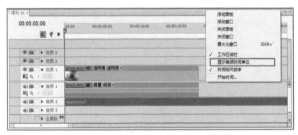

图7-68

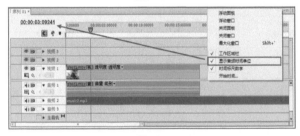

图7-69

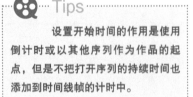

知识拓展：执行右键菜单命令

在【时间线】面板中右击不同的位置，也可以选择并执行相应的一些命令。图7-70所示为右击轨道后打开的命令，图7-71所示为右击时间线标尺后打开的命令。

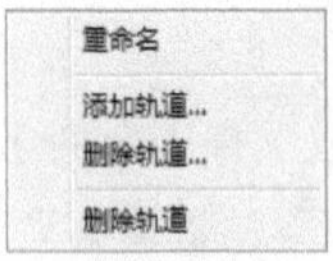

图7-70 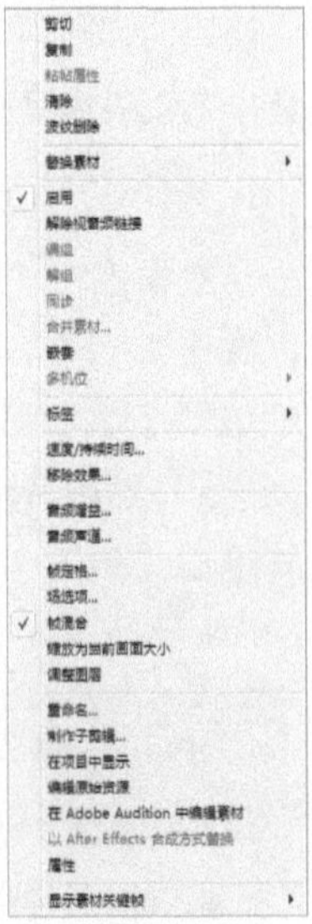   图7-71

7.6 使用序列

在Premiere Pro中，序列是放置在【时间线】面板中装配好的影片，在【时间线】面板中装配的产品称为序列。为什么要把时间线和其中的序列区分开呢？因为一个时间线中可以放置多个序列，每个序列具有不同的影片特性，并且每个序列都有一个名称并可以重命名，用户可以使用多个序列将项目分解为更小的元素。在完成对更小序列的编辑之后，可以将它们组合成一个序列。用户还可以将影片从一个序列复制到另一个序列中，以尝试不同的编辑或转场效果。图7-72展示了一个包含两个序列的【时间线】面板。

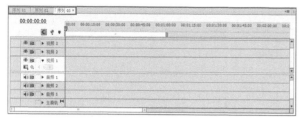

图7-72

> **Tips**
>
> 如果将一个Premiere Pro项目导入另一个Premiere Pro项目中，导入的项目将在一个独立的序列中显示，Premiere Pro将该序列放置在【项目】面板的一个容器（文件夹）中，容器名称为被导入项目的名称。要让序列出现在【时间线】面板中，打开该容器并双击序列图标即可。

7.6.1 创建新序列

创建一个新序列时，它会作为一个新选项卡自动添加到【时间线】面板中。创建序列非常简单，只需选择【文件】>【新建】>【序列】菜单命令，打开【新建序列】对话框，在其中重命名序列并选择添加的轨道数量，如图7-73所示。然后单击【确定】按钮，即可创建新序列并将其添加到当前选定的【时间线】面板中，如图7-74所示。

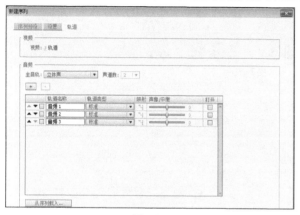

图7-73

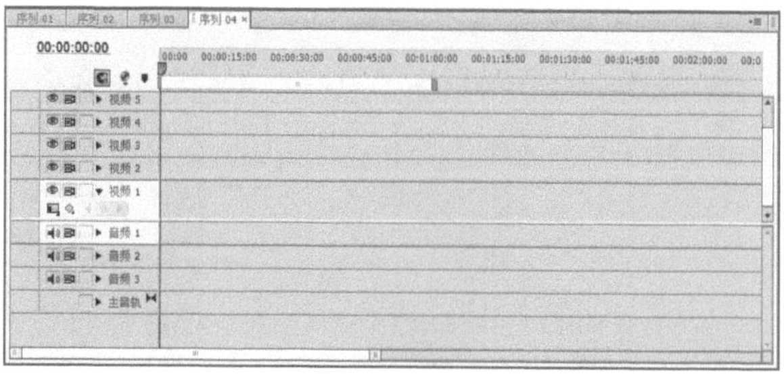

图7-74

在创建新序列后，用户可以对序列进行如下操作。

① 在屏幕上放置两个序列之后，可以将一个序列剪切粘贴到另一个序列中，或者编辑一个序列并将其嵌套到另一个序列中。

② 要在【时间线】面板中从一个序列移动到另一个序列，单击序列的选项卡即可。

③ 如果想要将一个序列显示为一个独立的窗口，单击其选项卡，然后按下Ctrl键，并将其拖离【时间线】面板后释放鼠标和按键即可。

④ 如果在屏幕上打开了多个窗口，可以选择【窗口】>【时间线】菜单命令，然后在展开的子菜单中选择序列名，即可将其激活。

7.6.2 嵌套序列

将一个新序列添加到项目之后，可以在其中放置影片并添加特效和切换效果。用户可以根据需要将其嵌套到另一个序列中，也可以使用此特性在独立的小序列中逐步创建一个项目，然后将它们组装成一个序列（将小序列嵌套到一个序列中）。

嵌套的一个优点是可以多次重用编辑过的序列，只需将其在时间线中嵌套多次。每次将一个序列嵌套到另一个序列中时，可以对其进行修整并更改时间线中围绕该序列的切换效果。当将一个效果应用到嵌套序列时，Premiere Pro会将该效果应用到序列中的所有素材，这样能够方便地将相同效果应用到多个素材。

如果要嵌套序列，需要注意嵌套序列始终引用其原始的源素材。如果更改原始的源素材，则它所嵌套的序列也将被更改。

即学即用

● 创建嵌套序列

素材文件：

素材文件 > 第 7 章 > 即学即用：
创建嵌套序列

素材位置：

素材文件 > 第 7 章 > 即学即用：
创建嵌套序列

技术掌握：

创建嵌套序列的方法

本例主要介绍如何创建嵌套序列，案例效果如图7-75所示。

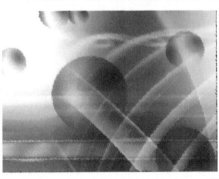

（扫码观看视频）

图7-75

01 新建一个项目，然后导入光盘中的 "素材文件>第7章>即学即用: 创建嵌套序列>D8.mov/D9.mov" 文件，如图7-76所示。

02 选择【文件】>【新建】>【序列】菜单命令，在打开的【新建序列】对话框中设置【序列名称】为shot1，然后单击【确定】按钮，如图7-77所示。创建的新序列将在【项目】面板和【时间线】面板中生成，如图7-78所示。

图7-76

图7-77

图7-78

03 新建一个名为shot2的新序列，如图7-79所示。然后在【时间线】面板中选择shot1序列，接着将 "D8.mov" 文件添加到该序列的视频轨道上，如图7-80所示。

04 为D8.mov素材添加【视频特效】>【风格化】>【笔触】效果，如图7-81所示。

图7-79

图7-80

图7-81

05 将D9.mov文件拖曳到shot2序列中，然后为D9.mov文件添加【视频特效】>【风格化】>【马赛克】效果，如图7-82所示。

06 将【项目】面板中的shot2序列拖曳到shot1序列中，即可将shot2序列嵌套到shot1序列中，如图7-83所示。

图7-82　　　　　　　　　　图7-83

7.7 创建插入和覆盖编辑

编辑好素材的入点和出点之后，下一步就是将它放入时间线的序列中。一旦素材位于时间线中，就可以在节目监视器中播放它。在将素材放入时间线中时，可以将素材插在其他影片之间，或者覆盖其他影片。在创建覆盖编辑时，将使用新影片替代旧影片。在插入影片时，新影片将添加到时间线中，但没有影片被替换。

例如，时间线中的影片可能包含一匹飞驰的骏马，而用户想在该影片中编辑一名赛马骑师骑在马上的3秒钟特写镜头。如果执行插入编辑，那么素材将在当前编辑点分割，赛马骑师被插入影片，而整个时间线序列延长了3秒。如果执行覆盖编辑，那么3秒钟的赛马骑师影片将替代3秒钟的骏马影片。覆盖编辑允许继续使用链接到飞驰骏马素材的音频轨道。

↘ 7.7.1 在时间线中插入或覆盖素材

在源监视器中创建插入或覆盖编辑很简单。当素材位于源监视器中后，就可以开始设置入点和出点。用户可以按照以下步骤在时间线中插入或覆盖素材。

第1步：在时间线中选择目标轨道，目标轨道是想让视频出现的地方。要选择目标轨道，可以单击轨道的左边缘，选定后的轨道边缘显示为圆角。

第2步：将当前时间指针移动到需要创建插入或覆盖编辑的位置，这样插入或用于覆盖的素材就会出现在时间上序列中的这一点处。

第3步：要创建插入编辑，可以单击【源】面板中的【插入】按钮，或者选择【素材】>【插入】菜单命令；要创建覆盖编辑，可以单击【源】面板中的【覆盖】按钮，或者选择【素材】>【覆盖】菜单命令。

↘ 7.7.2 手动创建插入或覆盖编辑

喜欢使用鼠标的用户可以通过将素材直接拖至时间线来创建插入和覆盖编辑。

↘ 7.7.3 替换素材

如果已经编辑好素材并将它放置在时间线中，并且需要用另一个素材替换该素材，那么用户可以替换原始素材并让Premiere Pro自动编辑替换素材，以便其持续时间与原始素材匹配。

要替换素材，可以按下Alt键，然后单击一个素材，并将它从【项目】面板拖到时间线中的另一个素材上方。还可以使用【源】面板中的素材替换时间线中的素材，并使该素材从在【源】面板中选择的帧开始。

即学即用

● 在时间线上创建插入编辑

素材文件：素材文件 > 第 7 章 > 即学即用：在时间线上创建插入编辑

素材位置：素材文件 > 第 7 章 > 即学即用：在时间线上创建插入编辑

技术掌握：在时间线上创建插入编辑的方法

01 新建一个项目，然后导入光盘中的"素材文件>第7章>即学即用：在时间线上创建插入编辑>D8.mov"文件，接着将该素材添加到【时间线】面板中的轨道中，如图7-84所示。

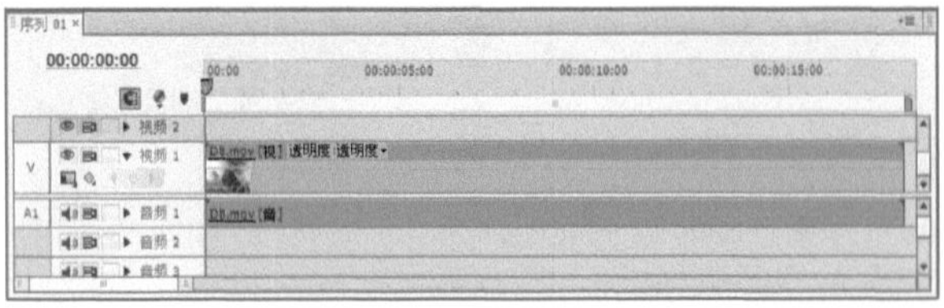

图7-84

02 导入光盘中的"素材文件>第7章>即学即用：在时间线上创建插入编辑>D9.mov"文件，然后双击该素材使其在【源】面板中显示，如图7-85所示。

03 在【源】面板中，设置D10.mov文件的入点在第2秒处、出点在第8秒处，如图7-86所示。

图7-85

图7-86

04 按住Ctrl键的同时将【源】面板中的D9.mov文件拖曳到时间线的素材中间，此时鼠标指针会变为插入图标（一个指向右边的箭头），如图7-87所示。

05 在释放鼠标时（确保按住Ctrl键），Premiere Pro会将新素材插入到时间线中，并将插入点上的影片推向右边，如图7-88所示。

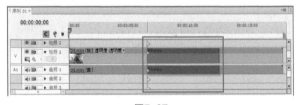

图7-87

图7-88

即学即用

● 在时间线上创建覆盖编辑

素材文件：素材文件 > 第 7 章 > 即学即用：在时间线上创建覆盖编辑

素材位置：素材文件 > 第 7 章 > 即学即用：在时间线上创建覆盖编辑

技术掌握：在时间线上创建覆盖编辑的方法

01 新建一个项目，然后导入光盘中的"素材文件>第7章>即学即用：在时间线上创建覆盖编辑>D10.mov"文件，然后将其拖曳到时间线上，如图7-89所示。

02 导入光盘中的"素材文件>第7章>即学即用：在时间线上创建覆盖编辑>D11.mov"文件，然后双击该素材使其在【源】面板中显示，接着设置入点在第2秒处、出点在第8秒处，如图7-90所示。

图7-89

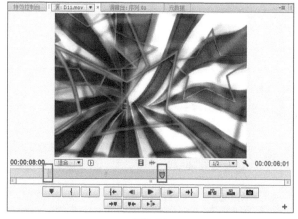

图7-90

03 将【源】面板中的D11.mov文件拖曳到时间线的素材中间，如图7-91所示。释放鼠标时，Premiere Pro会将用于覆盖的素材放置在原素材的上方，并覆盖底层的视频，如图7-92所示。

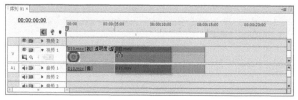

图7-91

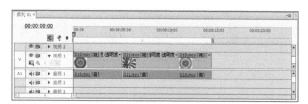

图7-92

即学即用

● 替换素材

素材文件：素材文件 > 第 7 章 > 即学即用：替换素材

素材位置：素材文件 > 第 7 章 > 即学即用：替换素材

技术掌握：替换素材的方法

（扫码观看视频）

01 打开光盘中的"素材文件>第7章>即学即用：替换素材>即学即用：替换素材_l.prproj"文件，然后在时间线中选择最后一段素材，如图7-93所示。

02 导入光盘中的"素材文件>第7章>即学即用：替换素材>D12.mov"文件，然后将其添加到【源】面板中，如图7-94所示。

图7-93

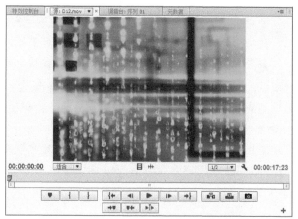

图7-94

03 选择【素材】>【素材替换】>【从源监视器】菜单命令，此时最后一段素材被替换为D12.mov文件中的内容，如图7-95所示。

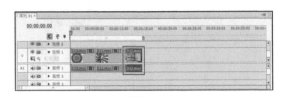

图7-95

7.8 编辑素材

Premiere Pro的【时间线】面板提供了项目的图形表示形式，用户只需分析时间线视频序列中的效果和转场，即可获得作品的视觉效果，而无需实际观看影片。将素材放入时间线有以下4种方法。

第1种：单击影片或图像，并将它们从【项目】面板拖到时间线中。

第2种：选择【项目】面板中的一个素材，然后执行【素材】>【插入】或【素材】>【覆盖】菜单命令。素材被插入或覆盖到当前时间指针所在的目标轨道上。在插入素材时，该素材被放到序列中，并将插入点所在的影片推向右边。在覆盖素材时，插入的素材将替换该影片。

第3种：将素材添加到【源】面板，然后为其设置入点和出点，接着单击【源监视器】面板中的【插入】或【覆盖】按钮（也可以执行【素材】>【插入】或【素材】>【覆盖】菜单命令），也可以单击素材并将它从【源】面板拖至时间线上。

第4种：如果想替换时间线中的多个素材来创造自己的粗略剪辑，可在【项目】面板中选择素材，然后单击鼠标右键，接着单击【插入】或【覆盖】命令。

↘ 7.8.1 选择和移动素材

将素材放置在时间线中后，作为编辑过程的一部分，可能还需要重新布置它们。用户可以选择一次移动一个素材，或者同时移动几个素材，还可以单独移动某个素材的视频或音频。要实现这一点，需要临时断开素材的链接。

1.使用选择工具

移动单个素材最简单的方法是使用【工具】面板中的【选择工具】单击该素材，然后在【时间线】面板中移动它。如果想让该素材吸附在另一个素材的边缘，那么需要确保选择【吸附到边缘】选项，也可以选择【序列吸附】菜单命令，或者单击【时间线】面板左上角的【吸附】按钮。在选择素材之后，就可以通过单击和拖曳来移动它们，或者按Delete键从序列中删除它们。

使用【工具】面板中的【选择工具】可以进行以下4个操作。

第1个：要选择素材，可以激活【选择工具】并单击素材。

第2个：要选择多个素材，可以按住Shift键单击想要选择的素材，或者通过拖曳创建一个包围所选素材的选取框，在释放鼠标之后，选取框中的素材将被选择（使用此方法可以选择不同轨道上的素材）。

第3个：如果想选择素材的视频部分而不要音频部分，或者想选择音频部分而不要视频部分，可以按下Alt键并单击视频或音频轨道。

第4个：要添加或删除一个素材或素材的某部分，可以按下Shift键拖曳环绕素材的选取框。

🎬 Tips

通过选择素材，然后按数字键盘上的+或-键，然后输入要移动的帧数并按Enter键，可以在时间线中将素材中特定数量的帧向右或向左移动。

2.使用轨道选择工具

如果想快速选择某个轨道上的几个素材，或者从某个轨道中删除一些素材，可以使用【工具】面板中的【轨道选择工具】。

【轨道选择工具】不会选择轨道上的所有素材，当选择一个素材后，该素材后面的所有素材将会被选择。图7-96所示为使用轨道选择工具选择的素材。

如果要快速选择不同时间线轨道上的多个素材，在按住Shift键的同时，使用【轨道选择工具】单击一个轨道，这样可以选择从第一次单击点开始的所有轨道上的全部素材，此时光标将变为双箭头状态，如图7-97所示。

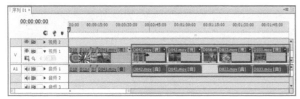

图7-96   图7-97

7.8.2 激活和禁用素材

在【节目】面板中播放项目的时候，用户也许不想看到素材的视频，此时无需删除素材，可以将其禁用，这样也可以避免将其导出。

7.8.3 自动匹配到序列

Premiere Pro的【自动匹配序列】命令提供了一种在时间线中编排项目的快速方法。自动匹配序列不仅可以将素材从【项目】面板放置到时间线中，还可以在素材之间添加默认转场。因此，可以将此命令视为创建快速粗剪的有效方法。但是，如果【项目】面板中的素材包含太多无关影片，那么最佳选择是在执行序列自动化之前修整【源】面板中的素材。

选择要排序的素材，然后执行【项目】>【自动匹配序列】菜单命令，将会打开【自动匹配到序列】对话框，如图7-98所示。

参数介绍

* 顺序：此选项用于选择是按素材在【项目】面板中的排列顺序对它们进行排序，还是根据在【项目】面板中选择它们的顺序进行排序。

* 放置：选择按顺序对素材进行排序，或者选择按时间线中的每个未编号标记排列。如果选择【未编号标记】选项，那么Premiere Pro将禁用该对话框中的【转场过渡】选项。

* 方法：此选项允许选择【插入编辑】或【覆盖编辑】。如果选择【插入编辑】选项，那么已经在时间线中的素材将向右推移。如果选择【覆盖编辑】选项，那么来自【项目】面板的素材将替换时间线中的素材。

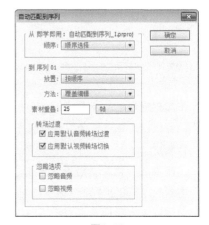

图7-98

* 素材重叠：此选项用于指定将多少秒或多少帧用于默认转场。在30帧长的转场中，15帧将覆盖来自两个相邻素材的帧。

* **转场过渡**：此选项应用目前已设置好的素材之间的默认切换转场。
* **忽略音频**：如果选择此选项，那么Premiere Pro不会放置链接到素材的音频。
* **忽略视频**：如果选择此选项，那么Premiere Pro不会将视频放置在时间线中。

即学即用

● 自动匹配到序列

素材文件：素材文件 > 第 7 章 > 即学即用：自动匹配到序列

素材位置：素材文件 > 第 7 章 > 即学即用：自动匹配到序列

技术掌握：自动匹配到序列的方法

（扫码观看视频）

01 打开光盘中的"素材文件>第7章>即学即用：自动匹配到序列>即学即用：自动匹配到序列_l.prproj"文件，项目中有6个视频文件，如图7-99所示。

02 将时间移至第10秒处，然后选择D11.mov、D12.mov和D13.mov文件，接着执行【项目】>【自动匹配序列】菜单命令，或者单击【项目】面板菜单中的【自动匹配序列】按钮▥▥，如图7-100所示。

Tips

要选择一组相邻的素材，可以单击要包含在序列中的第一个素材，然后按下Shift键的同时，单击要包含在序列中的最后一个素材。

03 在打开的【自动匹配序列】对话框中设置【方法】为【插入编辑】，然后单击【确定】按钮，如图7-101所示。此时，在第10秒处会插入选择的素材，如图7-102所示。

图7-99

图7-100

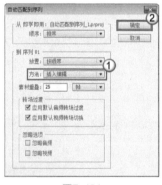

图7-101

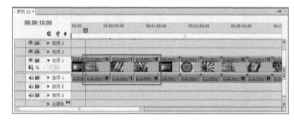

图7-102

↘ 7.8.4 素材编组

如果需要多次选择相同的素材，则应该将它们放置在一个组中。在创建素材组之后，可以通过单击任意组编号选择该组的每个成员，还可以按Delete键来删除该组中的所有素材。

如果要创建素材组，首先在【时间线】面板中选择需要编为一组的素材，然后选择【素材】>编组菜单命令即可，如图7-103所示。这样当选择组中的其中一个素材时，该组中的其他素材也会同时被选取。如果要取消素材的分组，首先在【时间线】面板中选择素材组，然后选择【素材】>【解组】菜单命令即可。

图7-103

Tips

如果将时间线上已经编组的素材移动到另一个素材中，比如链接其音频素材的视频素材，那么链接的素材将被移动到一起。

↘ 7.8.5 锁定与解锁轨道

在【时间线】面板中，可以通过锁定轨道的方法，使指定轨道中的素材内容暂时不能被编辑。

1.锁定视频轨道

可将光标移动到需要锁定的视频轨道上，然后开启【轨道锁定开关】功能，在出现一个锁定轨道标记 🔒后，表示该轨道已经被锁定了，如图7-104所示。锁定后的轨道上将出现灰色的斜线。

2.锁定音频轨道

锁定音频轨道的方法与锁定视频轨道相似，在出现锁定轨道标记🔒后，即表示该音频轨道已被锁定，如图7-105所示。

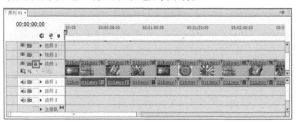

图7-104

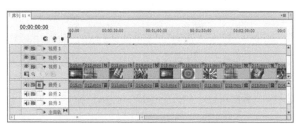

图7-105

3.解除轨道的锁定

要解除轨道的锁定状态，可直接单击被锁定轨道左侧的【轨道锁定开关】图标🔒，解除锁定后就可以对该轨道进行编辑操作了。

即学即用

● 激活和禁用素材

素材文件：素材文件 > 第 7 章 > 即学即用：激活和禁用素材

素材位置：素材文件 > 第 7 章 > 即学即用：激活和禁用素材

技术掌握：自动匹配到序列的方法激活和禁用素材的方法

（扫码观看视频）

---

01 新建一个项目，然后导入光盘中的 "素材文件>第7章>即学即用：激活和禁用素材>D12.mov" 文件，如图7-106所示。接着将该素材添加到【时间线】面板的视频轨道中。

02 在【时间线】面板中选择素材，然后执行【素材】>【启用】命令，如图7-107所示。【启用】菜单项上的复选标记将被移除，这样可以将素材设置为禁用状态，禁用的素材名称将显示为灰色文字，并且该素材不能在【节目监视器】面板中显示，如图7-108所示。

图7-106

图7-107

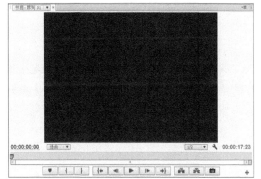

图7-108

03 要重新激活素材，可以再次选择【素材】>【启用】命令，将素材设置为最初的激活状态，该素材便可以在【节目监视器】面板中显示，如图7-109所示。

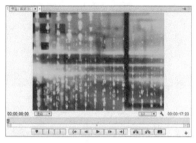

图7-109

7.9 设置入点和出点

当熟悉如何选择时间线中的素材后，就可以轻松执行编辑了。用户可以通过【选择工具】或使用标记为素材设置入点和出点来执行编辑。

7.9.1 使用选择工具设置入点和出点

在【时间线】面板中执行编辑最简单的方法是使用【选择工具】设置入点和出点。本节将介绍使用【选择工具】设置入点和出点的方法。

7.9.2 使用剃刀工具切割素材

如果用户想快速创建入点和出点，可以使用【剃刀工具】将素材切割成两片。将当前时间指针移动到想要切割的时间点上，然后在【工具】面板中选择【剃刀工具】并单击该时间点，如图7-110所示。此时就切割了目标轨道上的影片，如图7-111所示。

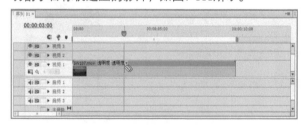

图7-110

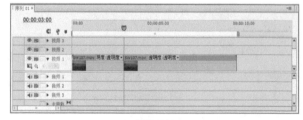

图7-111

7.9.3 调整素材的排列

编辑时，有时需要抓取时间线中的某个素材，以便将其放置到另一个区域。如果这样做，就会在移除影片的地方留下一个空隙，这就是常说的【提升】编辑。与【提升】编辑对应的是【提取】编辑，该编辑在移除影片之后闭合间隙。Premiere Pro提供了一个节省时间的键盘命令，该命令将【提取】编辑与【插入】编辑或【覆盖】编辑组合在一起。

1.插入编辑重排影片

要使用【提取】编辑和【插入】编辑重排影片，可以在按住Ctrl键的同时，将一个素材或一组选择的素材拖曳到新位置，然后释放鼠标，最后释放Ctrl键。图7-112所示的是原素材排列效果，图7-113所示的是使用【提取】和【插入】编辑重排影片的效果。

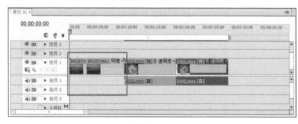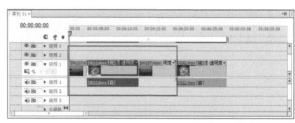

图7-112   图7-113

2.覆盖编辑重排影片

要使用【提取】编辑（闭合间隙）和【覆盖】编辑重排影片，可以将一个素材或一组选择的素材拖曳到新位置，然后释放鼠标。图7-114所示的是原素材排列效果，图7-115所示的是使用【提取】和【覆盖】编辑重排影片的效果。

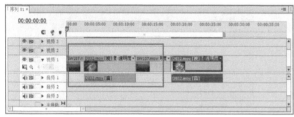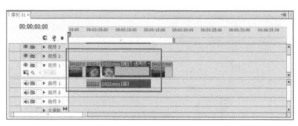

图7-114   图7-115

↘ 7.9.4　为序列设置入点和出点

用户还可以在当前选择的序列中执行基本编辑，使用【标记】>【标记入点】和【标记】>【标记出点】菜单命令即可设置入点和出点。这些命令用于设置时间线序列起点、终点的入点和出点。

↘ 7.9.5　提升和提取编辑标记

在创建序列标记之后，可以将它们用作【提升】编辑和【提取】编辑的入点和出点，这将从【时间线】面板中移除一些帧。

通过执行序列【提升】或【提取】命令，可以使用序列标记从时间线中轻松移除素材片段。在执行【提升】编辑时，Premiere Pro从时间线提升出一个片段，然后在已删除素材的地方留下一个空白区域。在执行【提取】操作时，Premiere Pro移除素材的一部分，然后将剩余素材部分的帧汇集在一起，因此不存在空白区域。

即学即用	● 设置入点和出点	
	素材文件：素材文件 > 第7章 > 即学即用：设置入点和出点	
	素材位置：素材文件 > 第7章 > 即学即用：设置入点和出点	
	技术掌握：使用【选择工具】设置入点和出点的方法	（扫码观看视频）

01 打开光盘中的"素材文件>第7章>即学即用：设置入点和出点>即学即用：设置入点和出点_l.prproj"文件，在【时间线】面板中可以看到素材的入点在第0帧处，如图7-116所示。

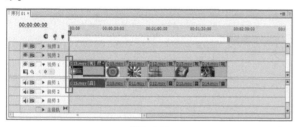

图7-116

03 按住鼠标左键并拖曳，可改变素材的入点时间。在拖曳素材时，一个时间码读数会显示在该素材旁边，用于显示编辑更改，并且【节目】面板显示更改为显示素材的入点，如图7-118和图7-119所示。

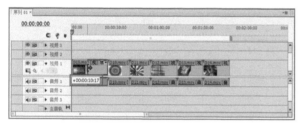

图7-118

04 将光标移至素材的出点处，当光标变为◀状时，按住鼠标左键并拖曳可修改素材的出点，如图7-120所示。

02 在【工具】面板中选择【选择工具】，然后将光标移至素材的入点处，此时光标将变为状，如图7-117所示。

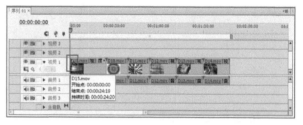

图7-117

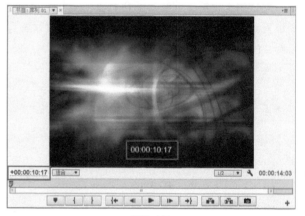

图7-119

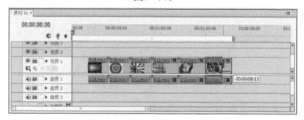

图7-120

即学即用

● 为当前序列设置入点和出点

素材文件：素材文件 > 第 7 章 > 即学即用：为当前序列设置入点和出点

素材位置：素材文件 > 第 7 章 > 即学即用：为当前序列设置入点和出点

技术掌握：为当前序列设置入点和出点的方法

（扫码观看视频）

01 打开光盘中的"素材文件>第7章>即学即用：为当前序列设置入点和出点>即学即用：为当前序列设置入点和出点_l.prproj"文件，在【时间线】面板中可以看到素材的入点在第0帧处，如图7-121所示。

02 将时间移至第10秒处，然后执行【标记】>【标记入点】菜单命令，在时间线标尺线上的相应时间位置处即可出现一个入点图标，如图7-122所示。

图7-121

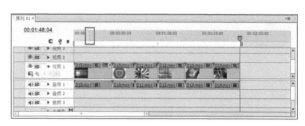

图7-122

03 将时间移至第1分处，然后选择【标记】>【标记出点】菜单命令，在时间线标尺线上的相应时间位置处即可出现一个出点图标，如图7-123所示。

04 在为当前序列设置入点和出点之后，就可以通过在【时间线】面板中拖曳图标来调整入点、出点。图7-124所示为移到入点标记的效果。

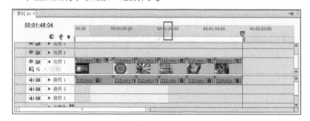

图7-123

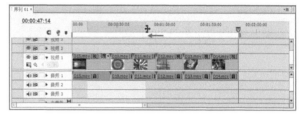

图7-124

 Tips

在创建序列标记之后，可以使用以下菜单命令轻松清除它们。

若同时清除入点和出点，则执行【标记】>【清除入点和出点】菜单命令；若只清除入点，则执行【标记】>【清除入点】菜单命令；若只清除出点，则执行【标记】>【清除出点】菜单命令。

7.10 课后习题

本章安排了两个习题，用来巩固编辑子素材的入点出点和提升提取序列这两个知识点，读者在练习过程中可以结合其他知识制作更复杂的效果。

课后习题	● 编辑子素材的入点和出点
	素材文件：素材文件 > 第 7 章 > 即学即用：编辑子素材的入点和出点
	素材位置：素材文件 > 第 7 章 > 即学即用：编辑子素材的入点和出点
	技术掌握：编辑子素材的入点和出点的方法

（扫码观看视频）

操作提示

第1步：打开光盘中的"素材文件>第7章>即学即用：编辑子素材的入点和出点>即学即用：编辑子素材的入点和出点_I .prproj"文件。

第2步：在【项目】面板中选择D25.mov文件，然后执行【素材】>【编辑子素材】菜单命令，接着在打开的【编辑子素材】对话框中设置入点和出点。

课后习题

● 提升和提取序列标记

素材文件：**素材文件 > 第 7 章 > 即学即用：提升和提取序列标记**

素材位置：**素材文件 > 第 7 章 > 即学即用：提升和提取序列标记**

技术掌握：在序列标记处执行提升和提取编辑的方法

（扫码观看视频）

操作提示

第1步：打开光盘中的"**素材文件>第7章>即学即用：提升和提取序列标记>即学即用：提升和提取序列标记_I .prproj**"文件。

第2步：在【时间线】面板中设置标记入点和标记出点。

第3步：执行【序列】>【提升】或者【序列】>【提取】菜单命令，然后观察两个命令的效果。

08

使用视频切换

在影视作品中，经常会有视频切换的情况，如果一个镜头直接跳转到另一镜头，那么往往会显得生硬。通常情况下，我们会在两个镜头之间添加一种过渡效果，使两个镜头衔接得更加平缓、流畅。Adobe Premiere Pro提供了大量的切换效果，本章将详细介绍这些切换效果。

* 使用和管理【视频切换】效果文件夹   * 编辑视频切换效果
* 应用视频切换效果   * 切换效果详解

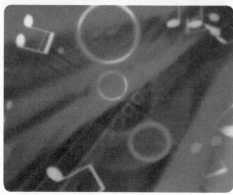

8.1 了解和应用【视频切换】效果

【效果】面板中的【视频切换】效果文件夹中存储了70多种不同的切换效果。要查看视频切换效果文件夹，可以选择【窗口】>【效果】命令。要查看切换效果种类列表，可以单击【效果】面板中【视频切换】效果文件夹前面的三角形图标。

【效果】面板将所有视频切换效果有组织地放入子文件夹中，如图8-1所示。要查看【切换效果】文件夹中的内容，可以单击文件夹左边的三角形图标。在文件夹被打开时，三角形图标会指向下方，图8-2所示的【视频切换】>【三维运动】文件夹，单击指向下方的三角形图标可以关闭文件夹。

图8-1   图8-2

↘ 8.1.1 使用和管理视频切换效果文件夹

【效果】面板可以帮助用户找到切换效果并使它们有序化。在【效果】面板中用户可以单击【效果】面板中的查找字段，然后输入切换效果的名称即可查找该视频切换效果，如图8-3所示。

如果用户要组织文件夹，可以创建新的自定义文件夹，将最常使用的切换效果组织在一起。要创建新的自定义文件夹，可以单击【效果】面板底部的【新建自定义文件夹】按钮 ，如图8-4所示，或者在该面板菜单中选择【新建预设文件夹】命令。

如果用户要删除自定义文件夹，可以单击文件夹将其选择，然后单击【删除自定义分项】图标 ，或者从面板菜单中选择【删除自定条目】命令。当出现【删除分项】对话框时，单击【确定】按钮即可删除自定文件夹。

【效果】面板还用于设置默认切换效果。在默认情况下，视频切换效果被设置为【交叉叠化】，默认切换效果的图标有一个黄色的边框，如图8-5所示。

图8-3   图8-4   图8-5

视频切换效果的默认持续时间被设置为25帧，如果要更改默认切换效果的持续时间，那么可以单击【效果】面板菜单中的【设置默认过渡持续时间】命令，在打开的【首选项】对话框的【常规】类别中，修改【视频切换默认持续时间】参数，如图8-6所示，然后单击【确定】按钮，即可更改默认视频切换效果的持续时间。

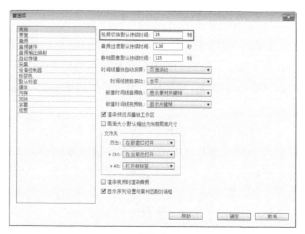

Tips

如果要选择新的切换效果作为默认切换效果，那么可以先选择一个视频切换效果，然后单击【效果】面板菜单中的【设置所选择为默认过渡】命令。

图8-6

8.1.2 应用视频切换效果

Premiere Pro允许以传统视频编辑方式应用切换效果，用户只需将切换效果放入轨道中的两个素材之间。切换效果使用第一个素材出点处的额外帧和第二个素材入点处的额外素材之间的区域作为切换效果区域。在使用单轨道编辑时，素材出点以外的额外帧以及下一个素材入点之前的额外帧之间的区域均被用作切换效果区域（如果没有额外的帧可用，Premiere Pro允许重复创建结束帧或起始帧）。

图8-7所示的是一个示例切换效果项目及其面板。在【时间线】面板中，可以看到用于创建切换效果项目的两个视频素材。通过在这两个素材之间应用【交叉叠化】效果，使前一个素材逐渐淡出到后一个素材。

应用切换效果后，【信息】面板将显示关于选择切换效果的信息。在【特效控制台】面板中将显示选择切换效果的选项，并且在【节目】面板中，可以看到选择切换效果的预览。

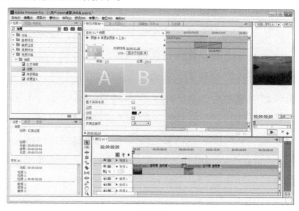

图8-7

Tips

效果工作区有助于组织处理切换效果时需要显示在屏幕上的所有窗口和面板。要将工作区设置为【效果】工作区，可以选择【窗口】>【工作区】>【效果】命令。

8.1.3 编辑视频切换效果

应用切换效果之后，就可以在时间线中编辑该效果，或者使用【特效控制台】面板编辑。要编辑切换效果，首先需要在【时间线】面板中选择该效果，然后移动切换效果的对齐方式或者更改其持续时间。

1.更改切换效果的对齐方式

如果要使用时间线更改切换效果的对齐方式，那么可以单击切换效果并向左或向右拖曳，或者将其居中。向左拖曳，可将切换效果与编辑点的结束处对齐。向右拖曳，可将切换效果与编辑点的开始处对齐。在让切换效果居中时，需要将切换效果放置在编辑点范围内的中心。

【特效控制台】面板允许进行更多的编辑更改。要使用【特效控制台】面板更改切换效果的对齐方式，可以先双击【时间线】面板中的切换效果，然后选择【显示实际来源】选项，再从【对齐】下拉列表中选择一个选项来更改切换效果的对齐方式。

要创建自定义对齐方式，可以手动移动【特效控制台】面板的时间线来调整效果，如图8-8所示。

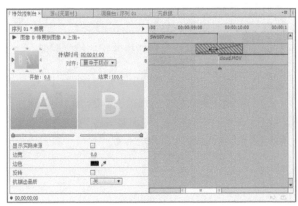

图8-8

2.更改切换效果的持续时间

在时间线中，通过拖曳切换效果其中一个边缘，可以增加或减少应用切换效果的帧数。为了精确起见，可以确保在时间线上进行调整时使用【信息】面板。

要使用【特效控制台】面板更改切换效果的持续时间，首先双击【时间线】面板中的切换效果，然后调整【持续时间】属性。切换效果的对齐方式和持续时间可以一起使用。

更改切换效果持续时间所得到的结果会受对齐方式的影响。在将对齐方式设置为【居中于切点】或【自定开始】时，更改持续时间值对入点和出点都有影响；在将对齐方式设置为【开始于切点】时，更改持续时间值对出点有影响；在将对齐方式设置为【结束于切点】时，更改持续时间值对入点有影响。

除了使用持续时间值更改切换效果的持续时间以外，还可以手动调整切换效果的持续时间，方法是单击切换效果的左边缘或右边缘并拖曳，如图8-9所示。

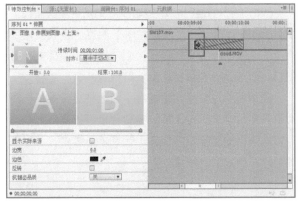

图8-9

3.更改切换效果的设置

许多切换效果包含用于更改切换效果在屏幕上的显示方式的设置选项。将切换效果应用于素材后，在【特效控制台】面板底部可以进行切换效果的设置，图8-10所示的是应用【反转】切换效果的设置。

应用切换效果后，可以单击【特效控制台】面板中的【反转】选项来编辑切换方向。默认情况下，素材切换是从第一个素材切换到第二个素材（A到B）。偶尔可能需要创建从场景B到场景A的切换效果——即使场景B出现在场景A之后。

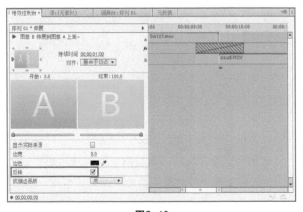

图8-10

要查看切换效果的预览，可以拖曳【开始】或【结束】滑块。要查看窗口中预览的实际素材，可以选择【显示实际来源】选项，然后拖曳【开始】或【结束】滑块。要预览切换效果，则单击【播放转场切换效果】按钮▶。

许多切换效果允许反转使用效果。例如，【3D运动】>【帘式】效果，通常将切换效果应用于屏幕上的素材A——打开窗帘显示素材B。但是，通过单击【特效控制台】面板底部的【反转】选项，可以关闭窗帘来显示素材B。【门】切换效果与此非常类似，通常是打开门来显示素材B。但是，如果单击【反转】选项，则是关闭门来显示素材A。

还有一些切换效果用于使效果更加流畅，或者通过应用切换效果来创建柔化边缘效果。要使效果更加流畅，可以单击【抗锯齿品质】下拉列表并选择抗锯齿的级别，如图8-11所示。一些切换效果还允许添加边框。为此，可以单击【边色】属性设置边框宽度，然后选择边框颜色。要选择边框颜色，可以选择滴管工具或边框颜色样本。

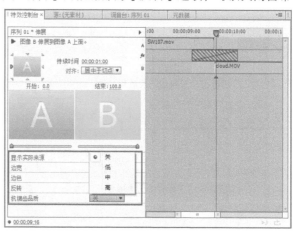

图8-11

4.替换和删除切换效果

在应用切换效果之后，可能发现该效果并不理想。幸运的是，替换或删除切换效果的操作非常简单。如果要用一个切换效果替换另一个切换效果，那么只需单击切换效果，并将其从【效果】面板拖至要在时间线中替换的切换效果的上方，新的切换效果将替换原来的切换效果；如果要删除切换效果，那么只需选择切换效果并按下Delete键，也可以在切换效果名称上单击鼠标右键，在打开的菜单中选择【清除】命令。

5.应用默认切换效果

如果在整个项目中多次应用相同的切换效果，那么可以将它设置为默认切换效果。在指定默认切换效果后，无需将它从效果面板拖曳到时间线中就可以很容易地应用它。要使用默认切换效果，可以像对待常规切换效果一样组织视频1轨道中的素材。注意必须确定素材的位置，以便入点和出点出现在轨道中汇合。

即学即用

● 应用切换效果

素材文件：	素材位置：	技术掌握：
素材文件＞第8章＞即学即用：应用切换效果	素材文件＞第8章＞即学即用：应用切换效果	为视频素材应用切换效果的方法

（扫码观看视频）

本例主要介绍如何为素材添加切换效果，案例效果如图8-12所示。

图8-12

01 打开光盘中的"素材文件>第8章>即学即用：应用切换效果>即学即用：应用切换效果_l.prproj"文件，在【时间线】面板中可以看到有5段素材，如图8-13所示。

图8-13

02 在【效果】面板中选择【视频切换】>【3D运动】>【帘式】效果，如图8-14所示。然后将其拖曳至前两段素材的连接处，此时切换效果将被放入轨道中，并会突出显示发生切换的区域，如图8-15所示。

图8-14

图8-15

03 在【效果】面板中选择【视频切换】>【叠化】>【抖动溶解】效果，如图8-16所示。然后将其拖曳至第2和第3段素材的连接处，如图8-17所示。

图8-16

图8-17

04 在【节目】面板中播放影片，效果如图8-18所示。

图8-18

即学即用

（扫码观看视频）

● 编辑切换效果

素材文件：	素材位置：	技术掌握：
素材文件 > 第 8 章 > 即学即用：编辑切换效果	素材文件 > 第 8 章 > 即学即用：编辑切换效果	编辑切换效果的方法

本例主要介绍如何在【时间线】和【特效控制台】面板中编辑切换效果，案例效果如图8-19所示。

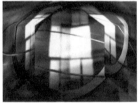

图8-19

01 打开光盘中的"素材文件>第8章>即学即用：编辑切换效果>即学即用：编辑切换效果_l.prproj"文件，两段素材间有一个【划像交叉】效果，如图8-20所示。

02 将光标移至效果图标的左侧，当光标呈 状时向左拖曳，使效果的持续时间增加，如图8-21所示。

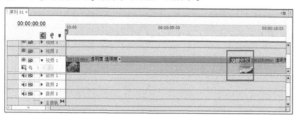

图8-20

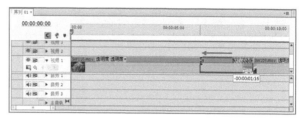

图8-21

Tips

如果移动切换效果边缘，也可能会移动素材的边缘。要想移动切换效果边缘而又不影响任何素材，可以在拖曳切换效果边缘的同时按住Ctrl键。

03 在【特效控制台】面板中选择【显示实际来源】选项，这样可以查看【特效控制台】面板中的素材和切换效果，如图8-22所示。

04 单击【播放转场过渡效果】按钮▶，或者拖曳【开始】和【结束】属性下方的滑块，可以预览【特效控制台】面板中的切换效果，如图8-23所示。

图8-22

图8-23

05 在【节目】面板中播放影片，效果如图8-24所示。

图8-24

8.2 Premiere Pro切换效果概览

Premiere Pro的【视频切换】文件夹中包含10个不同的切换效果文件夹，分别是【3D运动】、【伸展】、【划像】、【卷页】、【叠化】、【擦除】、【映射】、【滑动】、【特殊效果】和【缩放】，如图8-25所示。

图8-25

↘8.2.1 3D运动切换效果

【3D运动】文件夹中包含10个切换效果，分别是【向上折叠】、【帘式】、【摆入】、【摆出】、【旋转】、【旋转离开】、【立方体旋转】、【筋斗过渡】、【翻转】和【门】，如图8-26所示。在切换发生时，每个切换效果都包含运动。

图8-26

1.向上折叠

此切换效果向上折叠素材A（就好像它是一张纸）来显示素材B，如图8-27所示。

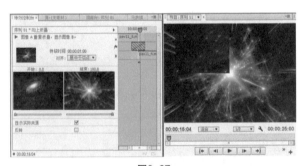

图8-27

2.帘式

此切换效果模仿窗帘，打开窗帘显示素材B来替换素材A。可以在【特效控制台】面板中查看帘式设置，并在【节目】面板中查看预览效果，如图8-28所示。

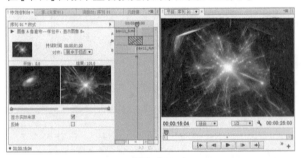

图8-28

3.摆入

在此切换效果中，素材B从左边摆动出现在屏幕上，如同一扇开着的门即将关闭，如图8-29所示。在【特性控制台】面板中，单击【持续时间】属性左边的缩览图四周的三角形按钮，可以将切换效果设置为从北到南、从南到北、从西到东或者从东到西。

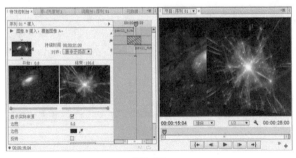

图8-29

4.摆出

在此切换效果中，素材B从左边摆动出现在屏幕上，如同一扇关着的门即将打开，如图8-30所示。

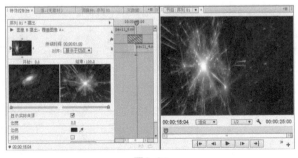

图8-30

5.旋转

【旋转】非常类似于【翻转】切换效果，只是素材B旋转出现在屏幕上，而不是翻转替代素材A。图8-31所示为【特效控制台】面板中的旋转效果控件以及【节目】面板中的预览效果。

6.旋转离开

在此切换效果中，素材B类似于旋转切换效果旋转出现在屏幕上。但是，在【旋转离开】切换效果中，素材B使用的帧要多于旋转切换效果。图8-32所示为【特效控制台】面板中的【旋转离开】效果控件以及【节目】面板中的预览效果。

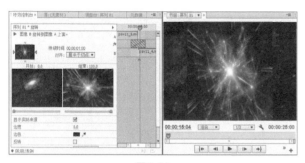

图8-31

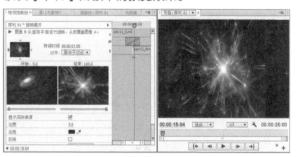

图8-32

7.立方体旋转

此切换效果使用旋转的立方体将素材A切换为素材B。在图8-33所示的【立方体旋转】设置中，单击【持续时间】左边的缩览图四周的三角形按钮，可以将切换效果设置为从北到南、从南到北、从西到东或者从东到西。

8.筋斗过渡

在此切换效果中，素材A旋转并且逐渐变小，同时素材B将取代它。在【特效控制台】面板中，向右拖曳【边宽】数值将增加两个视频轨道之间的边框颜色。如果想更改边框颜色，可以单击样本色。单击【持续时间】左边的缩览图四周的三角形按钮，可以将切换效果设置为从北到南、从南到北、从西到东或者从东到西。

图8-34所示为【特效控制台】面板中的【筋斗过渡】效果控件以及【节目】面板中的预览效果。

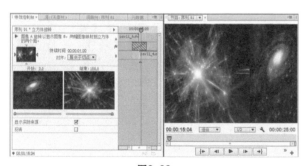

图8-33

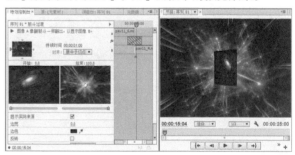

图8-34

9.翻转

此切换效果将沿垂直轴翻转素材A来显示素材B，如图8-35所示。单击【特效控制台】面板底部的【自定义】按钮，显示【翻转设置】对话框，可以使用此对话框设置条带颜色和单元格颜色的数量。单击【确定】按钮关闭对话框。

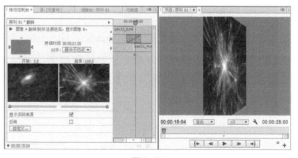

图8-35

10.门

此切换效果模仿打开一扇门的效果。门后是什么呢？素材B（替换素材A）。可以将此切换效果设置为从北到南、从南到北、从西到东或者从东到西移动。如图8-36所示，【门】控件包含一个【边宽】选项。向右拖曳【边宽】参数，将增加两个视频轨道之间的边框颜色。如果想更改边框颜色，可以单击样本色。

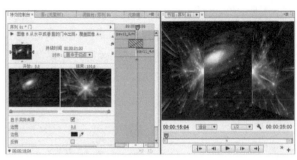

图8-36

8.2.2 伸展切换效果

【伸展】效果文件夹提供了各种拉伸切换效果，其中至少有一个在效果有效期间进行拉伸。这些切换效果包括【交叉伸展】、【拉伸】、【伸展覆盖】和【伸展进入】，如图8-37所示。

图8-37

1.交叉伸展

此切换效果与其说是伸展，不如说更像是一个3D立方切换效果。在使用此切换效果时，素材像是在转动的立方体上。当立方体转动时，素材B将替换素材A。图8-38所示为【特效控制台】面板中的【交叉伸展】效果控件以及【节目】面板中的预览效果。

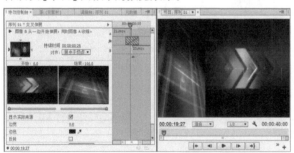

图8-38

2.伸展

在此切换效果中，素材B先被压缩，然后逐渐伸展到整个画面，从而替代素材A。图8-39所示为【特效控制台】面板中的【伸展】效果控件以及【节目】面板中的预览效果。

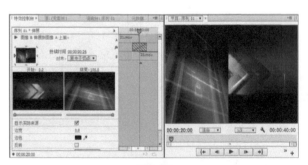

图8-39

3.伸展覆盖

在此切换效果中，素材B经过细长的伸缩后不再伸缩，然后覆盖在素材A上方。图8-40所示为【特效控制台】面板中的【伸展覆盖】效果控件以及【节目】面板中的预览效果。

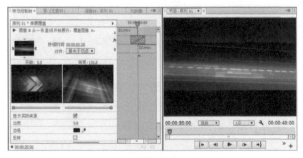

图8-40

4.伸展进入

在此切换效果中，素材B伸展到素材A上方，然后不再伸展。当使用此切换效果时，可以单击【特效控制台】面板中的【自定义】按钮，显示【伸展进入设置】对话框，在此对话框中选择需要的条带数，如图8-41所示。图8-42所示为【特效控制台】面板中的【伸展进入】效果控件以及【节目】面板中的预览效果。

图8-41

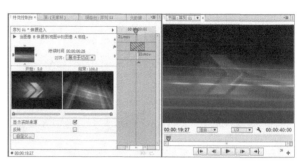

图8-42

↘ 8.2.3 划像切换效果

【划像】切换效果的开始和结束都在屏幕的中心进行。【划像】切换效果包括【划像交叉】、【划像形状】、【圆划像】、【星形划像】、【点划像】、【盒形划像】和【菱形划像】，如图8-43所示。

图8-43

1.划像交叉

在此切换效果中，素材B逐渐出现在一个十字形中，该十字会越变越大，直到占据整个画面。图8-44所示为特效控制台面板中的十字划像效果控件和节目监视器中的预览效果。

2.形状划像

在此切换效果中，素材B逐渐出现在菱形、椭圆形或矩形中，这些形状会逐渐占据整个画面。选择此切换效果后，可以单击【特效控制台】面板中的【自定义】按钮，打开【形状划像设置】对话框，在此选择形状、数量和形状类型，如图8-45所示。

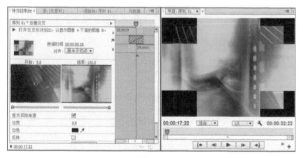

图8-44

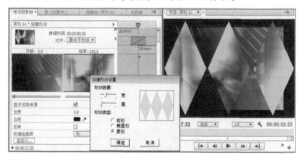

图8-45

3.圆形划像

在此切换效果中，素材B逐渐出现在慢慢变大的圆形中，该圆形将占据整个画面。图8-46所示为【特效控制台】面板中的【圆形划像】效果控件以及【节目】面板中的预览效果。

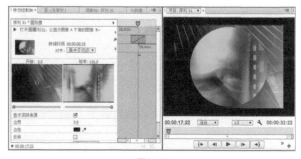

图8-46

4.星形划像

在此切换效果中，素材B出现在慢慢变大的星形中，此星形将逐渐占据整个画面。图8-47所示为【特效控制台】面板中的【星形划像】效果控件以及【节目】面板中的预览效果。

5.点划像

在此切换效果中，素材B出现在一个大型十字的外边缘中，素材A在十字中。随着十字越变越小，素材B逐渐占据整个屏幕。图8-48所示为【特效控制台】面板中的【点划像】效果控件以及【节目】面板中的预览效果。

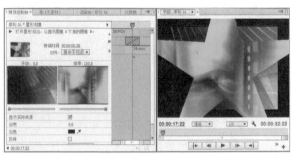

图8-47

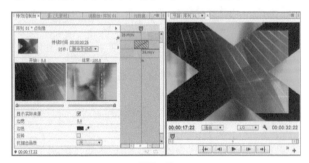

图8-48

6.盒形划像

在此切换效果中，素材B逐渐显示在一个慢慢变大的矩形中，该矩形会逐渐占据整个画面。【盒形划像】效果控件以及【节目】面板中的预览效果如图8-49所示。

7.菱形划像

在此切换效果中，素材B逐渐出现在一个菱形中，该菱形将逐渐占据整个画面。【菱形划像】效果控件以及【节目】面板中的预览效果如图8-50所示。

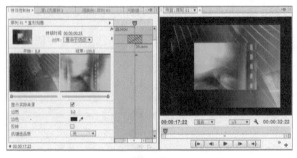

图8-49

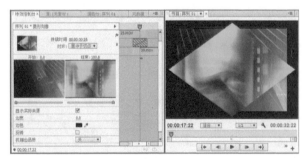

图8-50

↘ 8.2.4 卷页切换效果

【卷页】文件夹中的切换效果模仿翻转显示下一页的书页。素材A在第一页上，素材B在第二页上。此切换效果的效果可能非常显著，因为Premiere Pro渲染素材A中卷到翻转页背后的图像。图8-51所示为【卷页】中的视频切换效果。

图8-51

1.中心剥落

此切换效果创建了4个单独的翻页，从素材A的中心向外翻开显示素材B。图8-52所示为【中心剥落】设置和预览效果。

2.剥开背面

在此切换效果中，页面先从中间卷向左上，然后卷向右上，随后卷向右下，最后卷向左下。图8-53所示为【剥开背面】设置和预览效果。

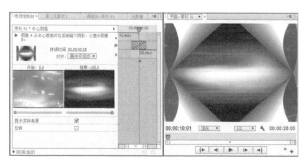

图8-52

图8-53

3.卷走

此切换效果是一个标准的卷页，页面从屏幕的左上角卷向右下角来显示下一页。图8-54所示为【卷走】设置和预览效果。

4.翻页

使用此切换效果，页面将翻转，但不发生卷曲，在翻转显示素材B时，可以看见素材A颠倒出现在页面的背面。图8-55所示为【翻页】设置和预览效果。

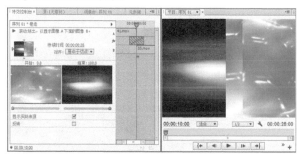

图8-54

图8-55

5.页面剥落

在此切换效果中，素材A从页面左边滚动到页面右边（没有发生卷曲）来显示素材B。图8-56所示为【页面剥落】设置和预览效果。

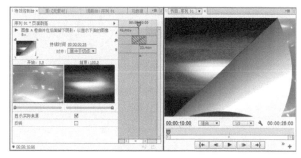

图8-56

↘ 8.2.5 叠化切换效果

【叠化】切换效果将一个视频素材逐渐淡入另一个视频素材中。用户可以从7个叠化切换效果中进行选择，包括【交叉叠化】、【抖动溶解】、【白场过渡】、【黑场过渡】、【胶片溶解】、【附加叠化】、【随机反相】和【非附加叠化】，如图8-57所示。

图8-57

1.交叉叠化

在此切换效果中，素材B在素材A淡出之前淡入。图8-58所示为【交叉叠化】设置和预览效果。

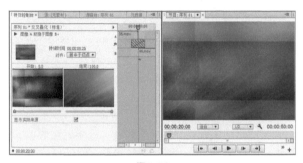

图8-58

2.抖动溶解

在此切换效果中，素材A叠化为素材B，像许多微小的点出现在屏幕上一样。图8-59所示为【抖动溶解】设置和预览效果。

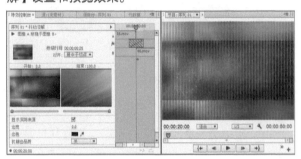

图8-59

3.白场过渡

在此切换效果中，素材A淡化为白色，然后画面淡化为素材B。图8-60所示为【白场过渡】设置和预览效果。

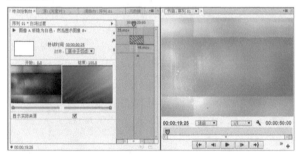

图8-60

4.黑场过渡

在此切换效果中，素材A逐渐淡化为黑色，然后再淡化为素材B。图8-61所示为【黑场过渡】设置和预览效果。

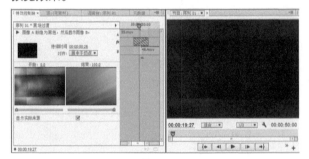

图8-61

5.附加叠化

此切换效果创建从一个素材到下一个素材的淡化，图8-62所示为【附加叠化】设置和预览效果。

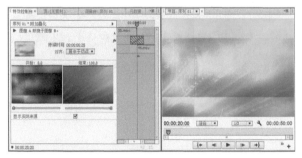

图8-62

6.随机反相

在此切换效果中，素材B逐渐替换素材A，以随机点图形形式出现。图8-63所示为【随机反相】设置和预览效果。

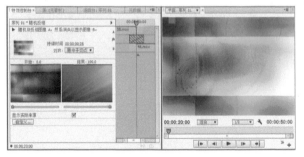

图8-63

7.非附加叠化

在此切换效果中，素材B逐渐出现在素材A的彩色区域内。图8-64所示为【非附加叠化】设置和预览效果。

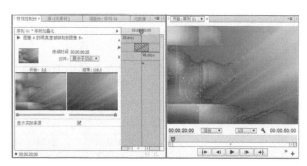

图8-64

↘ 8.2.6 擦除切换效果

【擦除】切换效果通过擦除素材A的不同部分来显示素材B。许多切换效果都提供看起来非常时髦的数字效果。【擦除】切换效果包括【双侧平推门】、【带状擦除】、【径向划变】、【插入】、【擦除】、【时钟式划变】、【棋盘】、【棋盘划变】、【楔形划变】、【水波块】、【油漆飞溅】、【渐变擦除】、【百叶窗】、【螺旋框】、【随机块】、【随机擦除】和【风车】，如图8-65所示。

图8-65

1.双侧平推门

图8-66所示为【双侧平推门】设置和预览效果。

2.带状擦除

在此切换效果中，矩形条带从屏幕左边和屏幕右边渐渐出现，素材B将替代素材A。在使用此切换效果时，可以单击【特效控制台】面板中的【自定义】按钮显示【带状擦除设置】对话框，在此对话框中键入需要的条带数，然后单击【确定】按钮应用该设置，如图8-67所示。

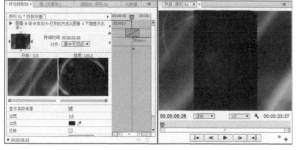

图8-66   图8-67

3.径向划变

在此切换效果中，素材B通过擦除显示，先水平擦过画面的顶部，然后顺时针扫过一个弧度，并逐渐覆盖素材A。图8-68所示为【径向划变】设置和预览效果。

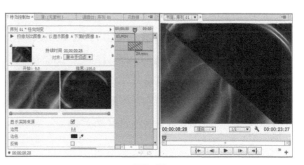

图8-68

4.插入

在此切换效果中，素材B出现在画面左上角的一个小矩形框中。在擦除过程中，该矩形框逐渐变大，直到素材B替代素材A。图8-69所示为【插入】设置和预览效果。

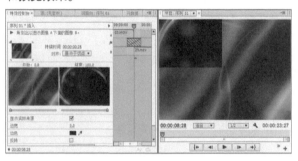

图8-69

6.时钟式划变

在此切换效果中，素材B逐渐出现在屏幕上，以圆周运动方式显示。该效果就像是时钟的旋转指针扫过素材屏幕。图8-71所示为【时钟式划变】设置和预览效果。

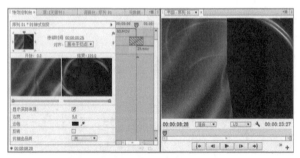

图8-71

8.棋盘划变

在此切换效果中，包含素材B切片的棋盘方块图案逐渐延伸到整个屏幕。在使用此切换效果时，可以单击【特效控制台】面板底部的【自定义】按钮，然后在【棋盘式擦除设置】对话框中，选择水平切片和垂直切片的数量。图8-73所示为特效控制台面板中的划格擦除效果控件以及节目监视器面板中的预览效果。

5.擦除

在这个简单的切换效果中，素材B从左向右滑入，逐渐替代素材A。图8-70所示为【擦除】设置和预览效果。

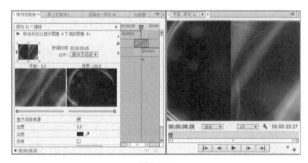

图8-70

7.棋盘

在此切换效果中，包含素材B的棋盘图案逐渐取代素材A。在使用此切换效果时，可以单击【特效控制台】面板中的【自定义】按钮，显示【棋盘设置】对话框，在此选择水平切换和垂直切片的数量。图8-72所示为【棋盘】设置和预览效果。

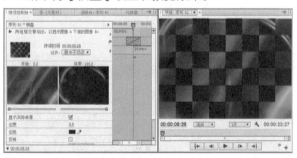

图8-72

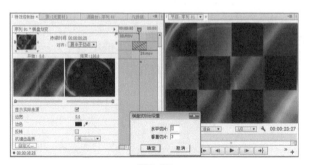

图8-73

9.楔形划变

在此切换效果中，素材B出现在逐渐变大并最终替换素材A的饼式楔形中。图8-74所示为【特效控制台】面板中的楔形划变效果控件以及【节目】面板中的预览效果。

10.水波块

在此切换效果中，素材B渐渐出现在水平条带中，这些条带从左向右移动，然后从右向屏幕左下方移动。在使用此切换效果时，可以单击【特效控制台】面板中的【自定义】按钮，显示【水波块设置】对话框。在此对话框中选择需要的水平条带和垂直条带的数量，然后单击【确定】按钮，应用这些更改。图8-75所示为【特效控制台】面板中的水波块效果控件以及【节目】面板中的预览效果。

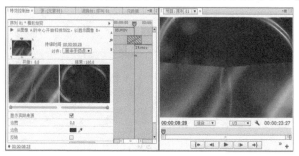

图8-74

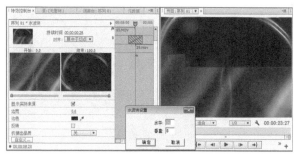

图8-75

11.油漆飞溅

在此切换效果中，素材B逐渐以泼洒颜料的形式出现。图8-76所示为【特效控制台】面板中的【油漆飞溅】效果控件以及【节目】面板中的预览效果。

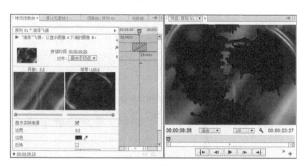

图8-76

12.渐变擦除

在此切换效果中，素材B逐渐擦过整个屏幕，并使用用户选择的灰度图像的亮度值确定替换素材A中的哪些图像区域。

在使用此效果时，将打开【渐变擦除设置】对话框，如图8-77所示，在此对话框中单击【选择图像】按钮加载灰度图像，这样在擦除效果出现时，对应于素材A的黑色区域和暗色区域的素材B图像区域最先显示。

在该对话框中，还可以拖曳【柔和度】滑块来柔化效果。完成设置后，单击【渐变擦除设置】对话框中的【确定】按钮，即可应用此效果。

图8-78所示为【特效控制台】面板中的【渐变擦除】效果控件以及【节目】面板中的预览效果。

图8-77

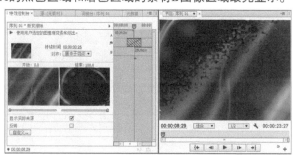

图8-78

13.百叶窗

在此切换效果中，素材B看起来像是透过百叶窗出现的，百叶窗逐渐打开，从而显示素材B的完整画面。在使用此切换效果时，可以单击【特效控制台】面板中的【自定义】按钮显示【百叶窗设置】对话框，在此对话框中选择要显示的条带数，然后单击【确定】按钮，应用这些更改。

图8-79所示为【特效控制台】面板中的【百叶窗】效果控件以及【节目】面板中的预览效果。

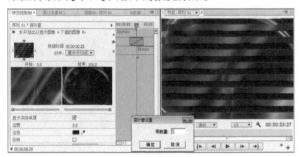

图8-79

15.随机块

在此切换效果中，素材B逐渐出现在屏幕上随机显示的小盒中。在使用此切换效果时，单击【特效控制台】面板中的【自定义】按钮，显示【随机块设置】对话框，在此对话框中设置盒子的宽度和高度值。

图8-81所示为【特效控制台】面板中的【随机块】效果控件以及【节目】面板中的预览效果。

16.随机擦除

在此切换效果中，素材B逐渐出现在顺着屏幕下拉的小块中。图8-82所示为【随机擦除】效果控件以及【节目】面板中的预览效果。

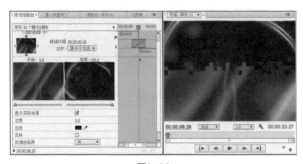

图8-82

14.螺旋框

在此切换效果中，一个矩形边框围绕画面移动，逐渐使用素材B替换素材A。在使用此切换效果时，单击【特效控制台】面板中的【自定义】按钮，显示【螺旋框设置】对话框，在此对话框中设置水平值和垂直值。图8-80所示为【特效控制台】面板中的【螺旋框】效果控件以及【节目】面板中的预览效果。

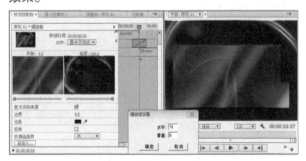

图8-80

图8-81

17.风车

在此切换效果中，素材B逐渐以不断变大的星星的形式出现，这个星形最终将占据整个画面。在使用此切换效果时，单击【特效控制台】面板中的【自定义】按钮，显示【风车设置】对话框，在此对话框中可以选择需要的楔形数量。图8-83所示为【风车】效果控件以及【节目】面板中的预览效果。

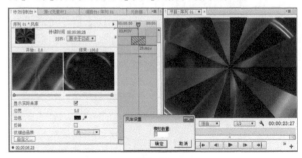

图8-83

8.2.7 映射切换效果

【映射】切换效果在切换期间重映射颜色，该切换效果包括【明亮度映射】和【通道映射】，如图8-84所示。

图8-84

1.明亮度映射

此切换效果使用一个素材的亮度级别替换另一个素材的亮度级别。图8-85所示为【明亮度映射】效果控件以及【节目】面板中的预览效果。

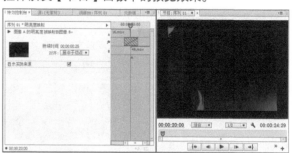

图8-85

2.通道映射

此切换效果用于创建不寻常的颜色效果，方法是将图像通道映射到另一个图像通道。在使用此切换效果时，将打开图8-86所示的【通道映射设置】对话框，在此对话框的下拉列表中选择通道，并选择是否反转颜色，然后单击【确定】按钮，应用此效果。

图8-87所示为【通道映射】效果控件以及【节目】面板中的预览效果。

图8-86

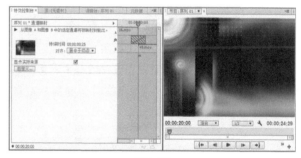

图8-87

8.2.8 滑动切换效果

【滑动】切换效果用于将素材滑入或滑出画面来提供切换效果，该切换效果包括12种不同的效果，如图8-88所示。

图8-88

1.中心合并

在此切换效果中，素材A逐渐收缩并挤压到页面中心，素材B将取代素材A。图8-89所示为【中心合并】效果控件以及【节目】面板中的预览效果。

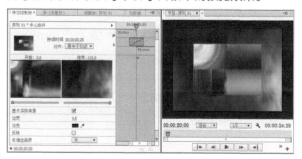

图8-89

2.中心拆分

在此切换效果中，素材A被切分成四个象限，并逐渐从中心向外移动，然后素材B将取代素材A。图8-90所示为【中心拆分】效果控件以及【节目】面板中的预览效果。

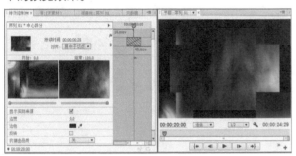

图8-90

3.互换

在此切换效果中，素材B与素材A交替放置。该效果看起来类似于一个素材从左向右移动，然后移动到了前一个素材的后面。图8-91所示为【互换】效果控件以及【节目】面板中的预览效果。

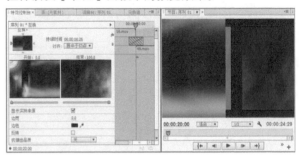

图8-91

4.多旋转

在此切换效果中，素材B逐渐出现在一些小的旋转盒子中，这些盒子将慢慢变大，以显示整个素材。单击【特效控制台】面板中的【自定义】按钮，显示【多旋转设置】对话框，可以在该对话框中设置水平值和垂直值。图8-92所示为【多旋转】效果控件以及【节目】面板中的预览效果。

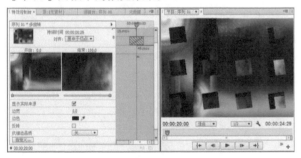

图8-92

5.带状滑动

在此切换效果中，矩形条带从屏幕右边和屏幕左边出现，逐渐用素材B替代素材A。在使用此切换效果时，可以单击特效控制台面板中的自定义按钮显示【带状滑动设置】对话框。在此对话框中，键入需要滑动的条带数。

图8-93所示为【带状滑动】效果控件以及【节目】面板中的预览效果。

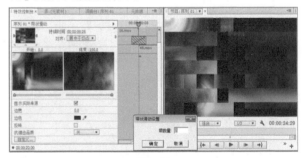

图8-93

6.拆分

在此切换效果中，素材A从中间分裂开显示它后面的素材B，该效果类似于打开两扇分开的门来显示房间内的东西。图8-94所示为【拆分】效果控件以及【节目】面板中的预览效果。

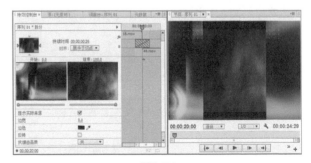

图8-94

7.推

在此切换效果中，素材B将素材A推向一边。可以将此切换效果的推挤方式设置为从西到东、从东到西、从北到南或从南到北。图8-95所示为【推】效果控件以及【节目】面板中的预览效果。

8.斜线滑动

在此切换效果中，使用素材B中的片段填充的对角斜线来逐渐替代素材A。可以将斜线的移动方式设置为从北西到南东、从南东到北西、从北东到南西、从南西到北东、从西到东、从东到西、从北到南或从南到北。

在使用此切换效果时，单击【特效控制台】面板底部的【自定义】按钮，显示【斜线滑动设置】对话框，在该对话框中可更改斜线数量。图8-96所示为【斜线滑动】效果控件以及【节目】面板中的预览效果。

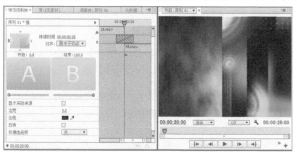

图8-95

图8-96

9.滑动

在此切换效果中，素材B逐渐滑动到素材A上方。用户可以设置切换效果的滑动方式，切换效果的滑动方式可以是从北西到南东、从南东到北西、从北东到南西、从南西到北东、从西到东、从东到西、从北到南或从南到北。图8-97所示为【滑动】效果控件以及【节目】面板中的预览效果。

10.滑动带

在此切换效果中，素材B开始处于压缩状态，然后逐渐延伸到整个画面来替代素材A。用户可以将滑动条带的移动方式设置为从北到南、从南到北、从西到东或者从东到西。图8-98所示为【滑动带】效果控件以及【节目】面板中的预览效果。

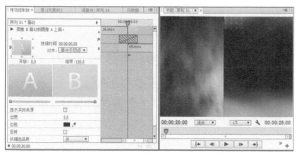

图8-97

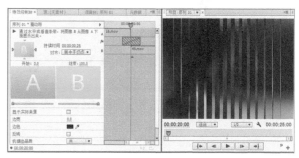

图8-98

11.滑动框

在此切换效果中，由素材B组成的垂直条带逐渐移动到整个屏幕来替代素材A。在使用此切换效果时，可以单击【特效控制台】面板中的【自定义】按钮，显示【滑动框设置】对话框，在此对话框中设置需要的条带数。图8-99所示为【滑动框】效果控件以及【节目】面板中的预览效果。

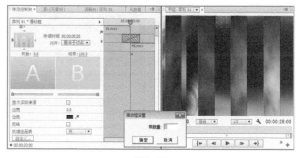

图8-99

12.旋涡

在此切换效果中，素材B呈旋涡状旋转出现在屏幕上来替代素材A。在使用此切换效果时，单击【特效控制台】面板中的【自定义】按钮，显示【旋涡设置】对话框，在此对话框中设置水平、垂直和速率值。

图8-100所示为【旋涡】效果控件以及【节目】面板中的预览效果。

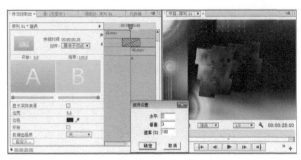

图8-100

8.2.9 特殊效果切换效果

【特殊效果】文件夹包含创建特效的各种切换效果，其中许多切换效果可以改变素材的颜色或扭曲图像。【特殊效果】文件夹中的切换效果包括【映射红蓝通道】、【纹理】和【置换】，如图8-101所示。

图8-101

1.映射红蓝通道

应用此切换效果，可以将源图像映射到红色和蓝色输出通道中。图8-102所示为【映射红蓝通道】效果控件以及【节目】面板中的预览效果。

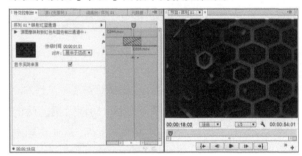

图8-102

2.纹理

此切换效果将颜色值从素材B映射到素材A中，两个素材的混合可以创建纹理效果。图8-103所示为【纹理】效果控件以及【节目】面板中的预览效果。

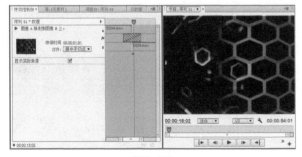

图8-103

3.置换

在此切换效果中，素材A的【RGB通道】通道置换素材B的像素，从而在素材B中创建一个图像扭曲。图8-104所示为【置换】效果控件以及【节目】面板中的预览效果。

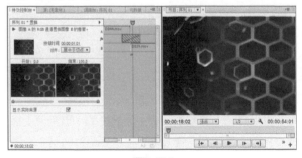

图8-104

↘ 8.2.10 缩放切换效果

【缩放】切换效果提供放大或缩小整个素材的效果，或者提供一些可以放大或缩小的盒子，从而使用一个素材替换另一个素材。【缩放】切换效果包括【交叉缩放】、【缩放】、【缩放拖尾】和【缩放框】，如图8-105所示。

图8-105

2.缩放

在此切换效果中，素材B以很小的点出现，然后这些点逐渐放大替代素材A。图8-107所示为【缩放】效果控件以及【节目】面板中的预览效果。

3.缩放拖尾

在此切换效果中，素材A逐渐收缩（缩小效果），在素材B替换素材A时留下轨迹。在使用此切换效果时，单击【特效控制台】面板中的【自定义】按钮，显示【缩放拖尾设置】对话框，在此对话框中可以选择需要的轨迹数量。图8-108所示为【缩放拖尾】效果控件以及【节目】面板中的预览效果。

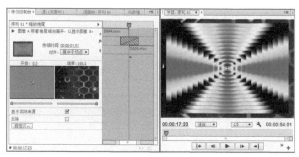

图8-108

1.交叉缩放

此切换效果缩小素材B，然后逐渐放大它，直到占据整个画面。图8-106所示为【交叉缩放】效果控件以及【节目】面板中的预览效果。

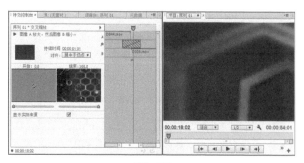

图8-106

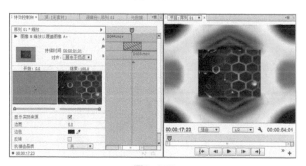

图8-107

4.缩放框

在此切换效果中，使素材B填充的一些小盒逐渐放大，最终替换素材A。在使用此切换效果时，单击【特效控制台】面板中的【自定义】按钮，显示【缩放框设置】对话框，在此对话框中选择需要的形状数量，然后单击【确定】按钮应用这些更改。图8-109所示为【缩放框】效果控件以及【节目】面板中的预览效果。

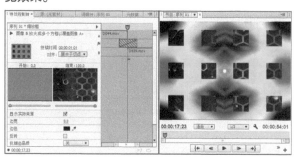

图8-109

即学即用

（扫码观看视频）

● 逐个显示的文字

素材文件：	素材位置：	技术掌握：
素材文件 > 第 8 章 > 即学即用： 逐个显示的文字	素材文件 > 第 8 章 > 即学即用： 逐个显示的文字	应用【插入】切换效 果的方法

本例主要介绍【插入】切换效果的作用，案例效果如图8-110所示。

图8-110

01 打开光盘中的"素材文件>第8章>即学即用：逐个显示的文字>即学即用：逐个显示的文字_l.prproj"文件，然后将【项目】面板中的text.psd文件添加到【时间线】面板中，接着将入点设置在第5秒处，如图8-111所示。

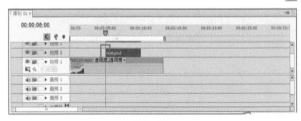

图8-111

02 选择素材text.psd并单击鼠标右键，在打开的菜单中选择【速度/持续时间】命令，接着在打开的【素材速度/持续时间】对话框中设置【持续时间】为00:00:07:00，最后单击【确定】按钮，如图8-112所示。

图8-112

03 在text.psd文件的起始位置添加【视频切换】>【擦除】>【插入】效果，如图8-113所示。

图8-113

04 在视频轨道中选择【插入】效果，然后在【特效控制台】面板中选择【从北东到南西】选项，接着设置【持续时间】为00:00:03:00、【抗锯齿品质】为【高】，如图8-114所示。

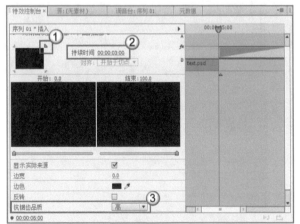

图8-114

05 在【节目】面板中播放影片，效果如图8-115所示。

图8-115

8.3 课后习题

本章安排了两个切换效果的习题，这两个习题难度适中，读者可以根据操作提示制作案例效果。

课后习题

● 应用默认切换效果

素材文件：	素材位置：	技术掌握：
素材文件 > 第 8 章 > 课后习题：应用默认切换效果	素材文件 > 第 8 章 > 课后习题：应用默认切换效果	应用默认切换效果的方法

本例主要介绍如何应用默认切换效果，案例效果如图8-116所示。

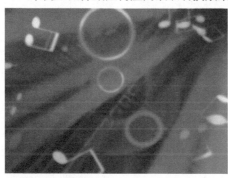
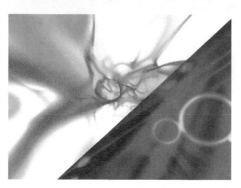

图8-116

（扫码观看视频）

操作提示

第1步：打开光盘中的"素材文件>第8章>即学即用：应用默认切换效果>即学即用：应用默认切换效果_I.prproj"文件。

第2步：选择【视频切换】>【卷页】>【翻页】滤镜，然后单击鼠标右键，在打开的菜单中选择【设置所选择为默认过渡】命令。

第3步：选择所有素材，然后执行【序列】>【应用默认过渡效果到所选择区域】菜单命令。

课后习题

● 制作电子相册

素材文件：	素材位置：	技术掌握：
素材文件 > 第 8 章 > 课后习题：制作电子相册	素材文件 > 第 8 章 > 课后习题：制作电子相册	应用多种切换效果的方法

本例主要介绍应用多种切换效果制作电子相册，案例效果如图8-117所示。

图8-117

（扫码观看视频）

操作提示

第1步：打开光盘中的"素材文件>第8章>即学即用：制作电子相册>即学即用：制作电子相册_Ⅰ.prproj"文件。

第2步：为6段素材间添加切换效果中的【抖动溶解】、【圆划像】、【带状滑动】、【百叶窗】和【风车】滤镜。

CHAPTER
09

使用视频特效

Adobe Premiere Pro提供了大量的视频特效滤镜，虽然跟Adobe After Effects比起来还有一些差距，但是对于制作简单的效果，Premiere Pro还是绰绰有余。本章主要介绍【特效控制台】面板，如何应用视频特效，如何制作特效动画，以及各种视频特效的作用。

* 了解特效控制台面板
* 对素材应用视频特效

* 利用关键帧设置特效
* 介绍视频特效的种类

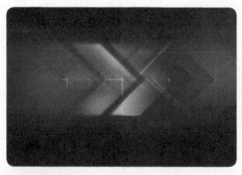

9.1 认识视频特效

使用Premiere Pro制作视频特效时，可以结合【效果】面板的功能选项来辅助管理。【效果】面板中不仅包括【视频切换】文件夹，还包括【视频特效】、【音频特效】和【音频过渡】文件夹。单击【效果】面板上【视频特效】文件夹左边的 ▼ 按钮，可以查看其中的视频特效，如图9-1所示。视频特效名称左边的图标表示每个效果，单击一个视频特效并将它拖曳到时间线面板中的一个素材上，就可以将这个视频特效应用到视频轨道。单击文件夹左边的三角可以关闭文件夹。

图9-1

↘ 9.1.1 了解视频特效

下面介绍【效果】面板中经常使用的功能。

* 查找：使用【效果】面板顶部的 ◯ 搜索栏可以查找效果。在搜索栏中输入想要查找的特效名称，Premiere Pro将会自动查询，如图9-2所示。

* 新建自定义文件夹：单击【效果】面板底部的【新建自定义文件夹】按钮 ，或者选择【效果】面板菜单中的【新建自定义文件夹】命令，可以创建自定义文件夹更好地管理特效。图9-3所示为新建自定义文件夹并在其中添加特效的效果。

* 重命名：自定义文件夹的名称可以随时修改。选择自定义文件夹，然后单击文件夹名称。当文件夹名称高亮显示时，在名称字段中输入想要的名称即可。

图9-2　　　　　　　　　图9-3

* 删除：使用完自定义文件夹，可以将其删除。选择自定义文件夹，然后选择【效果】面板菜单中的【删除自定条目】命令，或者单击面板底部的【删除自定义分项】按钮 。接着会出现一个提示框，询问是否要删除这个分类，如果是，单击【确定】按钮。

↘ 9.1.2 特效控制台面板

将一个视频特效应用于图像后，可以在【特效控制台】面板中对该特效进行设置，如图9-4所示。

在【特效控制台】面板中可以执行如下操作。

选择素材的名称显示在面板的顶部。在素材名称的右边有一个 ▸ 按钮，单击这个按钮可以显示或隐藏时间轴视图，如图9-5所示。

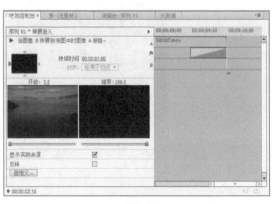

图9-4

在【特效控制台】面板的左下方显示一个时间，说明素材出现在时间线上的什么地方，在此可以对视频特效的关键帧时间进行设置，如图9-6所示。

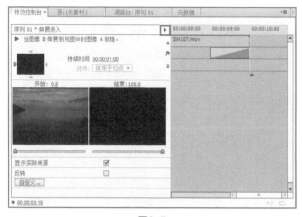

图9-5

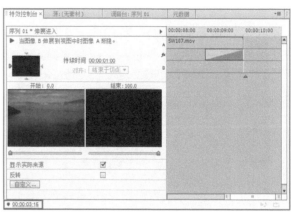

图9-6

在选择的序列名称和素材名称下面是固定效果——【运动】和【透明度】，而固定效果下面则是标准效果。如果选择的素材应用了一个视频特效，那么【透明度】选项的下面就会显示一个标准效果，如图9-7所示。选择素材应用的所有视频特效都显示在【视频效果】标题下面，视频特效按它们应用的先后顺序排列。用户可以单击标准视频效果并上下拖曳来改变顺序。

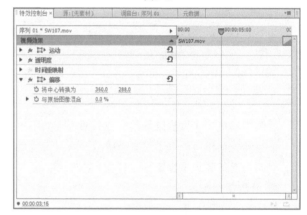

图9-7

每个视频效果名称左边都有一个【切换效果开关】按钮 ∱，显示为 ∱ 按钮时表示这个效果是可用的。单击 ∱ 按钮或者取消选择【特效控制台】面板菜单中的【启用效果】命令，可以禁用效果。效果名称旁边也有一个 ▸ 按钮，单击该按钮，会显示与特效名称相对应的设置。

许多特效还能够打开一个包含预览区的对话框。如果一个特效提供对话框，那么在【特效控制台】面板上的该视频特效名称右边会有一个【设置】按钮 ▣，如图9-8所示。单击该按钮就可以访问设置对话框，如图9-9所示。

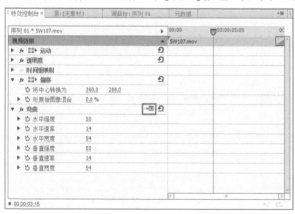

图9-8

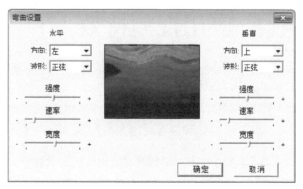

图9-9

首次单击【切换动画】按钮 ，可以开启动画设置功能，如图9-10所示。添加关键帧后，如果再单击【切换动画】按钮 ，将关闭关键帧的设置，同时删除该选项中所有的关键帧。

通过单击【特效】参数后方的【添加/删除关键帧】按钮 ，可以在指定的时间位置添加或删除关键帧，如图9-11所示；单击【跳转到前一关键帧】按钮 ，可以将时间线移动到该时间线之前的一个关键帧位置；单击【跳转到下一关键帧】按钮 ，可以将时间线移动到该时间线之后的一个关键帧位置。

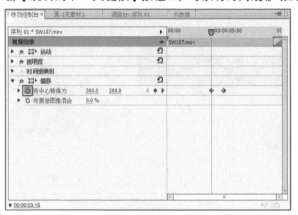

图9-10

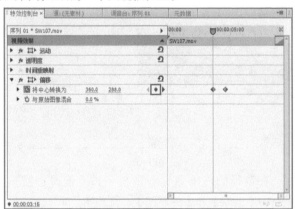

图9-11

9.1.3 特效控制台面板菜单

【特效控制台】面板菜单用于控制面板上的所有素材。使用此菜单可以激活或禁用预览、选择预览质量，还可以激活或禁用效果，如图9-12所示。

常用命令介绍

* 启用效果：单击这个命令可以禁用或激活效果。默认情况下，【启用效果】是选择的。

* 移除所选定效果：这个命令可以将效果从素材上删除。也可以选择【特效控制台】面板上的效果，然后按Delete键来删除面板上的效果。

* 移除效果：这个命令将应用于素材的所有效果删除。

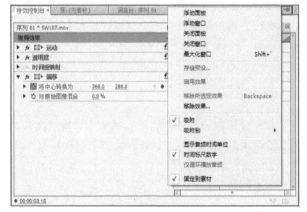

图9-12

9.2 应用视频特效

本节将介绍视频特效的应用，除了可以对常用素材应用视频特效外，还可以对具有Alpha通道的素材应用视频特效。

9.2.1 对素材应用视频特效

将【效果】面板中的视频特效拖曳到时间线上，就可以将一个或多个视频特效应用于整个视频素材。视频特效可以修改素材的色彩，模糊素材或者扭曲素材等。

↘ 9.2.2 对具有Alpha通道的素材应用视频特效

特效不仅可以应用于视频素材，还可以应用于具有Alpha通道的静帧图像。在静帧图像中，Alpha通道用于分隔物体和背景。要使效果仅作用于图像而不应用到图像背景，这个图像必须具有Alpha通道。用户可以使用Adobe Photoshop为图像创建蒙版，并将蒙版保存为Alpha通道或者一个图层，也可以使用Adobe Illustrator创建图形。将Illustrator文件导入Premiere Pro中时，使用Premiere Pro读取透明区域并创建Alpha通道。

↘ 9.2.3 结合标记应用视频特效

在Premiere Pro中，用户可以查看整个项目，并在指定区域设置标记，以便在这些区域的视频素材中添加视频特效。用户可设置入点和出点标记、未编号标记，也可以使用【时间线】面板或【特效控制台】面板上的时间线标尺设置标记，通过【特效控制台】面板上的时间线标尺可以查看并编辑标记。

即学即用

（扫码观看视频）

● 对素材应用视频特效

素材文件：	素材位置：	技术掌握：
素材文件 > 第9章 > 即学即用：对素材应用视频特效	素材文件 > 第9章 > 即学即用：对素材应用视频特效	对常用素材应用视频特效的方法

本例主要介绍对常用素材应用视频特效的操作，案例效果如图9-13所示。

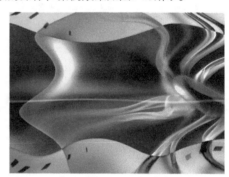

图9-13

01 新建一个项目，然后导入光盘中的 "素材文件>第9章>即学即用：对素材应用视频特效>D018.mov" 文件，如图9-14所示。

02 将D018.mov文件拖曳到【时间线】面板的视频1轨道上，然后在【效果】面板中选择【视频特效】>【扭曲】>【弯曲】效果，接着将其拖曳至【时间线】面板中的D018.mov文件，如图9-15所示。

图9-14

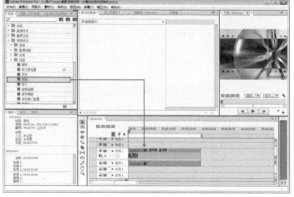

图9-15

03 在【特效控制台】面板中展开【弯曲】滤镜，然后设置【水平宽度】为60、【垂直强度】为60，如图9-16所示。

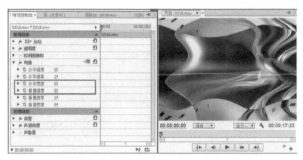

图9-16

> **Tips**
>
> 　　一个图像可以应用多个效果，同一个图像可以添加具有不同设置的同一个效果。

即学即用

（扫码观看视频）

● 对Alpha通道素材应用视频特效

素材文件：	素材位置：	技术掌握：
素材文件>第9章>即学即用：对Alpha通道素材应用视频特效	素材文件>第9章>即学即用：对Alpha通道素材应用视频特效	导入带有Alpha的文件并为其应用视频特效的方法

本例主要介绍导入Illustrator文件并为其应用视频特效的操作，案例效果如图9-17所示。

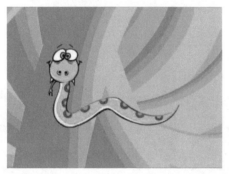

图9-17

01 新建一个项目，然后导入光盘中的"素材文件>第9章>即学即用：对Alpha通道素材应用视频特效>D022.mov/sneak.png"文件，如图9-18所示。

02 将D022.mov拖曳至视频1轨道，然后将sneak.png拖曳至视频2轨道，如图9-19所示。

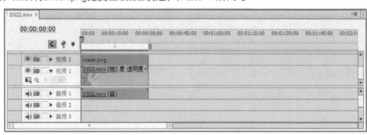

图9-18　　　　　　　　　　　　　　　　　图9-19

03 选择视频2轨道上的sneak.png素材，然后选择【源】面板菜单中的Alpha命令，可以查看文件的Alpha信息，如图9-20所示。

04 选择【源】面板菜单中的【合成视频】命令，将sneak.png素材恢复到标准视图，然后在【效果】面板中选择【视频特效】>【透视】>【投影】滤镜，将其添加给sneak.png素材，如图9-21所示。

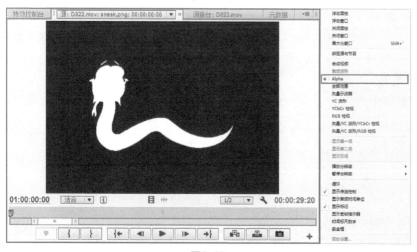

图9-20   图9-21

05 在【特效控制台】面板中设置【投影】滤镜的【透明度】为70%、【方向】为150°、【距离】为15、【柔和度】为15，
如图9-22所示。

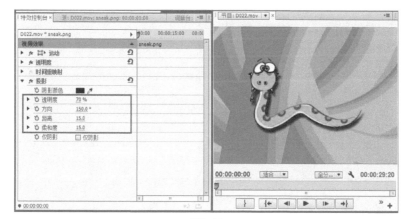

图9-22

● 结合标记应用视频特效

素材文件：   素材位置：   技术掌握：

素材文件＞第9章＞即学即用：   素材文件＞第9章＞即学即用：   为素材设置标记并应

结合标记应用视频特效   结合标记应用视频特效   用视频特效的方法

本例主要介绍为素材设置标记并应用视频特效的操作，案例效果如图9-23所示。

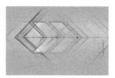

图9-23

01 新建一个项目，然后导入光盘中的"素材文件>第9章>即学即用：结合标记应用视频特效>21.mov"文件，接着将素材拖曳至视频1轨道上，如图9-24所示。

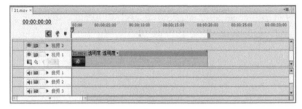

图9-24

02 将时间移至第2秒处，然后在面板顶部的时间栏单击鼠标右键，在打开的菜单中选择【添加标记】命令，接着在第5秒和第10处也添加标记，如图9-25所示。

图9-25

03 在【效果】面板中选择【视频特效】>【风格化】>【查找边缘】滤镜，然后将其添加给21.mov素材，如图9-26所示。

04 在【特效控制台】面板中的时间栏上，单击鼠标右键，在打开的菜单中选择【转到下一标记】或【转到前一标记】命令，如图9-27所示，将当前时间移至第2秒处，然后激活【查找边缘】滤镜的【与原始图像混合】属性的关键帧。

图9-26

图9-27

05 使用同样的方法，在第5帧处将【与原始图像混合】属性设置为30%，然后在第10秒处将【与原始图像混合】属性设置为100%，如图9-28和图9-29所示。

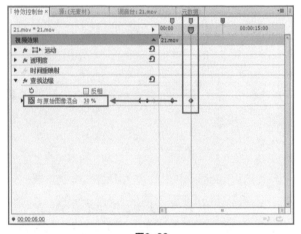

图9-28

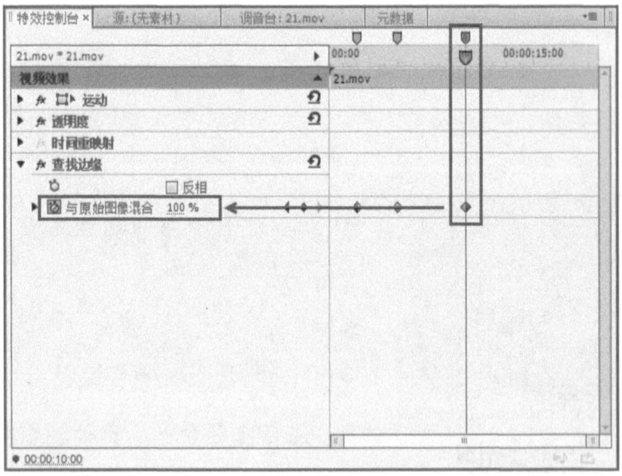

图9-29

06 播放视频预览素材应用特效后的效果，如图9-30所示。

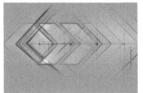

图9-30

9.3 结合关键帧使用视频特效

　　使用Premiere Pro的关键帧功能可以修改时间线上某些特定点处的视频效果。通过关键帧，可以使Premiere Pro应用时间线上某一点的效果设置逐渐变化到时间线上另一点。Premiere Pro在创建预览时，会不断插入效果，渲染在设置点之间的所有变化帧，使用关键帧可以让视频素材或静态素材更加生动。

9.3.1 利用关键帧设置特效

　　Premiere Pro的关键帧轨道使关键帧的创建、编辑和操作，更快速、更有条理、更精确。【时间线】面板和【特效控制台】面板上都有关键帧轨道。

　　要激活关键帧，可以单击【特效控制台】面板上某个效果设置旁边的【切换动画】按钮。也可以单击【时间线】面板上的显示关键帧图标，或从视频素材菜单中选择一个效果设置，来激活关键帧。

　　在关键帧轨道中，圆圈或菱形表示在当前时间线帧设有关键帧。单击右箭头图标【转到前一关键帧】，当前时间标示会从一个关键帧跳到前一个关键帧。单击左箭头图标【转到下一关键帧】，当前时间标示会从一个关键帧跳到下一个关键帧。

9.3.2 使用值图和速度图修改关键帧属性值

　　使用Premiere Pro的【值】图和【速度】图可以微调效果的平滑度，增加或减小效果的速度。大多数效果都有各种图形，效果的每个控件（属性）都可能对应一个值图和速度图。

　　调整效果的控制时，打开【切换动画】图标，在图上添加关键帧和编辑点，如图9-31所示。在对效果的控制进行调整之前，图形是一条直线。调整效果的控件后，既添加了关键帧，又改变了图形。

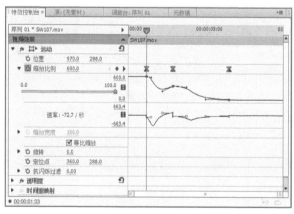

图9-31

　　用户可以在【特效控制台】面板和【时间线】面板上查看并编辑值图和速度图。在【时间线】面板上的编辑能力有限。与【时间线】面板不同，在【特效控制台】面板上可以同时查看和编辑多个图形。为此，只需为效果控件（属性）创建关键帧，然后单击控件（属性）名前面的三角图标。在【特效控制台】面板的时间线中，值图位于速度图上方。要在时间线面板上查看和编辑效果的图，可以单击视频轨道上素材的效果菜单，然后选择一个属性。

即学即用

● 为视频添加灯光特效

素材文件:	素材位置:	技术掌握:
素材文件 > 第 9 章 > 即学即用：为视频添加灯光特效	素材文件 > 第 9 章 > 即学即用：为视频添加灯光特效	使用【特效控制台】面板处理值图和速度图的方法

（扫码观看视频）

本例主要介绍使用【特效控制台】面板处理值图和速度图的操作，案例效果如图9-32所示。

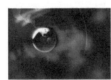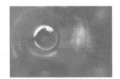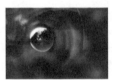

图9-32

01 新建一个项目，然后导入光盘中的 "素材文件>第9章>即学即用：为视频添加灯光特效>36.mov" 文件，接着将素材拖曳至视频1轨道上，如图9-33所示。

02 在【效果】面板中选择【视频特效】>【风格化】>【闪光灯】滤镜，然后将其添加给36.mov素材，如图9-34所示。

图9-33　　　　　　　图9-34

03 在【特效控制台】面板中设置【闪光灯】滤镜的【明暗闪动间隔时间（秒）】为2、【随机植入】为3，如图9-35所示。

04 为【与原始图像混合】属性设置关键帧动画。在第0帧处激活该属性的关键帧；在第10秒处设置该属性为100%，如图9-36所示。

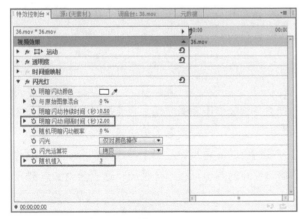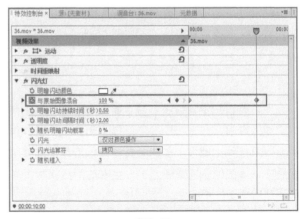

图9-35　　　　　　　图9-36

05 播放视频预览素材应用特效后的效果，如图9-37所示。

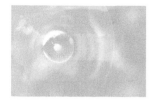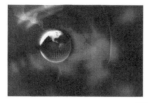

图9-37

知识拓展：如何调整关键帧的值图

移动值图：将光标放在值图和速度图之间的白色水平线上，当光标变成上下箭头时，单击并向上或向下拖曳。

移动速度图：将光标放在速度图下面的白色水平线上，当光标变成上下箭头时，单击并向上或向下拖曳。

在值图上添加一个点：将光标放在图形上想要添加点的位置，当光标变成 状时按住Ctrl键并单击鼠标，如图9-38所示。此时，曲线上将新建一个关键帧，如图9-39所示。

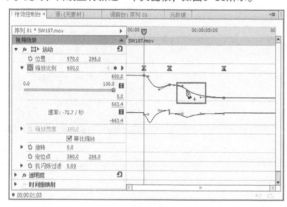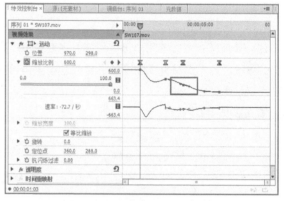

图9-38　　　　　　　　图9-39

将图形上的一个尖角拐点修改为平滑曲线：可以将点的连接方式从直线改为贝塞尔曲线。要将一个直线关键帧标记改成贝塞尔曲线标记，可以按住Ctrl键并单击值图上的点并进行拖曳。这样点的连接方式就从直线变为贝塞尔曲线。

9.4 视频特效组

【视频特效】组中有很多类型的特效滤镜，包括【变化】、【图像控制】、【实用】、【扭曲】、【时间】、【杂波与颗粒】、【模糊与锐化】、【生成】、【色彩校正】、【视频】、【调整】、【过渡】、【透视】、【通道】、【键控】和【风格化】。

9.4.1 变换

【变换】特效卷展栏中包含的特效可以翻转、裁剪及滚动视频素材，也可以更改摄像机视图。【变换】文件夹的效果如图9-40所示。

图9-40

1.垂直保持

该特效模拟在电视机上垂直控制旋钮，该效果无选项设置。图9-41所示为应用【垂直保持】特效后的素材。

图9-41

2.垂直翻转

该特效垂直地翻转素材，结果是将原始素材上下颠倒。图9-42所示为应用【垂直翻转】特效后的素材。

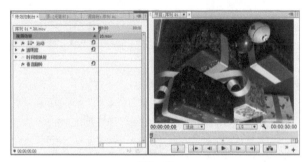

图9-42

3.摄像机视图

该特效能够模拟以不同的摄像角度来查看素材。在图9-43所示的【摄像机视图设置】参数选项组中可以使用滑块来调整特效。

图9-43

常用参数介绍

* 经度：可以水平翻转素材。

* 纬度：可以垂直翻转素材。

* 垂直滚动：可以通过旋转素材来模拟滚动摄像机。

* 焦距：可以使视野更宽广或更狭小。

* 距离：允许更改假想的摄像机和素材间的距离。

* 缩放：可以放大或缩小素材。

* 填充颜色：用于创建背景填充色，可以单击颜色样本并在颜色拾取对话框中选择一种颜色。

* 设置：单击【特效控制台】面板中的【设置】按钮，打开图9-44所示的对话框设置。如果想将背景区域设成透明的，则选择【填充Alpha通道】选项（要使用这个选项，素材必须包括Alpha通道）。

图9-44

4.水平保持

该特效是根据电视机上的水平控制旋钮命名的。该特效能够模拟旋转水平控制旋钮产生的效果。拖曳【水平保持】特效中的【偏移】滑块，可以创建出相位差效果，如图9-45所示。

图9-45

5.水平翻转

【水平翻转】特效能够将画面进行左右翻转，如图9-46所示。

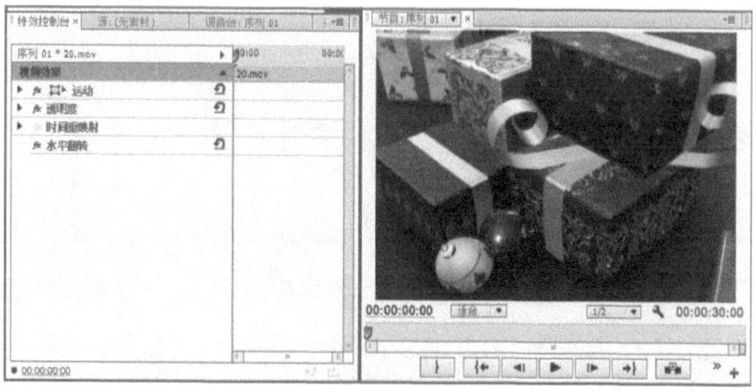

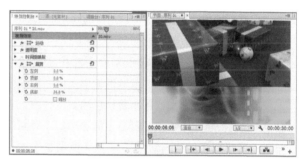

图9-46

6.羽化边缘

该特效能够对所处理的图像素材的边缘创建三维羽化特效。应用羽化边缘时,可以向右移动【羽化值】滑块增加羽化边缘的尺寸。图9-47所示为为上方素材应用【羽化边缘】的特效,这样可以通过羽化后的边缘看到下方的素材。

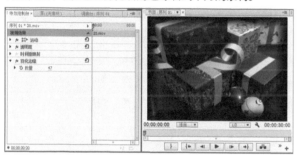

图9-47

参数介绍

* 左侧：裁剪画面的左边。

* 顶部：裁剪画面的上边。

* 右侧：裁剪画面的右边。

↘ 9.4.2 图像控制

【图像控制】特效卷展栏包括各种色彩特效,有【灰度系数（Gamma）校正】、【色彩传递】、【颜色平衡（RGB）】、【颜色替换】和【黑白】,如图9-49所示。

图9-49

7.裁剪

使用该特效可以重新调整素材的大小。如果裁剪素材的下方还有一个素材，那么将会看到那个素材，如图9-48所示。

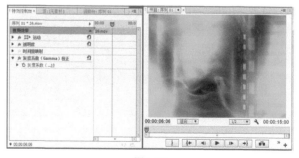

图9-48

* 底部：裁剪画面的下边。

* 缩放：对裁剪区域进行缩放。

1.灰度系数（Gamma）校正

该特效允许调整素材的中间调颜色级别。在【灰度系数（Gamma）校正】特效设置中可以拖曳【灰度系数】滑块进行调整。向左拖曳会使中间调变亮，向右拖曳会使中间调变暗，如图9-50所示。

图9-50

2.色彩传递

该特效能够将素材中一种颜色以外的所有颜色都转换成灰度颜色，或者仅将素材中的一种颜色转换成灰度颜色。使用该特效时，可以只对素材中的指定项目产生影响。

3.颜色平衡（RGB）

该特效能够添加或减少素材中的红色、绿色或蓝色值。【颜色平衡（RGB）】特效的参数设置如图9-51所示。单击【特效控制台】面板中的红、绿或蓝滑块，即可轻松添加和减少颜色值。向左拖曳滑块会减少颜色的数量，向右拖曳滑块会增加颜色的数量。

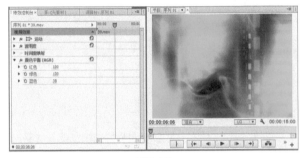

图9-51

4.颜色替换

该特效能够将一种颜色或某一范围内的颜色替换为其他颜色。

参数介绍

* 目标颜色：可以在颜色拾取对话框中选择一种目标颜色，或者使用吸管工具在素材中选择一种目标颜色。
* 替换颜色：在颜色拾取对话框中选择一种颜色，或者使用吸管工具在素材中选择一种替换颜色。
* 相似性：要增加或减小替换色的颜色范围，左右拖曳【相似性】滑块即可，如图9-52所示。
* 设置：单击【特效控制台】面板中的【设置】按钮，将打开图9-53所示的【颜色替换设置】对话框，选择【纯色】选项，可以将颜色替换成纯色。

图9-52

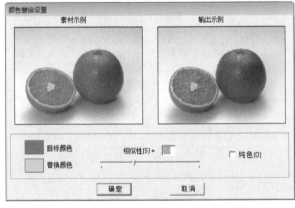

图9-53

5.黑白

【黑白】特效能够使选择素材变成灰度素材，如图9-54所示。

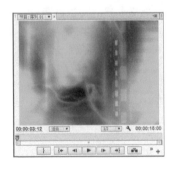

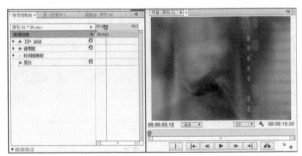

图9-54

↘ 9.4.3 实用

【实用】特效卷展栏只提供了【Cineon转换】特效，如图9-55所示。该特效能够转换Cineon文件中的颜色。【Cineon转换】特效的参数设置如图9-56所示。

图9-55

图9-56

↘ 9.4.4 扭曲

【扭曲】特效卷展栏下的各种效果，如旋转、收聚或筛选，都可用于扭曲一个图像。这里的很多命令与Adobe Photoshop中的【扭曲】滤镜类似。【扭曲】特效卷展栏中如图9-57所示。

图9-57

2.变换

使用该特效可以移动图像的位置，调整高度比例和宽度比例，倾斜或旋转图像，还可以修改不透明度，如图9-59所示。

图9-59

1.偏移

该特效允许在垂直方向和水平方向上移动素材，创建一个平面效应。调整【移动中心到】控件可以垂直或水平移动素材。如果想要将偏移特效与原始素材混合使用，可以调整与原始素材的混合控件。图9-58所示为【偏移】特效设置及素材产生的效果。

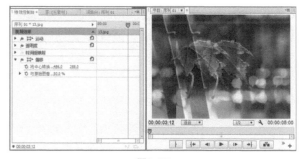

图9-58

3.弯曲

该特效可以向不同方向弯曲图像。用户可以通过设置该效果中的参数来调整弯曲的效果，如图9-60所示。也可以单击【设置】按钮，并在【弯曲设置】对话框中进行调整，如图9-61所示。

图9-60

图9-61

弯曲设置对话框的参数介绍

* ✱ 方向：控制效果的方向。
* ✱ 波纹：指定波纹的类型。
* ✱ 强度：控制波纹的高度。
* ✱ 速率：控制波纹的频率。
* ✱ 宽度：控制波纹的宽度。

4.放大

该特效允许放大素材的某个部分或整个素材。应用【放大】效果的图像素材的透明度和混合模式也将发生变动，如图9-62所示。

应用了【放大】特效的素材可以通过应用关键帧来制作动画。要想创建动画，可以将编辑线移到素材的起点，然后单击【居中】和【放大率】选项前的【切换动画】图标。这样一个关键帧就创建好了。如果要再创建一个关键帧，可以移动编辑线，然后编辑【放大】属性。重复以上操作，直到获得满意的动画效果。

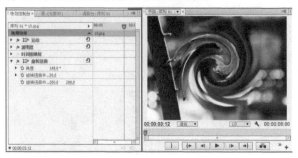

图9-62

5.旋转扭曲

该特效可以将图像扭曲成旋转的数字迷雾。使用【角度】值可以调整扭曲的度数，角度设置越大，产生的扭曲程度越大，如图9-63所示。要为扭曲特效制作动画，必须为扭曲控件设置关键帧。

6.波形弯曲

该特效能够创建出波形效果，看起来就像是浪潮拍打着素材一样。要调整该特效，可以使用【特效控制台】面板中的【波形弯曲】设置，如图9-64所示。

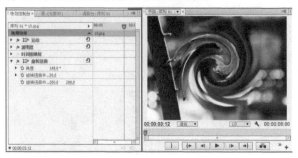

图9-63

图9-64

参数介绍

* ✱ 波形类型：选择波纹的类型。
* ✱ 波形高度：更改波峰间的距离。该控件允许调整垂直扭曲的数量。
* ✱ 波纹宽度：更改方向及波纹长度。该控件允许调整水平扭曲的数量。
* ✱ 方向：调整水平和垂直扭曲的数量。

* 波纹速度：更改波长和波幅。
* 固定：调整连续波纹的数量，并选择不受波纹影响的图像区域。
* 相位：确定波纹循环周期的起点。
* 消除锯齿：确定波纹的平滑度。

7.球面化

该特效将平面图像转换成球面图像。调整【球面中心】值可以控制球面的位置。调整【半径】属性可以控制球面化程度，向右拖曳滑块增加半径值，这样会生成较大的球面，如图9-65所示。

8.紊乱置换

该特效使用不规则噪波置换素材。该特效能够使图像看起来具有动感。有时还可以将此特效用于海浪、信号或流动的水。

该特效控件设置及在【节目】中的预览效果如图9-66所示。使用【置换】下拉菜单选择想要出现的置换类型，然后调整【数量】、【大小】、【偏移】、【复杂度】和【演化】属性，可以对创建的扭曲进行适当地调整。

图9-65

图9-66

9.边角固定

该特效允许通过调整【上左】、【上右】、【下左】和【下右】值（边角）来扭曲图像。图9-67所示为【特效控制台】面板中的【边角固定】特效属性，特效的结果显示在【节目】面板中。注意，图中素材的位置发生了变化。

图9-67

参数介绍

* 左上：素材左上角的坐标位置。其后跟随的第1个参数用以设置素材左上角在水平方向的坐标；第2个参数用以设置素材左上角在垂直方向的坐标。
* 右上：素材右上角的坐标位置。其后跟随的第1个参数用以设置素材右上角在水平方向的坐标；第2个参数用以设置素材右上角在垂直方向的坐标。
* 左下：素材左下角的坐标位置。其后跟随的第1个参数用以设置素材左下角在水平方向的坐标；第2个参数用以设置素材左下角在垂直方向的坐标。
* 右下：素材右下角的坐标位置。其后跟随的第1个参数用以设置素材右下角在水平方向的坐标；第2个参数用以设置素材右下角在垂直方向的坐标。

10.镜像

该特效能够创建镜像效果。图9-68所示为【特效控制台】面板上【镜像】特效的控件，特效结果显示在【节目】面板中。

图9-68

参数介绍

* 反射中心：控制反射线的X和Y坐标。
* 反射角度：设置反射出现的位置。0°，左边反射到右边；90°，上方反射到下方；180°，右边反射到左边；270°，下方反射到上方。

11.镜头扭曲

使用该特效可以模拟通过失真镜头看到的视频。展开【镜头扭曲】效果，通过设置其属性可以调整效果，如图9-69所示。或者单击【镜头扭曲】右边的【设置】按钮，可以在【镜头扭曲设置】对话框中进行调整，如图9-70所示。

图9-69　　　　　　　　　　　图9-70

参数介绍

* 弯度：控制画面的弯曲程度。负值使得弯曲更加向内凹陷，正值使得弯曲更加向外凸出。
* 垂直偏移/水平偏移：控制镜头的焦点。
* 垂直棱镜效果/水平棱镜效果：创建类似于垂直棱镜和水平棱镜的效果。使用填充色样本可以更改背景色。单击【填充Alpha通道】选项，会基于素材Alpha通道将背景区域变得透明。

↘ 9.4.5 时间

【时间】特效卷展栏中包含的特效都是与选择素材的各个帧息息相关的特效，该特效卷展栏中包含【抽帧】和【重影】效果，如图9-71所示。

图9-71

1.抽帧

该特效控制素材的帧速率设置，并替代效果控制【帧速率】滑块中指定的帧速率。【抽帧】特效控件设置及在【节目】中的预览效果如图9-72所示。

图9-72

2.重影

该特效能够创建视觉重影，也就是多次重复素材的帧数，是画面产生重影效果，这仅仅在显示运动的素材中有

效。根据素材不同,【重影】可能会产生重复的视觉特效,
也可能产生少许条纹类型特效,效果如图9-73所示。

常用参数介绍

* 回显时间:调整重影间的时间间隔。

* 重影数量:指定该特效同时显示的帧数。

* 起始强度:调整第一帧的强度。设置成1将
提供最大强度,0.25提供1/4的强度。

图9-73

* 衰减:调整重影消散的速度。如果将【衰
减】为0.25,第一个重影将会是开始强度的0.25,下一个重影将会是前一个重影的0.25,依此类推。

 Tips

如果要将【重影】和【运动】特效结合在一起,可以创建一个虚拟素材,并将特效应用于虚拟素材。

9.4.6 杂波与颗粒

使用【杂波与颗粒】特效卷展栏中的特效,可以将杂波添加到素材中。【杂波与
颗粒】文件夹中的效果如图9-74所示。

图9-74

9.4.7 模糊与锐化

模糊效果可以创建运动效果,或者使背景视频轨道变模糊从而突出前景。锐化
效果可以锐化图像。如果数字图像或图形边缘过度柔和,可以通过锐化使应用对象
变得更加分明。【模糊与锐化】卷展栏中包含图9-75所示的效果。

图9-75

1.快速模糊

该特效可以快速模糊素材。【特效控制台】面板
上的【模糊量】包括【垂直】、【水平】和【水平与
垂直】这3种模式。拖曳【模糊量】滑块,可以设置
使素材变模糊的程度。【快速模糊】特效控件设置及
在【节目】面板中的预览效果如图9-76所示。

2.摄像机模糊

结合关键帧使用这个效果,可以模拟对准焦点和
失去焦点时的图像效果,还可以模拟【摄像机模糊】
特效。使用【摄像机模糊设置】对话框中的【模糊百
分比】滑块可以控制这个效果,如图9-77所示。

图9-76

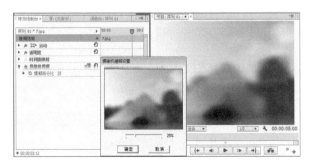

图9-77

3.方向模糊

该特效沿指定方向模糊图像，从而创建运动效果。【特效控制台】面板上的滑块控制模糊的方向和长度，如图9-78所示。

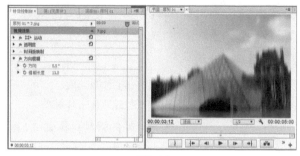

图9-78

4.残像

该特效将前面帧的图像区域层叠在当前帧上。使用这个效果可以显示移动对象的路径，例如一个超速飞行的子弹或扔到空中的馅饼。应用【残像】效果后在【节目】面板中的预览效果如图9-79所示。

图9-79

5.消除锯齿

该特效通过混合对比色的图像边缘减少锯齿线，从而生成平滑的边缘。应用【消除锯齿】效果后在【节目】面板中的预览效果如图9-80所示。

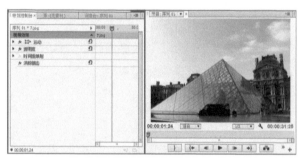

图9-80

6.混合模糊

该特效基于亮度值模糊图像，并使图像具有烟熏效果。【混合模糊】是基于【模糊层】的。单击【模糊层】下拉菜单，选择一个视频轨道。如果需要，可以使用一个轨道模糊另一个轨道，创建出非常有趣的叠加效果。

7.通道模糊

该特效通过使用红色、绿色、蓝色或Alpha通道来模糊图像。【通道模糊】效果控件设置及在【节目】面板中的预览效果如图9-81所示。

【模糊尺寸】下拉菜单的默认设置为【水平与垂直】。在默认设置下应用的模糊效果，会在水平和垂直两个方向上影响图像。如果想在一个维度上进行模糊，则将下拉菜单设置为【水平】或【垂直】。当没有选择【边缘形态/重复边缘像素】选项时，素材周围的边缘是模糊的。

图9-81

8.锐化

该特效包含一个控制素材内部锐化的值。单击鼠标并向右拖曳【特效控制台】面板上的【锐化数量】值增加锐化程度，此滑块的取值范围是0~100。但是，如果单击屏幕上带下画线的锐化数量，在值域中可以输入的最大值是4000。【锐化】效果控件设置及在【节目】面板中的预览效果如图9-82所示。

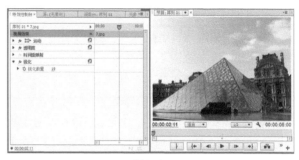

图9-82

9.非锐化遮罩

使用该效果可以通过增加颜色间的锐化来增加图像的细节。该效果控件设置及在【节目】面板中的预览效果如图9-83所示。

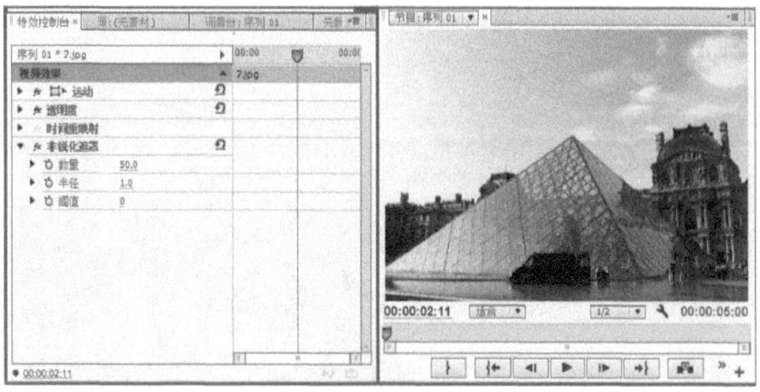

参数介绍

* ※ 数量：控制锐化的程度。
* ※ 半径：控制受影响的像素数量。
* ※ 阈值：该值越小，效果越明显，取值范围为0~255。

图9-83

10.高斯模糊

该特效模糊视频并减少视频信号噪声。【高斯模糊】效果控件设置及在【节目】面板中的预览效果，如图9-84所示。在消除对比度来创建模糊效果时，这个滤镜使用高斯（铃形）曲线，所以使用高斯一词。

图9-84

↘ 9.4.8 生成

【生成】特效卷展栏中包含各种各样的有趣特效，如图9-85所示。其中有些效果似曾相识。例如，【镜头光晕】特效就与Adobe Photoshop的【镜头光晕】滤镜类似。

1.书写

该特效可以用于在视频素材上制作彩色笔触动画，还可以和受其影响的素材一起使用，在其下方的素材上创建笔触。

图9-85

2.吸色管填充

该特效从应用了特效的素材中选择一种颜色，该效果控件设置及在【节目】面板中的预览效果如图9-86所示。要更改样本颜色，可以调整【特效控制台】面板中的【采样点】和【采样半径】属性。展开【平均像素颜色】下拉菜单，选择选取像素颜色的方法。增加【与原始图像混合】值可以查看受影响素材的更多细节。

3.四色渐变

该特效可以应用纯黑视频来创建一个四色渐变，或者应用图像来创建有趣的混合效果。以下是【四色渐变】特效的应用方法。

将【四色渐变】特效拖曳到带有有趣图像的视频素材上。要将渐变和视频素材混合在一起，可以展开【混合模式】下拉菜单，并选择渐变与素材混合的模式。图9-87所示为选择【叠加】模式后的效果。

要移动渐变的位置，可以选择【特效控制台】面板中的【四色渐变】滤镜名称。此时，【节目】面板中会出现4个图标，选择并拖曳图标可以调整对应颜色的范围，如图9-88所示。

如果想降低渐变的透明度，可以减小【透明度】控件的百分比值。如果要更改渐变的颜色及位置，可以设置【位置和颜色】卷展栏中的属性，如图9-89所示。【混合】和【抖动】可以控制来更改渐变间混合和噪波的数量。

图9-86

图9-87

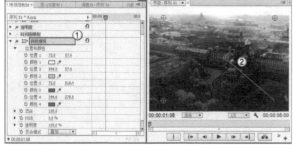

图9-88

图9-89

4.圆

对黑场视频或纯色蒙版应用该特效，可以创建圆或者圆环。应用【圆】特效时，默认设置是在黑色背景中创建一个小的白圆，如图9-90所示。

要将圆转换成圆环，可以设置【边缘】为【边缘半径】，然后增加边缘半径值，如图9-91所示。可以将【边缘】设置为【厚度】或者【厚度*半径】，然后调整【厚度】属性来改变圆环的大小。

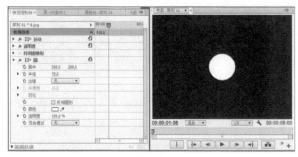

图9-90

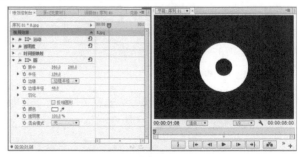

图9-91

要柔化圆环的外侧边及内侧边，可以将【边缘】设置为【厚度和羽化半径】，或者保持【边缘半径】不变，然后增加【羽化外侧边】及【羽化内侧边】属性，如图9-92所示。

要更改圆环或圆的颜色，可以使用【颜色】属性进行修改，如图9-93所示。

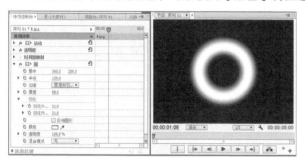
图9-92

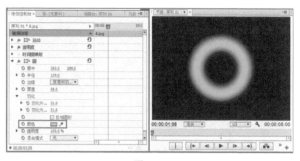
图9-93

使用【居中】属性可以移动圆或圆环，也可以选择【圆】滤镜名称并在【节目】面板中移动圆圈图标来移动圆，如图9-94所示。要增加圆或圆环的尺寸，可以增加【半径】的值。

将【圆】特效的【混合模式】设置置为【色相】，这样就能看到应用了该特效的视频素材，如图9-95所示。要使圆环或圆更加透明，可以减小【透明度】控件的值。如果要反转特效，可以选择【反相圆形】选项。

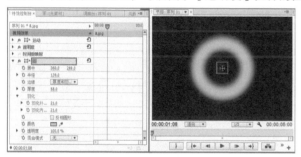
图9-94

图9-95

要使素材文件看起来像是在唱片上一样，可以将【边缘】设置为【边缘半径】，然后将【混合模式】下拉菜单设置为【模板Alpha】，效果如图9-96所示。

使用【圆】特效还可以混合两个视频素材，将混合模式下拉菜单设置成【模板Alpha】，从而将两个图像混合在一起，如图9-97所示。

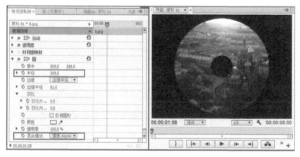
图9-96

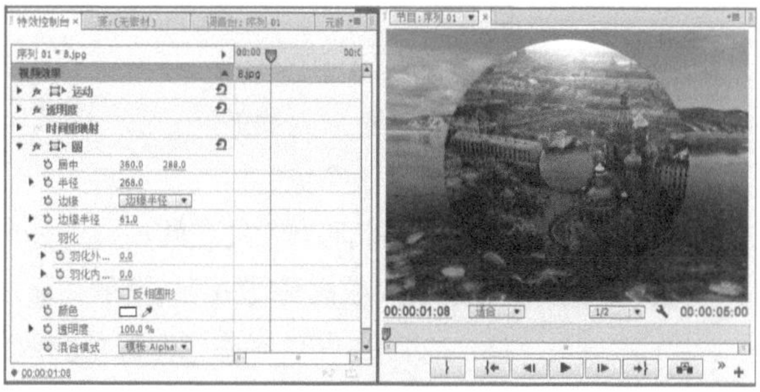

图9-97

5.棋盘

将该特效应用到黑场视频或彩色蒙版可以创建一个棋盘背景，或者作为蒙版使用。棋盘图案也可应用到图像中并与其混合在一起，从而创建出有趣的效果。该效果控件设置及【节目】面板中的【棋盘】特效预览，如图9-98和图9-99所示。

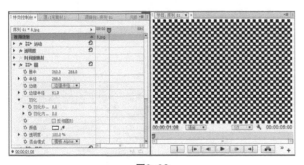

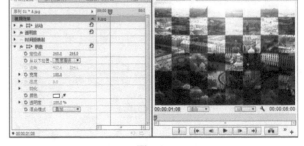

图9-98 　　　　　　　　　　　　　　　　　　　　　图9-99

常用参数介绍

* 定位点：控制棋盘格的偏移。

* 从以下位置开始的大小：设置棋盘格的分布模式，包括【角点】、【宽度滑块】和【宽度和高度滑块】这3种。

* 宽度/高度：控制棋盘格在水平和垂直方向上的数量。

* 羽化：控制棋盘格在水平和垂直方向上的模糊程度。

* 颜色：控制棋盘格的背景色。

* 透明度：控制棋盘格的透明度。

* 混合模式：设置棋盘效果与应用素材的混合模式。

要更改棋盘的颜色及不透明度，单击颜色样本图标并在颜色拾取对话框中更改颜色，或者使用吸管工具单击视频素材中的某一颜色。要移动图案，可以使用【锚点】控件或者单击棋盘字样，然后在【节目】面板中移动圆圈图标。

6.油漆桶

使用该特效可以为图像着色或者对图像的某个区域应用纯色。图9-100所示为【特效控制台】面板中的油漆桶属性及在【节目】面板中对该特效的预览。为了将油漆桶颜色和素材混合在一起，可以将【混合模式】下拉菜单设置成【颜色】。要创建示例中的效果，可以选择【反转填充】选项来反转填充。

图9-100

参数介绍

* 颜色：设置用于着色素材的颜色。

* 宽容度：调整应用于图像的颜色数目。

* 查看阈值：用作润色和颜色校正的一种形式。它能够提供在黑白状态下的素材预览和填充颜色。对素材应用油漆桶颜色时，切换这个控制开或关可以查看在黑白状态下的效果。这使得查看油漆桶颜色的结果更容易。

* 填充点/填充选取器：控件用来指定颜色特效的区域。

* 描边：决定颜色边缘的工作方式。

* 透明度：控制油漆桶颜色的透明度。

7.渐变

该特效能够创建线性渐变或放射渐变。图9-101所示为该效果设置及【节目】面板中的【渐变】特效预览。

单击【渐变形状】下拉菜单，可以选择【径向渐变】或【线性渐变】模式。使用吸管工具单击图像中的某种颜色，或者单击颜色样本并使用颜色拾取对话框来设置渐变的开始颜色和结束颜色。向左移动【渐变扩散】滑块创建更加平滑的混合。当【与原始图像混合】滑块设置为50时，混合结果和应用该特效的图像素材的透明度均为50%。向右移动滑块，图像素材会越来越不透明；向左移动滑块，混合会越来越透明。

图9-101

8.网格

该特效创建的栅格可以用作蒙版，也可以通过混合模式选项来进行叠加。图9-102所示为设置【混合模式】为【叠加】的【网格】特效的结果。

常用参数介绍

* 从以下位置开始的大小：控制网格的宽和高，包括【角点】、【宽度滑块】和【宽度和高度滑块】这3个选项。

* 边角：控制栅格线的厚度。

* 羽化：柔化线的边界。

* 颜色：控制网格线的颜色。

* 反相网格：反转网格的效果。

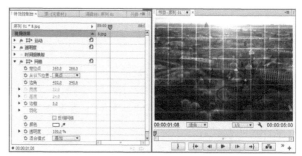

图9-102

9.蜂巢图案

该特效可以用于创建有趣的背景特效，或者用作蒙版。图9-103所示为【特效控制台】面板中的【蜂巢图案】特效属性和在【节目】面板中的预览效果。

常用参数介绍

* 单元格图案：设置蜂巢的类型。

* 相反：反转蜂巢的效果。

* 对比度：控制效果的对比度。

* 分散：控制图案的随机度。

* 大小：控制图案的大小。

* 偏移：控制图案的偏移。

* 演化：控制图案的分布。

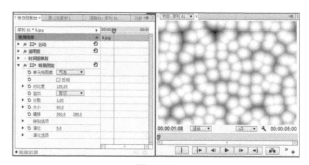

图9-103

10.镜头光晕

该特效会在图像中创建闪光灯的效果。单击镜头光晕字样旁边的图标，然后在【节目】面板中为镜头光晕选择位置，或者调整【光晕中心】属性来移动镜头光晕的位置，接着选择镜头类型，最后设置【光晕亮度】属性来调整光晕的亮度。图9-104所示为镜头光晕控件及其预览效果。

图9-104

11.闪电

该特效可以为素材添加闪电效果。使用【起始点】和【结束点】控件为闪电选择起始点和结束点。向右移动【分段数】滑块会增加闪电包括的分段数目，而向左移动滑块则会减少分段数目。同样，向右移动其他【闪电】特效滑块会增强特效，而向左移动滑块则会减弱特效。

用户可以通过调整【线段】、【波幅】、【分支】、【速度】、【稳定性】、【核心宽度】、【拉力】和【混合模式】选项来设计闪电风格。图9-105所示为使用【闪电】特效创建的闪电。

图9-105

↘ 9.4.9 色彩校正

【色彩校正】特效用于校正素材中的色彩，包括【亮度与对比度】、【分色】【广播级颜色】、【更改颜色】、【染色】、【色彩均化】、【色彩平衡】、【色彩平衡（HLS）】、【转换颜色】和【通道混合】，如图9-106所示。第15章中将会详细介绍【色彩校正】特效。

图9-106

↘ 9.4.10 视频

【视频】特效卷展栏中的特效能够模拟视频信号的电子变动。如果要将节目输出到录像带中，那么只需应用这些特效。【视频】文件夹中只有【时间码】效果，如图9-107所示。该效果控件设置及应用后的效果如图9-108所示。

图9-107

图9-108

【时间码】特效并不是用于增强色彩的。而是用于将时间码【录制】到影片中，以便在【节目】面板上显示。应用该特效时，可以在【特效控制台】面板中选择【位置】、【大小】和【透明度】选项；还可以选择时间码格式，以及应用帧偏移。

用户还可以通过【时间码】特效，将时间码以透明视频方式放置在影片的轨道上。这样就可以在不影响实际节目影片的情况下查看时间码。如果要创建透明视频，可以选择【文件】>【新建】>【透明视频】命令，然后将透明视频从【项目】面板拖曳到【时间线】面板中影片上方的轨道中。接着，将【时间码】特效拖曳到透明视频上应用【时间码】特效。

↘ 9.4.11 调整

【调整】效果可以调整选择素材的颜色属性，如图像的亮度和对比度（请参阅第15章获取更多关于调整彩色素材的内容）。如果用户对Adobe Photoshop很熟悉，那么会发现一些Premiere Pro视频特效（如照明效果、自动对比度、自动色阶、自动颜色、色阶和阴影/高光）与Photoshop中的滤镜很相似。图9-109所示为【调整】文件夹中的效果。

图9-109

1.块溶解

使用该特效可以使素材消失在随机像素块中，如图9-111所示。

常用参数介绍

* 过渡完成：用于设置像素块的数量。

* 块宽度/块高度：用于设置像素块的大小。

* 羽化：用于设置像素块的边缘柔化程度。

2.径向擦除

使用该特效可以利用圆形板擦擦除素材，从而显示其下面的素材。【径向擦除】属性设置及应用后的效果如图9-112所示。

参数介绍

* 过渡完成：控制过渡的进程。

* 起始角度：可以修改【径向擦除】的角度。

* 擦除中心：可以增加【径向擦除】的擦除中心。

* 擦除：可以选择想要顺时针还是逆时针的径向擦除。

* 羽化：可以使两个素材间的混合更流畅。

3.渐变擦除

该特效能够基于亮度值将素材与另一素材（称为渐变层）上的特效进行混合。图9-113所示为【特效控制台】面板上的属性设置及在【节目】面板中的预览效果。

↘ 9.4.12 过渡

【过渡】特效卷展栏中的特效与【效果】面板中【视频切换】文件夹中的特效类似。【过渡】卷展栏中包含【块溶解】、【径向擦除】、【渐变擦除】、【百叶窗】和【线性擦除】效果，如图9-110所示。

图9-110

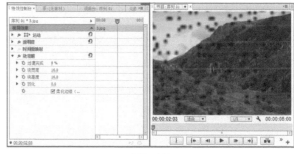

图9-111

图9-112

图9-113

4.百叶窗

使用该特效可以擦除应用该特效的素材，并以条纹形式显示其下方的素材。图9-114所示为【特效控制台】面板中的【百叶窗】属性以及【节目】面板中对该特效的预览。

常用参数介绍

* 方向：控制百叶窗的角度。
* 宽度：控制百叶窗数量和宽度。

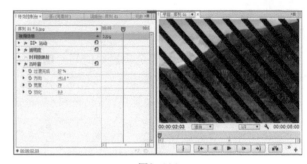

图9-114

5.线性擦除

该特效能够擦除使用该特效的素材，以便看见其下方的素材。图9-115所示为【特效控制台】面板中的【线性擦除】属性以及【节目】面板中对该特效的预览。

图9-115

↘ 9.4.13 透视

使用【透视】特效卷展栏中的特效可以将深度添加到图像中，创建阴影并把图像截成斜角边。该卷展栏包括【基本3D】、【径向阴影】、【投影】、【斜角边】和【斜面Alpha】，如图9-116所示。

图9-116

1.反转

这个效果能够反转颜色值，将颜色都变成相应的补色，如图9-118所示。

常用参数介绍

* 通道：控制颜色的模式，包括RGB、【红色】、【绿色】、【蓝色】、HLS、【色相】、【明度】、【饱和度】、YIQ、【明亮度】、【相内彩色度】、【求积彩色度】和Alpha。

↘ 9.4.14 通道

【通道】特效卷展栏中包含各种效果，可以组合两个素材，在素材上面覆盖颜色，或者调整素材的红色、绿色和蓝色通道。该卷展栏包括【反转】【固态合成】、【复合算法】、【混合】、【算法】、【计算】和【设置遮罩】，如图9-117所示。

图9-117

图9-118

2.固态合成

这个效果能够将固态颜色覆盖在素材上。颜色在素材上的显示方式取决于选择的混合模式。既可以调整原始素材的透明度，也可以调整固态颜色的透明度，效果如图9-119所示。

3.复合算法

设计这个效果是为了与使用【复合算法】效果的After Effects项目一起使用。这个效果通过数学运算使用图层创建组合效果。这个效果的控件用来决定原始图层和第二来源层的混合方式。【复合算法】特效控件设置及在【节目】面板中预览到的应用效果如图9-120所示。

图9-119

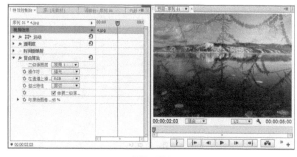

图9-120

常用参数介绍

* 二级源图层：允许用户选择用作混合运算的另一个视频素材。
* 操作符：提供各种模式，从中选择所要使用的混合方式。
* 在通道上操作：提供了3个作用通道，分别为RGB、ARGB和Alpha。
* 与原始图像混合：用于调整原始图层和第二来源层的不透明度。

4.混合

可以将应用的轨道素材与其他轨道的素材混合，【混合】特效控件设置及在【节目】面板中预览到的应用效果如图9-121所示。

常用参数介绍

* 模式：【交叉渐隐】、【仅颜色】、【仅色调】、【仅暗色】和【仅亮色】。

* 如果图层大小不同：将应用素材与其他轨道的大小相匹配。

如果对视频1轨道应用混合效果，并想将它和它正上方视频2轨道上的素材进行混合，可以将【与图层混合】下拉菜单设置成视频2轨道。然后单击【时间线】面板上的眼睛图标，隐藏视频2轨道。为了在【节目】面板上看到两个素材，必须通过时间线标记将它们选择，并将【与原始图像混合】值设置成小于90%的值。图9-122所示为应用混合后的效果。

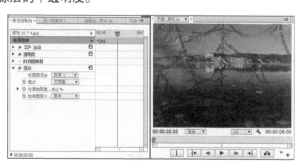

图9-121

图9-122

5.算法

这个效果基于算术运算修改素材的红色、绿色和蓝色值。修改颜色值的方法由【操作符】下拉菜单中选择的选项决定。要使用【算法】效果，首先需要设置【操作符】下拉菜单选项，然后调整红色、绿色和蓝色额度值。【算法】特效控件设置以及在【节目】面板中预览到的应用效果如图9-123所示。

图9-123

6.计算

这个效果可以通过使用素材通道和各种【混合模式】将不同轨道上的两个视频素材结合到一起。用户可以选择使用的覆盖素材的通道包括RGBA、【灰色】、【红色】、【绿色】、【蓝色】和Alpha通道。图9-124所示为【计算】特效后的效果。

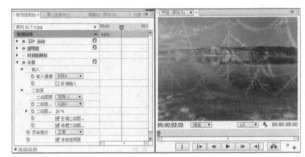

图9-124

7.设置遮罩

这个效果能够组合两个素材，从而创建移动蒙版效果。不过，【设置遮罩】特效是创建移动蒙版的更好方法。要使用设置蒙版特效，需要将两个视频素材放到时间线面板上，其中一个位于另一个上方。然后将效果应用到第1个视频轨道上的素材，并隐藏它上面的素材，图9-125所示为对视频2轨道上的花朵视频素材应用【设置遮罩】特效后的结果。

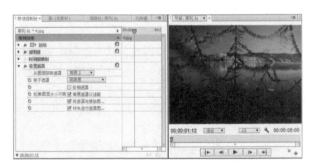

图9-125

↘ 9.4.15 键控

【键控】特效允许创建各种有趣的叠加特效，这些特效包括【16点无用信号遮罩】、【4点无用信号遮罩】、【8点无用信号遮罩】、【Alpha调整】、【RGB差异键】、【亮度键】、【图像遮罩键】、【差异遮罩】、【极致键】、【移除遮罩】、【色度键】、【蓝屏键】、【轨道遮罩键】、【非红色键】和【颜色键】，如图9-126所示。

图9-126

↘ 9.4.16 风格化

【风格化】特效卷展栏中包含的各种特效在更改图像时并不进行过度的扭曲，如图9-127所示。例如，【浮雕】特效增加整个图像的深度，而【马赛克】特效会将图像划分为马赛克瓷砖。

图9-127

1.Alpha辉光

该特效能够在Alpha通道边缘添加辉光。图9-128所示为为字幕素材应用【Alpha 辉光】特效的结果。

参数介绍

* 发光：控制辉光的发射范围。

* 亮度：增加或减少光的亮度。

* 起始颜色：样本表示辉光颜色。如果想要更改颜色，可以单击颜色样本并从颜色拾取对话框中选择一种颜色。

图9-128

* 结束颜色：Premiere Pro会在辉光边缘额外添加颜色。要创建结束色，可以选择【使用结束颜色】选项，并单击颜色样本，在【颜色拾取】对话框中选择颜色。要淡出【起始颜色】，可以选择【淡出】选项。

2.复制

该特效在画面中创建多个素材副本。它创建瓦片并将多个素材副本放到各个瓦片中，从而生成复制效果。向右拖曳【计算】滑块，可以增加屏幕上的瓦片数。图9-129所示为对字幕应用该特效后的结果。

图9-129

3.彩色浮雕

该特效与浮雕特效几乎一样，只是不移除颜色。图9-130所示为【特效控制台】面板中的【彩色浮雕】特效控件设置以及在【节目】面板中的预览效果。

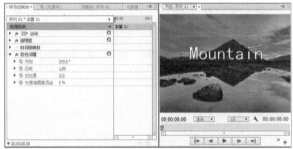

图9-130

4.曝光过度

该特效会为图像创建一个正片和一个负片，然后将它们混合在一起创建曝光过度的效果，这样就会生成边缘变暗的亮化图像。在图9-131所示的【曝光过度】特效控件设置中，拖曳【阈值】滑块来调整【曝光过度】特效的亮度级别。

图9-131

5.材质

该特效通过将一个轨道上的材质（例如沙子或石头）应用到另一个轨道上来创建材质纹理。图9-132所示为【特效控制台】面板中的材质纹理属性以及在【节目】面板中的预览效果。

图9-132

6.查找边缘

该特效能够使素材中的图像呈现黑白草图的样子。该特效查找高对比度的图像区域，并将它们转换成白色背景中的黑色线条，或者黑色背景中的彩色线条。在【特效控制台】面板中，使用【与原始图像混合】滑块将原始图像与这些线条混合在一起。图9-133所示为【查找边缘】特效的结果。

7.浮雕

该特效会在素材的图像边缘区域创建凸出的3D特效。图9-134所示为【特效控制台】面板中的【浮雕】特效控件设置以及在【节目】面板中的预览效果。

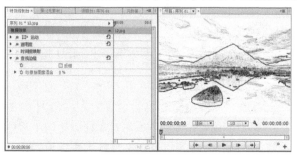

图9-133

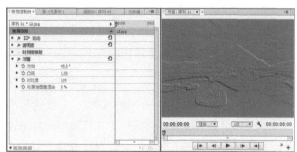

图9-134

常用参数介绍

＊ 方向：滑块调整浮雕的角度。

＊ 起伏：滑块控制浮雕级别，创建出更明显的浮雕效果。

＊ 对比度：控制画面的立体感。

＊ 与原始图像混合：将素材的原始图像与浮雕的阴影混合在一起。

8.笔触

该特效能够模拟将笔触添加到素材的效果。图9-135所示为【特效控制台】面板中的【笔触】特效控件设置。

参数介绍

＊ 画笔大小：控制笔触的大小。

＊ 描绘长度：控制笔触的长度。

＊ 描绘角度：控制笔触的角度。

＊ 描绘浓度：控制笔触的细腻程度。

图9-135

＊ 描绘随机性：控制笔触的随机程度。

9.色调分离

该特效通过减少红色、绿色和蓝色通道上的色阶来创建特殊的颜色效果。图9-136所示为【色调分离】特效控件设置及在【节目】面板中应用该效果的预览。

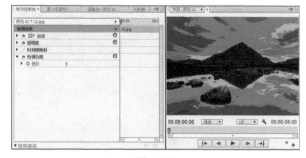

图9-136

10.边缘粗糙

该特效能够使图像边缘变得粗糙。图9-137所示为【边缘粗糙】特效控件设置及在【节目】面板中应用该效果的预览。

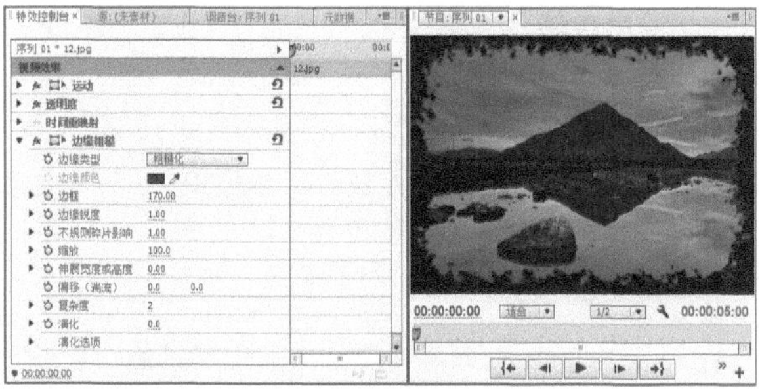

常用参数介绍

❉ 边缘类型：设置粗糙的类型。如果选择带颜色的选项，还必须从【边缘颜色】属性中选择一种颜色。

❉ 边框：控制粗糙边框的大小。

❉ 边缘锐度：控制粗糙边缘出现的锐化程度和柔化程度。

❉ 不规则碎片影响：控制不规则计算控制的碎片数量。

❉ 缩放：用于创建粗糙边缘的碎片大小。

❉ 伸展宽度或高度：用于创建粗糙边缘的宽度和高度。

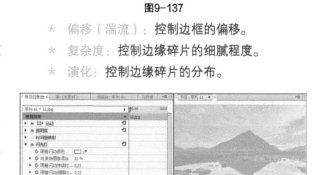

图9-137

❉ 偏移（湍流）：控制边框的偏移。

❉ 复杂度：控制边缘碎片的细腻程度。

❉ 演化：控制边缘碎片的分布。

11.闪光灯

该特效会在素材中创建时间间隔规则或随机的闪光灯效果。图9-138所示为【闪光灯】特效控件设置及在【节目】面板中应用该效果的预览。

参数介绍

❉ 明暗闪动颜色：为闪光特效选择一种颜色。

❉ 明暗闪动持续时间：控制闪光的持续时间。

❉ 明暗闪动间隔时间：控制闪光特效的周期（闪光周期是从上一次闪光开始时计算，而不是闪光结束时）。

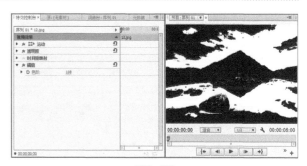

图9-138

❉ 随机明暗闪动概率：创建随机闪光特效，随机闪光机率设置得越大，效果的随机度越高。

❉ 闪光：设置闪光的方式，包括【仅对颜色操作】和【使图层透明】两种。

❉ 闪光运算符：设置闪光的模式。

> 🎞 **Tips**
>
> 如果将【明暗闪动间隔时间】设置得比【明暗闪动持续时间】大，那么闪光将是连续的，而不是闪动的。

12.阈值

该特效能够将彩色或灰度图像调整成黑白图像，如图9-139所示。更改【色阶】控件可以调整图像中的黑色或白色数。【色阶】控件可以从0调到255。将【色阶】控制向右移动可以增加图像中的黑色，将【色阶】控制设置成255会使整个图像变成黑色。将【色阶】控制向左移动可以增加图像中的白色，将【色阶】控制设置成0会使整个图像变成白色。

图9-139

13.马赛克

该特效将图像区域转换成矩形瓦块。该特效还可以用于制作过渡动画，在过渡处使用其他视频轨道的平均色选择瓦块颜色。但是，如果选择了【锐化颜色】选项，Premiere Pro就会使用其他视频轨道中相应区域中心的像素颜色。图9-140所示为【马赛克】特效控件设置及在【节目】面板中应用该效果的预览。

图9-140

参数介绍

* 水平块：控制水平方向上的色块数量。

* 垂直块：控制垂直方向上的色块数量。

* 锐化颜色：提高色块的锐度。

即学即用

● 设置色彩传递颜色

素材文件：	素材位置：	技术掌握：
素材文件 > 第9章 > 即学即用：设置色彩传递颜色	素材文件 > 第9章 > 即学即用：设置色彩传递颜色	应用【色彩传递】滤镜并设置色彩传递颜色的方法

本例主要介绍应用【色彩传递】特效并设置色彩传递颜色的操作，案例效果如图9-141所示。

图9-141

（扫码观看视频）

01 新建一个项目，然后导入光盘中的"素材文件>第9章>即学即用：设置色彩传递颜色>21.jpg"文件，接着将素材拖曳至视频1轨道上，如图9-142所示。

02 在【效果】面板中选择【视频特效】>【图像控制】>【色彩传递】滤镜，然后将其添加给21.jpg素材，如图9-143所示。

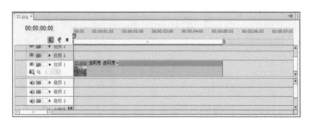

图9-142

图9-143

03 单击【特效控制台】面板中的【设置】按钮→，打开【色彩传递设置】对话框，然后在【素材示例】区域选择想要保留的颜色，如图9-144所示。接着设置【相似性】为25，如图9-145所示。

图9-144

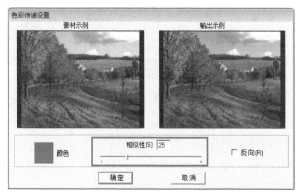

图9-145

● 制作运动残影

素材文件：
素材文件 > 第 9 章 > 即学即用：
制作运动残影

素材位置：
素材文件 > 第 9 章 > 即学即用：
制作运动残影

技术掌握：
应用【残像】滤镜的
方法

本例主要介绍应用【残像】视频特效制作运动残影的操作，案例效果如图9-146所示。

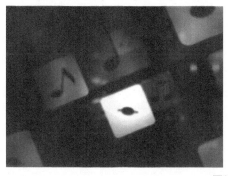

图9-146

（扫码观看视频）

01 新建一个项目，然后导入光盘中的"素材文件>第9章>即学即用：制作运动残影>D046.mov"文件，接着将D046.mov素材拖曳至视频1轨道上，如图9-147所示。

02 将D046.mov素材拖曳至视频1轨道上，然后将第2次添加的素材移至上一个素材的结尾处，如图9-148所示。

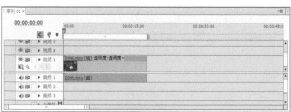

图9-147

图9-148

03 在【效果】面板中选择【视频特效】>【模糊与锐化】>【残像】滤镜，然后将其拖曳给第2个D046.mov素材，如图9-149所示。

04 播放视频预览素材应用特效后的效果，如图9-150所示。

图9-149

图9-150

● 制作书写效果

素材文件：
素材文件＞第9章＞即学即用：
制作书写效果

素材位置：
素材文件＞第9章＞即学即用：
制作书写效果

技术掌握：
应用【书写】滤镜并
设置书写效果的方法

本例主要介绍应用【书写】特效并设置书写效果的操作，案例效果如图9-151所示。

图9-151

01 新建一个项目，然后导入光盘中的"素材文件＞第9章＞即学即用：制作书写效果＞sun.jpg"
文件，接着将sun.jpg素材拖曳至视频1轨道上，如图9-152所示。

02 在【效果】
面板中选择【视频特
效】＞【生成】＞【书
写】滤镜，然后将其
拖曳给sun.jpg素材，
如图9-153所示。

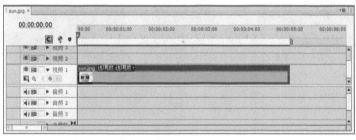

图9-152

图9-153

03 在【特效控制台】面板中设置【书写】滤镜的【颜色】为红色、【画笔大小】为20，如图9-154所示。

04 从第20帧开
始为【画笔位置】
属性设置关键帧，
通过5个关键帧为太
阳绘制笑脸，如图
9-155所示。

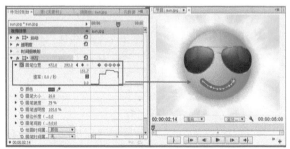

图9-154

图9-155

05 在第19帧处设置【画笔不透明度】为0%并激活关键帧；在第20帧处设置【画笔不透明度】为100%，如图9-156所示。

06 播放视频预览素材应用特效后的效果，如图9-157所示。

图9-156　　　　　　　　　　　　　　　图9-157

● 制作多画面电视墙

素材文件：	素材位置：	技术掌握：
素材文件 > 第 9 章 > 即学即用：	素材文件 > 第 9 章 > 即学即用：	应用【复制】滤镜的
制作多画面电视墙	制作多画面电视墙	方法

本例主要介绍应用【复制】视频特效制作多画面电视墙的操作，案例效果如图9-158所示。

图9-158

01 新建一个项目，然后导入光盘中的"素材文件>第9章>即学即用：制作多画面电视墙>SW108.mov"文件，接着将SW108.mov素材拖曳至视频1轨道上，如图9-159所示。

02 在【效果】面板中选择【视频特效】>【风格化】>【复制】滤镜，然后将其拖曳给SW108.mov素材，如图9-160所示。

03 在【特效控制台】面板中设置【复制】滤镜的【计数】属性的关键帧动画。在第0帧处设置【计数】为2；在第5秒处设置【计数】为3；在第10秒处设置【计数】为4，如图9-161所示。

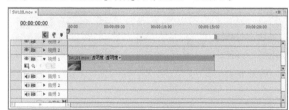  

图9-159　　　　　　　　　　图9-160　　　　　　　　　　图9-161

04 播放视频预览素材应用特效后的效果，如图9-162所示。

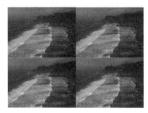

图9-162

9.5 课后习题

本章安排了两个习题，用来练习【视频特效】组中的【偏移】和【混合模糊】两个滤镜的操作方法。

课后习题

（扫码观看视频）

● 制作飞行动画

素材文件：
素材文件 > 第9章 > 课后习题：
制作飞行动画

素材位置：
素材文件 > 第9章 > 课后习题：
制作飞行动画

技术掌握：
结合应用关键帧和视频特效的方法

本例主要介绍使用【偏移】滤镜制作飞行动画，案例效果如图9-163所示。

图9-163

操作提示

第1步：新建一个项目，然后导入光盘中的"素材文件>第9章>课后习题：制作飞行动画>Space.jpg/spaceship.png"文件，接着将Space.jpg拖曳至视频1轨道上，将spaceship.png拖曳至视频2轨道上。

第2步：为spaceship.png添加【视频特效】>【扭曲】>【偏移】滤镜，然后为该滤镜的【将中心转换为】设置关键帧动画。

课后习题

（扫码观看视频）

● 设置叠加效果

素材文件：
素材文件 > 第9章 > 课后习题：
设置叠加效果

素材位置：
素材文件 > 第9章 > 课后习题：
设置叠加效果

技术掌握：
应用【混合模糊】滤镜并设置叠加效果的方法

本例主要介绍使用【混合模糊】滤镜融合两个素材，案例效果如图9-164所示。

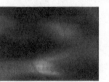   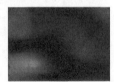

图9-164

操作提示

第1步：新建一个项目，然后导入光盘中的"素材文件>第9章>即学即用：设置叠加效果>D033.mov / D034.mov"文件，接着将D034.mov拖曳至视频1轨道上，将D033.mov拖曳至视频2轨道上。

第2步：为D034.mov添加【视频特效】>【模糊与锐化】>【混合模糊】滤镜，然后隐藏D033.mov。

CHAPTER

10

叠加画面

在Premier Pro中，可以像制作拼贴画一样将两个或多个视频素材重叠起来，然后将它们混合在一起创建奇妙的透明效果。Premiere Pro视频特效中的【键控】滤镜组提供了许多抠像滤镜，可以为素材添加透明信息，使多个素材协调地融合在一起。本章将介绍两种创建素材叠加效果的有效方法，分别是Premiere Pro的【透明度】属性和【效果】面板中的【键控】滤镜组。

* 制作渐隐视频效果
* 控制透明效果

* 调整透明度图形线
* 应用【键控】特效

10.1 使用工具渐隐视频轨道

视频轨道可以渐隐整个视频素材，或者视频素材或另一个静帧图频素材或静帧图像中。渐隐视频素材或静帧图像时，实际上是改变素材或图像的透明度。视频1轨道外的任何视频轨道都可以作为叠加轨道并被渐隐。

10.1.1 制作渐隐视频效果

展开【时间线】面板上一个视频轨道时，可以看到Premiere Pro的透明度选项。展开视频轨道后，单击【显示关键帧】图标并选择【显示透明度控制】选项就可以显示透明度，如图10-1所示。展开轨道后，透明度图形线就出现在视频素材下面。在【特效控制台】面板上也可以找到视频素材的透明度。选择【时间线】面板上的一个素材，【透明度】选项就会出现在【特效控制台】面板上，如图10-2所示。

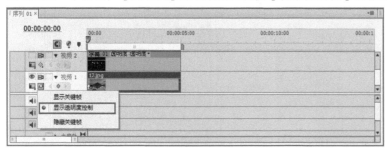

图10-1

图10-2

要创建两幅图像的渐隐效果，可以将一个视频素材放到视频2轨道上，将另一个视频素材放到视频1轨道上。在视频2轨道上的图像被渐隐起来，所以能看到视频1轨道上的图像，图10-3所示为两个素材渐隐的结果。

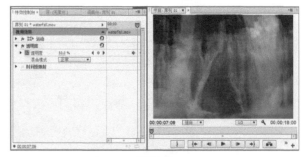

图10-3

10.1.2 控制透明效果

为了创建更加奇妙的渐隐，可以使用【钢笔工具】 或【选择工具】 在透明度图形线上添加一些关键帧。添加一些关键帧后，就可以根据需要上下拖曳透明度图形线的各个部分，如图10-4所示。

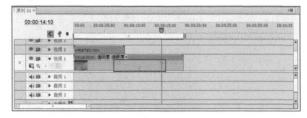

图10-4

10.1.3 调整透明度图形线

使用【钢笔工具】 或【选择工具】 可以将透明度图形线作为一个整体移动，也可以同时移动两个关键帧。

1.移动单个关键帧

使用【钢笔工具】✍或【选择工具】▶可以移动单个关键帧，还可以移动透明度图形线的一部分，而其他部分不受影响。

2.同时移动两个关键帧

将【钢笔工具】✍或【选择工具】▶移到中间两个关键帧之间，当光标变为╪时，单击透明度图形线并向下拖曳，如图10-5所示。

在这两个关键帧之间单击并拖曳鼠标时，两个关键帧之间的关键帧和透明度图形线会作为一个整体移动。这两个关键帧之外的透明度图形线会随之逐渐移动，如图10-6所示。

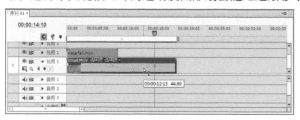

图10-5

图10-6

● 使用关键帧控制渐隐效果

素材文件：	素材位置：	技术掌握：
素材文件 > 第 10 章 > 即学即用：使用关键帧控制渐隐效果	素材文件 > 第 10 章 > 即学即用：使用关键帧控制渐隐效果	在透明度图形线上添加关键帧来控制渐隐轨道的方法

本例主要介绍在透明度图形线上添加关键帧来控制渐隐轨道的操作，案例效果如图10-7所示。

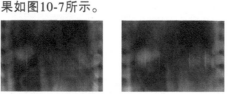

图10-7

01 新建一个项目，然后导入光盘中的"素材文件>第10章>即学即用：使用关键帧控制渐隐效果>39.mov/45.mov"文件，接着将39.mov拖曳至视频1轨道上，将45.mov拖曳至视频2轨道上，如图10-8所示。

02 选择45.mov素材，然后在第0帧处按住Ctrl键并单击素材上的【透明度】图形线（黄色线条），此时会在素材上添加透明度关键帧，如图10-9所示。

图10-8

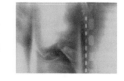

图10-9

03 在第2秒处按住Ctrl键并单击素材上的【透明度】图形线（黄色线条），为素材添加关键帧，然后将关键帧向下拖曳，使【透明度】为0，如图10-10所示。

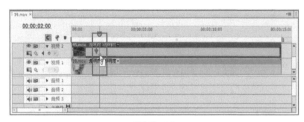

图10-10

Tips

如果关键帧过多，在时间线面板上选择关键帧并按Delete键，即可删除选择的关键帧。用户也可以在【特效控制台】面板上选择关键帧并按Delete键。

如果要删除时间线上的所有透明度关键帧，可以单击【特效控制台】面板上的【切换动画】按钮，在打开的【警告】对话框中单击【确定】按钮，如图10-11所示。

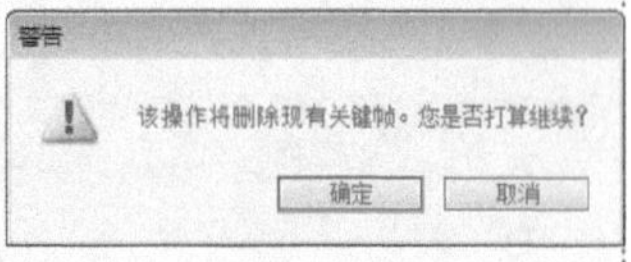

图10-11

04 将时间移至第8秒处，然后在【特效控制台】面板中按住Ctrl键并单击【透明度】图形线，此时会为【透明度】添加关键帧，如图10-12所示。

Tips

使用【时间线】面板上的【转到前一关键帧】和【转到下一关键帧】按钮，可以快速从一个关键帧转到另一个关键帧。

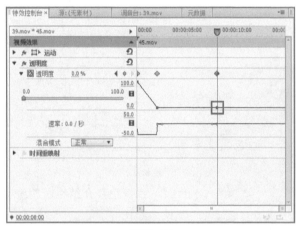

图10-12

05 在第2秒处按住Ctrl键并单击【透明度】图形线，为素材添加关键帧，然后将关键帧向上拖曳，使【透明度】为100，如图10-13所示。

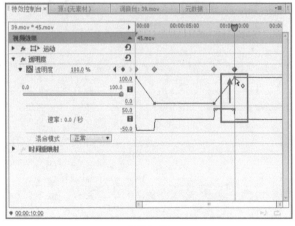

图10-13

06 播放视频预览素材应用特效后的效果，如图10-14所示。

图10-14

● 移动单个关键帧

素材文件：	素材位置：	技术掌握：
素材文件 > 第10章 > 即学即用：移动单个关键帧	素材文件 > 第10章 > 即学即用：移动单个关键帧	在【时间线】面板中移动单个关键帧的方法

本例主要介绍在【时间线】面板中移动单个关键帧的操作，案例效果如图10-15所示。

图10-15

01 打开光盘中的 "素材文件>第10章>即学即用：移动单个关键帧>即学即用：移动单个关键帧_l.prproj" 文件，在【时间线】面板中可以看到S2.jpg素材上有【透明度】关键帧，如图10-16所示。

图10-16

02 将【选择工具】或【钢笔工具】向下拖曳第2个关键帧，图形线会变成V字形，如图10-17所示。

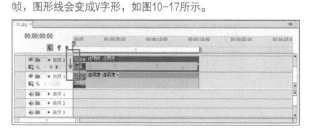

图10-17

03 选择第2个关键帧，然后按住Shift键加选第3个关键帧，接着向上拖曳使第3个关键帧的值为100，如图10-18所示。

图10-18

04 播放视频预览素材应用特效后的效果，如图10-19所示。

图10-19

10.2 使用键控特效叠加轨道

使用【键控】特效可以使视频素材或静帧图像彼此叠加在一起，这些效果位于【效果】面板【视频特效】文件夹下的【键控】文件夹中。

↘ 10.2.1 应用键控特效

如果要显示并体验【键控】特效，首先在屏幕上显示一个Premiere Pro项目，或者载入现有Premiere Pro项目，也可以选择【文件】>【新建】>【项目】新建一个项目，并向新项目中导入两个视频素材；然后按照以下步骤添加【键控】特效。

↘ 10.2.2 结合关键帧应用键控特效

在Premiere Pro中，用户可以使用关键帧创建随时间变化的【键控】效果控件。使用【特效控制台】面板或【时间线】面板都可以添加关键帧。

（扫码观看视频）

即学即用

● 应用键控特效

素材文件：
素材文件>第10章>即学即用：
应用键控特效

素材位置：
素材文件>第10章>即学即用：
应用键控特效

技术掌握：
对素材应用【键控】
特效的方法

本例主要介绍对素材应用【键控】特效的操作，案例效果如图10-20所示。

图10-20

01 新建一个项目，然后导入光盘中的 "素材文件>第10章>即学即用：应用键控特效>A1.jpg/A2.jpg" 文件，接着将A1.jpg拖曳至视频1轨道，将A2.jpg拖曳至视频2轨道，如图10-21所示。

02 在【效果】面板中选择【视频特效】>【键控】>【亮度键】滤镜，然后将其拖曳至A2.jpg素材，如图10-22所示。

图10-21

图10-22

03 在【特效控制台】面板中设置【亮度键】滤镜的【阈值】为0%、【屏蔽度】为11%，如图10-23所示。

04 展开【运动】属性组，然后设置【位置】为（396.1，510.9）、【缩放比例】为40，如图10-24所示。

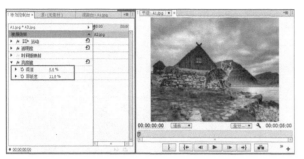

图10-23

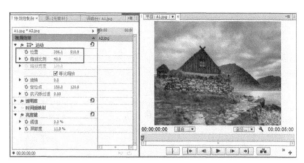

图10-24

● 使用特效控制台面板设置键控

素材文件：
素材文件 > 第 10 章 > 即
学即用：使用特效控制
台面板设置键控

素材位置：
素材文件 > 第 10 章 > 即
学即用：使用特效控制
台面板设置键控

技术掌握：
使用【特效控制台】
面板制作【键控】效
果控件动画的方法

本例主要介绍使用【特效控制台】面板制作【键控】效果控件动画的操作，案例效果
如图10-25所示。

（扫码观看视频）

图10-25

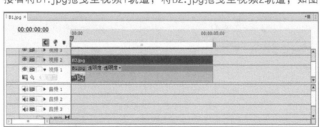

01 新建一个项目，然后导入光盘中的"素材文件>第10章>即学即用：使用特效控制台面板设
置键控>B1.jpg/B2.jpg"文件，接着将B1.jpg拖曳至视频1轨道，将B2.jpg拖曳至视频2轨道，如图
10-26所示。

02 在【效果】面板
中选择【视频特效】>【键
控】>【色度键】滤镜，然
后将其拖曳至B2.jpg素材，
如图10-27所示。

图10-26

图10-27

03 在【特效控制台】面板中设置【色度键】滤镜的【混合】为1%、【平滑】为【高】，如图10-28所示。

图10-28

04 展开【运动】属性组，然后设置【位置】为（401，511）、【缩放比例】为24，如图10-29所示。

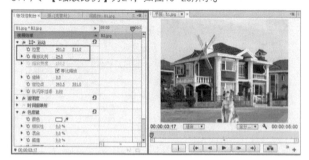

图10-29

即学即用

● 使用时间线面板设置键控

素材文件：
素材文件＞第10章＞即学即用：使用时间线面板设置键控

素材位置：
素材文件＞第10章＞即学即用：使用时间线面板设置键控

技术掌握：
使用【时间线】面板制作【键控】效果控件动画的方法

本例主要介绍使用【时间线】面板制作【键控】效果控件动画的操作，案例效果如图10-30所示。

图10-30

（扫码观看视频）

01 新建一个项目，然后导入光盘中的"素材文件＞第10章＞即学即用：使用时间线面板设置键控＞A1.jpg/A2.jpg"文件，接着将A1.jpg拖曳至视频1轨道，将A2.jpg拖曳至视频2轨道，如图10-31所示。

02 在【效果】面板中选择【视频特效】＞【键控】＞【颜色键】滤镜，然后将其拖曳至A2.jpg素材，如图10-32所示。

03 在【特效控制台】面板中使用【主要颜色】属性后面的吸管工具，然后拾取海鸥的背景色，如图10-33所示。

图10-31

图10-32

图10-33

04 在【时间线】面板中展开A2.jpg素材标题栏中的下拉菜单，然后选择【运动】＞【颜色宽容度】命令，如图10-34所示。

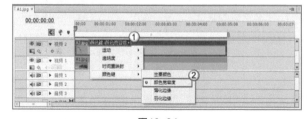

图10-34

05 在第0帧处按住Ctrl键并单击添加关键帧，然后在第4秒处再次添加关键帧，接着将其向上拖曳至40，如图10-35所示。最后在【特效控制台】面板中设置【羽化边缘】为1，如图10-36所示。

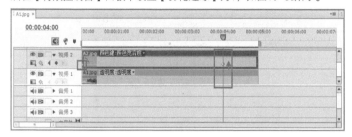

图10-35　　　　　　　　　　　　　图10-36

06 播放视频预览素材应用特效后的效果，如图10-37所示。

图10-37

10.2.3 键控特效概览

使用【键控】特效可以使图像变透明，接下来介绍使用不同【键控】特效的方法。在【效果】面板中依次展开【视频特效】>【键控】卷展栏，将显示各个【键控】特效，如图10-38所示。

图10-38

（扫码观看视频）

即学即用

● 使用键控特效创建叠加效果

素材文件：
素材文件>第10章>即学即用：使用键控特效创建叠加效果

素材位置：
素材文件>第10章>即学即用：使用键控特效创建叠加效果

技术掌握：
使用【轨道遮罩键】创建文字与素材的叠加效果的方法

本例主要介绍使用【轨道遮罩键】创建文字与素材的叠加效果的操作，案例效果如图10-39所示。

图10-39

01 新建一个项目，然后导入光盘中的"素材文件>第10章>即学即用：使用键控特效创建叠加效果>mountain.jpg/texture.jpg"文件，接着将mountain.jpg拖曳至视频1轨道，将texture.jpg拖曳至视频2轨道，如图10-40所示。

02 执行【字幕】>【新建字幕】>【默认静态字幕】菜单命令，在打开的字幕设计窗口中使用【输入工具】输入文字Mountain，然后为文字应用一种文字样式，如图10-41所示。

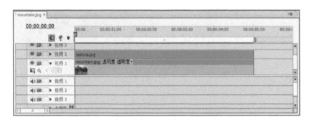

图10-40

图10-41

03 关闭【字幕设计】窗口，然后将创建的字幕拖入视频3轨道上，如图10-42所示。

04 在【效果】面板中选择【视频特效】>【键控】>【轨道遮罩键】滤镜，然后将其拖曳至视频2轨道上的texture.jpg素材上，如图10-43所示。

05 在【特效控制台】面板中将【遮罩】设置为【视频3】，如图10-44所示。

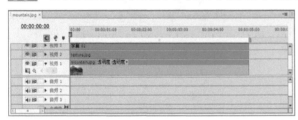

图10-42

图10-43

图10-44

10.3 创建叠加效果的视频背景

如果用户想要叠加两个不带Alpha通道的视频素材，则需要使用【键控】视频特效。在图10-45所示的效果中，视频3使用了一个Alpha的通道文件（老鹰），这样当叠加视频1和视频2轨道上的素材时，可以使用【颜色键】特效透过素材看到背景。

图10-45

即学即用

（扫码观看视频）

● 创建叠加背景效果

素材文件：
素材文件 > 第 10 章 > 即学即用：创建叠加背景效果

素材位置：
素材文件 > 第 10 章 > 即学即用：创建叠加背景效果

技术掌握：
使用【颜色键】滤镜，将两个视频素材叠加到一起的方法

本例主要介绍使用【键控】>【颜色键】效果，将两个视频素材叠加到一起的操作，案例效果如图10-46所示。

图10-46

01 新建一个项目，然后导入光盘中的"素材文件>第10章
>即学即用：创建叠加背景效果>mountain.jpg/cloud.jpg/eagle.
png"文件，接着将mountain.jpg拖曳至视频1轨道，将eagle.
png拖曳至视频2轨道，接着将cloud.jpg拖曳至视频3轨道，如
图10-47所示。

02 在【效果】面板中选择【视频特效】>【键控】>【颜
色键】滤镜，然后将其拖曳至cloud.jpg素材，接着在【效果控
制台】面板中设置【主要颜色】为cloud.jpg的背景色、【颜色
宽容度】为145、【羽化边缘】为2，如图10-48所示。

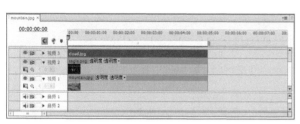

图10-47

图10-48

03 展开cloud.jpg素材的【运动】属性组，然后设
置【位置】为（719.4，85.2）、【缩放比例】为70，如
图10-49所示。

04 选择eagle.png素材，然后在【效果控制台】面板中
设置【位置】为（257.9，151.9）、【缩放比例】为41、【旋
转】为-20°，如图10-50所示。

图10-49

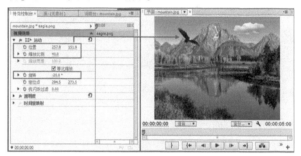

图10-50

10.4 课后习题

本章安排了两个习题，用来练习在【时间线】和【特效控制台】面板中设置素材的渐隐效果。

课后习题

（扫码观看视频）

● 在时间线面板中控制渐隐轨道

素材文件：
素材文件>第10章>课后习题:
在时间线面板中控制渐隐轨道

素材位置：
素材文件>第10章>课后习题:
在时间线面板中控制渐隐轨道

技术掌握：
使用透明度图形线控
制渐隐轨道的方法

本例主要介绍在
【时间线】面板中使用
透明度图形线控制渐
隐轨道的操作，案例
效果如图10-51所示。

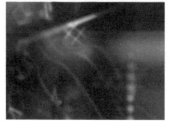
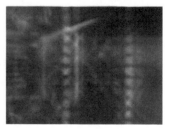

图10-51

操作提示

第1步：新建一个项目，然后导入光盘中的"素材文件>第10章>课后习题：在时间线面板中控制渐隐轨道
>D042.mov/D043.mov"文件，接着将D042.mov拖曳至视频1轨道，将D043.mov拖曳至视频2轨道。

第2步：在【时间线】面板中调整D043.mov素材的【透明度】图形线，以控制两个素材的融合度。

课后习题

● 在特效控制台面板中设置渐隐

素材文件：	素材位置：	技术掌握：
素材文件 > 第 10 章 > 课后习题：	素材文件 > 第 10 章 > 课后习题：	在【特效控制台】面板
在特效控制台面板中设置渐隐	在特效控制台面板中设置渐隐	中控制渐隐轨道的方法

本例主要介绍在【特效控制台】面板中使用透明度图形线控制渐隐轨道的操作，案例
效果如图10-52所示。

（扫码观看视频）

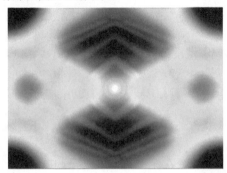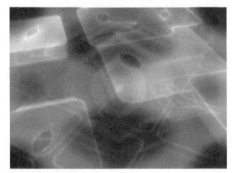

图10-52

操作提示

第1步：新建一个项目，然后导入光盘中的"素材文件>第10章>课后习题：在特效控制台面板中设置渐隐
>D042.mov/D043.mov"文件，接着将D042.mov拖曳至视频1轨道，将D043.mov拖曳至视频2轨道。

第2步：在【特效控制台】面板中调整D043.mov素材的【透明度】图形线，以控制两个素材的融合度。

CHAPTER

11

制作运动效果

【运动】特效几乎能为所有演示带来生趣、增添活力。在Adobe Premiere Pro中，用户可以通过使字幕或标识在屏幕上旋转，或者使素材在移动到画幅区域边缘时反弹回来等效果来活跃演示。可以使用带有Alpha通道的图形使书动起来，或者将一个移动对象叠加到另一个对象上面。本章不仅介绍如何创建移动蒙版，还介绍如何在运动中设置字幕和图形，包括如何使它们在屏幕上弯曲和旋转。

* 认识【运动】特效
* 使用运动控件调整素材
* 通过【运动】控件创建动态效果
* 编辑运动效果
* 为动态素材添加效果

11.1 认识运动特效

Premiere Pro的【运动】效果控件用于缩放、旋转和移动素材。通过【运动】属性组制作动画，使用关键帧设置随时变化的运动，可以使原本枯燥乏味的图像活灵活现起来；可以使素材移动或微微晃动，让静态帧在屏幕上滑动。当选择【时间线】面板上的一个素材时，【特效控制台】面板上就会显示运动效果。

展开【运动】属性组，其中包含了【位置】、【缩放比例】、【缩放宽度】、【旋转】和【定位点】等属性，如图11-1所示。

参数介绍

* 位置：是素材相对于整个屏幕的坐标。

* 缩放比例：素材的尺寸百分比。当【等比缩放】选项未被选择时，【缩放比例】用于调整素材的高度，同时其下方的【缩放宽度】选项呈可选状态，此时可以只改变对象的高度或者宽度。当【等比缩放】选项被选择时，对象只能按照比例进行缩放变化。

* 旋转：使素材按其中心转动任意角度。

* 定位点：是素材的中心点所在坐标。

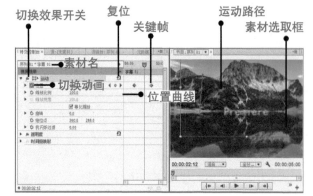

图11-1

11.2 使用运动控件调整素材

要使用Premiere Pro的运动控制，必须创建一个项目，其中【时间线】面板上要有一个视频素材被选择，然后使用【运动】特效控件调整素材，并创建运动效果。

即学即用

（扫码观看视频）

● 修改运动状态

素材文件：
素材文件 > 第11章 > 即学即用：
修改运动状态

素材位置：
素材文件 > 第11章 > 即学即用：
修改运动状态

技术掌握：
使用运动控件调整素材的方法

本例主要介绍使用运动控件调整素材的运动状态，案例效果如图11-2所示。

图11-2

01 新建一个项目，然后导入光盘中的"素材文件>第11章>即学即用：修改运动状态>seagull.png/Island.jpg"文件，接着将Island.jpg拖曳至视频1轨道，将seagull.png拖曳至视频2轨道，如图11-3所示。

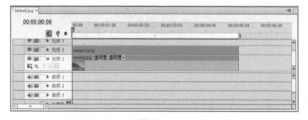

图11-3

02 选择seagull.png素材，然后在【特效控制台】面板中展开【运动】属性组，接着为【位置】属性设置关键帧动画。在第0帧处设置【位置】为（718.2，228.6）；在第3秒处设置【位置】为（492.7，293）；在第6秒处设置【位置】为（255.4，280.5），如图11-4所示。

03 为【缩放比例】属性设置关键帧动画。在第0帧处设置【缩放比例】为50；在第3秒处设置【缩放比例】为25；在第6秒处设置【缩放比例】为15，如图11-5所示。

图11-4 图11-5

> 🎬 **Tips**
>
> 设置【缩放比例】属性，可以等比例缩放对象，该值取值范围为0～600。输入0，素材不可见；输入600，素材扩大到正常大小的6倍。如果想单独缩放素材的高而不影响宽，可以取消选择【等比缩放】选项。

04 为【旋转】属性设置关键帧动画。在第0帧处设置【旋转】为-5°；在第3秒处设置【旋转】为0°；在第6秒处设置【旋转】为5°，如图11-6所示。

05 播放视频预览素材应用特效后的效果，如图11-7所示。

图11-6

图11-7

11.3 通过运动控件创建动态效果

如果要创建向多个方向移动的效果，或者在素材的持续时间内不断改变大小或旋转的运动效果，可以使用关键帧在指定的时刻创建效果。例如，使用图形或视频素材创建随另一个视频素材一起运动的效果。使用关键帧，可以使效果发生在指定的位置，还可以为效果添加音乐。当选择【特效控制台】面板上的【切换】图标时，就会显示运动路径。显示运动路径时，关键帧会以点的形式显示在运动路径上，指定位置的变化。

即学即用

● 创建云朵飘动效果

素材文件：
素材文件＞第11章＞即学即用：
创建云朵飘动效果

素材位置：
素材文件＞第11章＞即学即用：
创建云朵飘动效果

技术掌握：
使用关键帧添加运动
效果的方法

（扫码观看视频）

本例主要介绍如何向运动路径添加关键帧，使云朵产生飘动效果，案例效果
如图11-8所示。

图11-8

01 新建一个项目，然后导入光盘中的"素材文件＞第11章＞即学即用：创建云朵飘动效果＞cloud.png/mountain.jpg"文件，接着将moutain.jpg拖曳至视频1轨道，将cloud.png拖曳至视频2轨道，如图11-9所示。

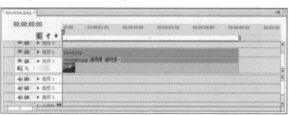

图11-9

02 选择cloud.png素材，然后在【特效控制台】面板中展开【运动】属性组，接着设置【缩放比例】为65，如图11-10所示。

图11-10

03 在第0帧处单击【运动】属性组标题，此时cloud.png素材会出现操作手柄，拖曳中间的操作手柄，将云朵移至图11-11所示的位置，然后激活【位置】属性的关键帧。接着在第4秒处将云朵移至图11-12所示的位置。

图11-11

图11-12

04 播放视频预览素材应用特效后的效果，如图11-13所示。

图11-13

11.4 编辑运动效果

　　要编辑运动路径，可以移动、删除或添加关键帧，甚至可以复制粘贴关键帧。有时可以通过添加关键帧创建平滑的运动路径。

↘ 11.4.1 修改关键帧

　　添加完一个运动关键帧后，任何时候都可以重新访问这个关键帧并进行修改。用户可以使用【特效控制台】面板或【时间线】面板来移动关键帧，也可以使用【节目】面板中显示的运动路径移动关键帧点。如果在【特效控制台】或【时间线】面板中移动关键帧点，将会改变运动特效在时间线上发生的时间。如果在【节目】面板中的运动路径上移动关键帧点，将会影响运动路径的形状。

↘ 11.4.2 复制粘贴关键帧

　　在编辑关键帧的过程中，可以将一个关键帧复制粘贴到时间线中的另一位置，该关键帧点的素材属性与原关键帧点相同。单击选择要复制的关键帧，然后选择【编辑】>【复制】命令，再将当前时间指示器移动到新位置，如图11-14所示。选择【编辑】>【粘贴】命令，即可将复制的关键帧点粘贴到当前时间指示器处，如图11-15所示。

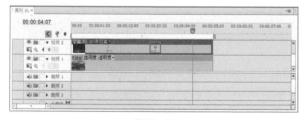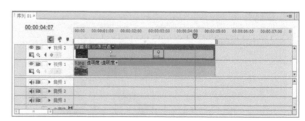

图11-14　　　　　　　　　　　　　　　　　　　　　图11-15

↘ 11.4.3　删除关键帧

编辑过程中，可能会需要删除关键帧点。为此，只需简单地选择该点并按Delete键。如果要删除运动特效选项的所有关键帧点，可以在【特效控制台】面板中单击【切换动画】按钮 ，在打开的【警告】对话框中会提示是否删除现有的关键帧，如图11-16所示。

图11-16

↘ 11.4.4　移动关键帧以改变运动路径的速度

Premiere Pro通过关键帧之间的距离决定运动速度。要提高运动速度，可以将关键帧分隔得更远一些；要降低运动速度，可以使关键帧分隔得近一些。

↘ 11.4.5　指定关键帧的插入方法

Premiere Pro会在两个关键帧之间插入指定关键帧。所使用的插入方法对运动特效的显示方式有显著影响。修改插入方法，可以更改速度、平滑度和运动路径的形状。最常用的关键帧插入方法是直线插入和贝塞尔曲线插入。要查看关键帧的不同插入方法，可以选择【时间线】面板中的关键帧，然后单击鼠标右键，在出现图11-17所示的菜单中选择一种新的插入方法即可。

参数介绍

＊　线性：插入创建均匀的运动变化。

＊　曲线/自动曲线/连续曲线：插入实现更平滑
的运动变化。

＊　保持：插入创建突变的运动变化。

＊　缓入/缓出：生成缓慢或急速的运动变化。

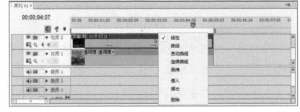

图11-17

1.线性插入与曲线插入

使用运动的位置属性控件所得到的运动效果由多种因素决定。位置运动路径具有的效果由使用的关键帧数量、关键帧使用的插入方法类型和位置运动路径的形状决定。使用的关键帧数量和插入方法在很大程度上影响运动路径的速度和平滑度。图11-18所示为V形的位置运动路径，该图中的第2个关键帧上应用线性插入法创建出V形路径。

图11-19所示为U形位置运动路径，该图中的第2个关键帧上应用曲线插入法创建出U形路径。两种路径都是使用3个关键帧创建的，3个关键帧通过调整运动位置属性而创建。

图11-18

图11-19

运动路径显示在【节目】面板中。运动路径由小白点组成，每个小白点代表素材中的一帧。白色路径上的每个X代表一个关键帧。点间的距离决定运动速度的快慢。点间隔越远，运动速度越快；点间隔越近，运动速度越慢。如果点间距发生变化，运动速度也会随之变化。点表示时间上的连贯，因为它影响运动路径随时间变化的快慢程度；运动路径的形状表示空间上的连贯，因为它关系着运动路径形状在空间环境中的显示方式。

用户可以在【时间线】面板、【节目】面板或【特效控制台】面板中右击关键帧，在打开的菜单中查看和修改插入法。在【时间线】面板中按住Ctrl键并单击关键帧，将会自动从一种插入法变为另一种插入法。

2.使用曲线插入法调整运动路径的平滑度

用户可以使用曲线手控调整曲线的平滑度。曲线手控是控制曲线形状的双向线。对曲线和连续曲线插入法来说，双向线都是可以调整的。对自动曲线来说，曲线是自动创建的，自动曲线选项不允许调整曲线形状。使用曲线插入法的优势是可以独立操作两个曲线手控，也就是说可以对输入控件和输出控件进行不同的设置。

向上拖曳曲线手控会加剧运动变化。向下拖曳曲线手控会减轻运动变化。增加双向线的长度（从中心点往外拖）会增加曲线的尺寸并会增加小白点间的间隔，从而使运动效果的速度变得更快。减少双向线的长度（从中心点往里拖）会减小曲线的尺寸并减小小白点间的间隔，从而使运动效果的速度变得更慢。用户可以通过改变双向线的角度和长度来产生更显著的运动效果，还可以通过【节目】或【特效控制台】面板调整曲线手控。

即学即用

（扫码观看视频）

● 修改运动关键帧

素材文件：	素材位置：	技术掌握：
素材文件＞第11章＞即学即用：修改运动关键帧	素材文件＞第11章＞即学即用：修改运动关键帧	使用【特效控制台】或【时间线】面板移动关键帧点的方法

本例主要介绍如何使用【特效控制台】或【时间线】面板修改关键帧，案例效果如图11-20所示。

图11-20

---

01 新建一个项目，然后导入光盘中的"素材文件＞第11章＞即学即用：修改运动关键帧＞plane.png/BG.jpg"文件，接着将BG.jpg拖曳至视频1轨道，将plane.png拖曳至视频2轨道，如图11-21所示。

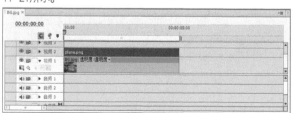

图11-21

02 选择plane.png素材，然后在【特效控制台】面板中设置【缩放比例】为10，如图11-22所示。

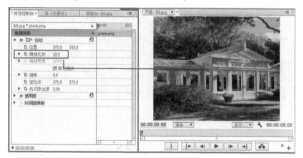

图11-22

03 为【位置】属性设置关键帧动画，使飞机形成滑翔的效果，如图11-23所示。

04 为【缩放比例】属性设置关键帧动画，根据近大远小的规律，使飞机形成由远到近的效果，如图11-24所示。

图11-23

图11-24

05 为【旋转】属性设置关键帧动画，根据飞机的滑翔方向调整角度，如图11-25所示。

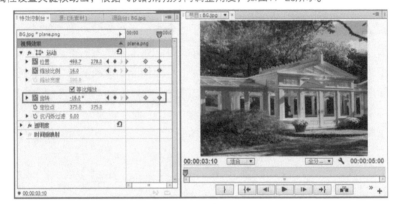

图11-25

06 设置完关键帧后如果想修改【旋转】属性，可以在【时间线】面板中展开plane.png素材标题栏中的下拉菜单，然后选择【运动】>【旋转】命令，如图11-26所示。然后上下拖曳关键帧，修改【旋转】属性的值，如图11-27所示。

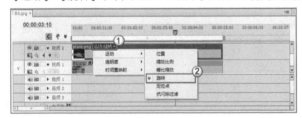

图11-26

图11-27

07 播放视频预览素材应用特效后的效果，如图11-28所示。

图11-28

● 制作平滑轨迹

素材文件：	素材位置：	技术掌握：
素材文件 > 第 11 章 > 即学即用：制作平滑轨迹	素材文件 > 第 11 章 > 即学即用：制作平滑轨迹	使用关键帧点插入法的方法

本例主要介绍关键帧点的插入法，以理解关键帧点插入的工作原理，案例效果如图11-29所示。

图11-29

01 新建一个项目，然后导入光盘中的"素材文件>第11章>即学即用：制作平滑轨迹>feather.png/BG.jpg"文件，接着将BG.jpg拖曳至视频1轨道，将feather.png拖曳至视频2轨道，如图11-30所示。

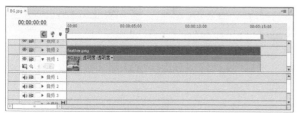

图11-30

02 选择cloud.png素材，然后在【特效控制台】面板中展开【运动】属性组，接着设置【缩放比例】为35，如图11-31所示。

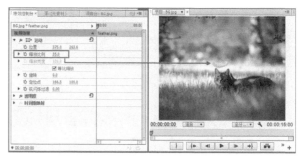

图11-31

03 选择cloud.png素材，然后在【特效控制台】面板中展开【运动】属性组，接着为【位置】属性设置关键帧动画，使羽毛形成飘落的效果，如图11-32所示。

图11-32

04 为【旋转】属性设置关键帧动画，使羽毛在飘落时，会随着飘落的方向产生旋转的效果，如图11-33所示。

图11-33

05 展开【位置】属性，然后选择中间的3个关键帧，接着单击鼠标右键，在打开的菜单中选择【临时插值】>【曲线】命令，使羽毛飘落的动作更加平滑，如图11-34所示。

06 展开【旋转】属性，然后选择中间的3个关键帧，接着单击鼠标右键，在打开的菜单中选择【曲线】命令，使羽毛旋转的动作更加平滑，如图11-35所示。

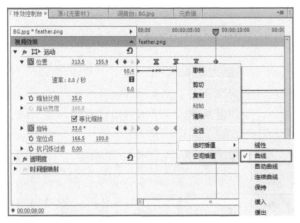

图11-34　　　　　　　　　　　　　　　　图11-35

07 播放视频预览素材应用特效后的效果，如图11-36所示。

图11-36

11.5　为动态素材添加效果

　　为对象、字幕或素材制作动画后，用户可能会希望对其应用一些其他特效，例如可以修改运动对象的不透明度使它成为透明的。如果想对运动对象进行色彩校正，可以应用某种图像控制视频特效或某种色彩校正视频特效，也可以试试用其他视频特效来创建一些有趣的特效。

11.5.1　修改动态素材的透明度

　　【特效控制台】面板的【固定特效】部分包括【运动】和【透明度】属性组。减小素材的透明度可以使素材变得更透明。要改变整个持续时间内素材的透明度，可以单击并向左拖曳透明度百分比值；也可以单击透明度百分比字段，然后输入数值，接着按Enter键来完成修改。另外，还可以在【透明度】属性组中修改不透明度。

1.在特效控制台面板中设置透明度

　　在【特效控制台】面板中设置透明度及关键帧的方法如下。

　　将当前时间指示器移动到素材的起点处。单击【透明度】属性前面的【切换动画】按钮，设置第1个关键帧，此处的素材透明度为100%。将当前时间指示器移动到素材的结束点处，然后修改【透明度】即可创建第2个关键帧。图11-37所示为将第2个关键帧处的透明度设置为40%的效果。

图11-37

2.在时间线面板中设置透明度

在【时间线】面板中设置透明度及关键帧的方法如下。

单击【时间线】面板中的【显示关键帧】按钮◈，然后选择【显示透明度控制】选项，如图11-38所示，此时在轨道上将显示透明度图形线。

将当前时间指示器移动到要添加关键帧的位置，然后单击【添加-删除关键帧】按钮◆，即可添加关键帧。使用【选择工具】↖上下拖曳【时间线】面板中的透明度关键帧，可以调整素材的透明度。向上拖曳关键帧，可以增加素材的透明度，反之则降低素材的透明度，如图11-39所示。

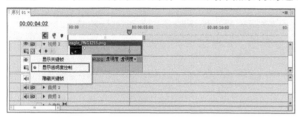

图11-38

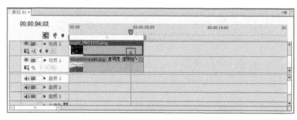

图11-39

↘ 11.5.2 重置素材的时间

【时间重置】控件允许使用关键帧调整素材随时间变化的速度。使用时间重置可以通过设置关键帧使素材在不同时间隔中加速或减速，也可以使素材静止不动或倒退。【时间重置】控制可以在【特效控制台】面板中找到，也可以将其显示在【时间线】面板上。

1.在特效控制台面板中重置时间

要在【特效控制台】面板中查看时间重置，首先需要确保显示【特效控制台】面板，然后单击【时间线】面板中的视频素材，接着展开【速度】属性组，如图11-40所示。

图11-40

2.在时间线面板中重置时间

如果要在【时间线】面板中显示时间重置，那么单击【显示关键帧】按钮，选择【显示关键帧】选项，然后单击时间线视频素材上的菜单，出现打开菜单后，选择【时间重映射】>【速度】命令，如图11-41所示。

使用【选择工具】↖上下拖动速度线，即可调整素材随时间变化的速度。在拖动速度线时，在光标处会显示调整后的速度百分比值，如图11-42所示。向上拖动速度线，可增加速度值；向下拖动速度线，可降低速度值。

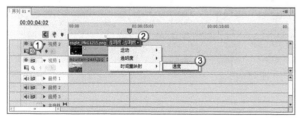

图11-41

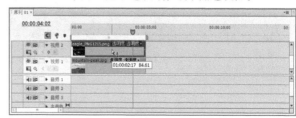

图11-42

↘ 11.5.3 为动态素材应用特效

使用【特效控制台】面板中的固定特效控件（运动和透明度）为素材制作动画效果后，用户可能会想要为素材添加更多的特效。用户在【效果】面板的【视频特效】文件夹中可以找到各种特效。要调整图像的颜色，可以试着使用某种图像控制视频特效或某种色彩校正视频特效；如果想要扭曲素材，可以试着使用【扭曲】视频特效。按照下述步骤可以为素材添加特效。

第1步：将【特效控制台】面板时间线上或【时间线】面板中的当前时间指示器移到想要添加特效的位置。

第2步：从【效果】面板上选择一种特效，将其拖到【特效控制台】面板或【时间线】面板中。

第3步：调整特效设置。单击【切换动画】按钮 ○ 创建关键帧。如果用户希望特效随时间发生变化，则需要创建各种关键帧。

即学即用

● 银河旋转

素材文件：	素材位置：	技术掌握：
素材文件 > 第 11 章 >	素材文件 > 第 11 章 >	使用视频特效制作
即学即用：银河旋转	即学即用：银河旋转	运动效果的方法

　　本例主要介绍如何使用【旋转扭曲】滤镜制作运动效果，案例效果如图11-43所示。

（扫码观看视频）

图11-43

01 新建一个项目，然后导入光盘中的"素材文件>第11章>即学即用：银河旋转>galaxy.jpg"文件，接着将galaxy.jpg拖曳至视频1轨道，如图11-44所示。

图11-44

02 在【效果】面板中选择【视频特效】>【扭曲】>【旋转扭曲】滤镜，然后将其拖曳给galaxy.jpg素材，如图11-45所示。

03 在【特效控制台】面板中展开【旋转扭曲】属性组，然后设置【旋转扭曲半径】为40、【旋转扭曲中心】为（376，24.9），如图11-46所示。

04 设置【角度】属性的关键帧动画。在第0帧处设置【角度】为0°；在第4秒处设置【角度】为-150°，如图11-47所示。

图11-45

图11-46

图11-47

05 播放视频预览素材应用特效后的效果，如图11-48所示。

图11-48

11.6 课后习题

课后习题

（扫码观看视频）

● 修改素材的播放速度

素材文件：	素材位置：	技术掌握：
素材文件 > 第11章 > 课后习题：修改素材的播放速度	素材文件 > 第11章 > 课后习题：修改素材的播放速度	修改素材播放速度的方法

本例主要介绍如何修改素材的播放速度，案例效果如图11-49所示。

图11-49

操作提示

第1步：新建一个项目，然后导入光盘中的"素材文件>第11章>课后习题：修改素材的播放速度>D035.mov"文件，接着将D035.mov拖曳至视频1轨道。

第2步：在【特效控制台】面板中展开【时间重置】属性组，然后调整【速度】属性以改变素材的播放速度。

12

创建文字和图形

使用文字效果可以在视频作品的开头部分起到制造悬念、引入主题、设立基调的作用。在整个视频中，字幕可以提供片段之间的过渡，也可以用来介绍人物和场景。Premiere Pro的字幕设计提供了制作视频作品所需的所有字幕特性，而且无需脱离Premiere Pro环境就能够实现这些字幕特性。本章将介绍使用Premiere Pro的【字幕设计】逐步创建视频字幕的过程，然后讲述将字幕整合到数字视频作品的方法。

* 创建和编辑文字
* 修改文字和图形

* 绘制图形
* 创建路径文字

12.1 使用字幕对话框

　　字幕对话框为在Premiere Pro项目中创建用于视频字幕的文字和图形提供了一种简单有效的方法。要显示字幕对话框，首先要启动Premiere Pro，然后创建一个新项目或者打开一个项目。在创建新项目时，一定要根据需要选择字幕绘制区域的画幅大小，字幕绘制区域与项目的画幅大小一致。如果字幕和输出尺寸一致，那么在最终产品中，字幕就会精确地显示在用户希望它们出现的位置上。

↘ 12.1.1 认识字幕对话框

　　字幕对话框主要由5个面板组成，分别为字幕面板、字幕工具面板、字幕动作面板、字幕样式面板和字幕属性面板，如图12-1所示。

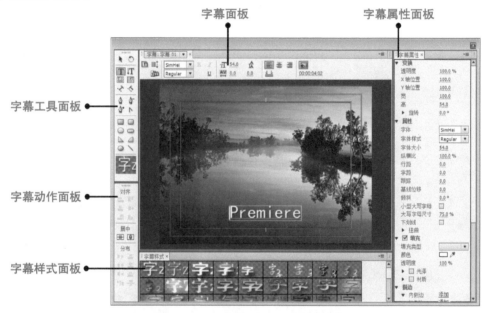

图12-1

界面介绍

　　＊　字幕面板：该面板由绘制区域和主工具栏组成。主工具栏中的选项用于指定创建静态文字、游动文字或滚动文字，还可以指定是否基于当前字幕新建字幕，或者使用其中的选项选择字体和对齐方式等。这些选项还允许在背景中显示视频剪辑。

　　＊　字幕工具面板：该面板包括文字工具和绘制工具，以及一个显示当前样式的预览区域。

　　＊　字幕动作面板：该面板用于对齐、分布文字或图形对象。

　　＊　字幕样式面板：该面板用于对文字和图形对象应用预置自定义样式。

　　＊　字幕属性面板：该面板用于转换文字或图形对象，并为它们制定样式。

 **Tips**

字幕会被自动放在当前项目的【项目】面板中，并随着项目一起保存下来。

↘ 12.1.2 认识字幕工具

字幕工具面板提供了大量工具，用户可以使用这些工具创建字幕和图形，如图12-2所示。表12-1介绍了面板中的工具以及这些工具的作用。

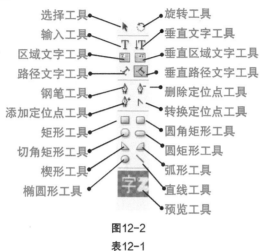

图12-2

表12-1

快捷键	名称	说明
V	选择工具 ▶	用于选择文字
O	旋转工具 ↻	用于旋转文字
T	输入工具 T	沿水平方向创建文字
C	垂直文字工具 ↓T	沿垂直方向创建文字
	区域文字工具 ▣	沿水平方向创建换行文字
	垂直区域文字工具 ▣	沿垂直方向创建换行文字
	路径文字工具 ⟍	创建沿路径排列的文字
	垂直路径文字工具 ⟍	创建沿路径排列的垂直文字
P	钢笔工具 ◊	使用贝塞尔曲线创建曲线形状
	删除定位点工具 ◊	从路径上删除锚点
	添加定位点工具 ◊	将锚点添加到路径上
	转换定位点工具 ▶	将曲线点转换成拐点，或将拐点转换成曲线点
R	矩形工具 ▢	创建矩形
	圆角矩形工具 ▢	创建圆角矩形
	切角矩形工具 ◯	创建切角矩形
	圆矩形工具 ▭	创建圆矩形
W	楔形工具 ◺	创建三角形
A	弧形工具 ◹	创建弧形
E	椭圆形工具 ◯	创建椭圆
L	直线工具 ╲	创建直线
	预览工具	用于预览字幕的效果

↘ 12.1.3 了解字幕菜单

【字幕】菜单提供了大量的命令，主要用于修改文字和图形对象的视觉属性，如图12-3所示。新建字幕后会打开字幕对话框，在该对话框中单击鼠标右键可以打开快捷菜单，其中大部分命令与【字幕】菜单中的命令相同，如图12-4所示。表12-2所示为菜单中的工具以及这些工具的作用。

图12-3

图12-4

表12-2

菜单命令	说明
新建字幕	可以选择新建静态字幕、滚动字幕或游动字幕，也可以选择基于当前字幕或者基于模板新建字幕
字体	修改字体
大小	修改文字的大小
对齐	将文字设置成左对齐、右对齐或居中
自动换行	将文字设置成在遇到字幕安全框时自动换行
模板	允许用户应用、创建或编辑模板
滚动/游动选项	提供设置滚动、游动文字的方向和速度的选项
标记	允许用户将标记作为背景插入到字幕设计的整个绘制区域，或者插入到绘制区域的某一部分，或者在文本框内插入标记
变换	允许用户修改对象或文字的位置、比例、旋转和透明度
选择	允许用户在一堆对象中选择第一个对象之上、下一个对象之上、下一个对象之下或最后一个对象之下的对象
排列	允许用户在一堆对象中将选择对象提到最前、提前一层、退后一层或退到最后
位置	移动对象使其水平居中或垂直居中，或者将其移到字幕设计绘制区域下方1/3处。对于必须显示而不会掩盖屏幕图片的文字，经常使用屏幕下方1/3的部分
对齐对象	允许用户将选择的对象按水平左对齐、水平右对齐或水平居中、垂直顶对齐、垂直底对齐或垂直居中的方式进行排列
分布对象	允许用户将选择的对象按水平左对齐、水平右对齐、水平居中或水平平均、垂直顶对齐、垂直底对齐、垂直居中或垂直平均的方式进行分布
查看	允许用户查看字幕安全框、动作安全框、文本基线和跳格标记，还允许用户查看绘制区域中时间线上的视频

↘ 12.1.4 字幕文件的基本操作

用字幕对话框创建了令人炫目的文字和图形后，用户可能希望在不同的Premiere Pro项目中重复使用。为此，用户需要将字幕文件保存到硬盘上，然后将这些文件导入到需要的项目中去。

 Tips

将字幕保存到硬盘上后，可以将它加载到任何项目中，双击项目面板的字幕素材会在字幕设计中打开该字幕。

在Premiere Pro中，用户可以对字幕文件进行以下4种操作。

第1种：如果要将字幕保存到硬盘上，那么选择【项目】面板上的字幕，然后执行【文件】>【导出】>【字幕】菜单命令，在打开的【存储字幕】对话框中为字幕重新命名并指定存储路径，最后单击【保存】按钮，即可将字幕以PRTL格式保存下来。

第2种：如果要将已保存的字幕导入某个Premiere Pro项目，那么执行【文件】>【导入】菜单命令，然后在打开的【导入】对话框中选择要导入的字幕文件，接着单击【打开】按钮即可，导入的字幕文件会出现在【项目】面板中。

第3种：如果要编辑字幕文件，那么双击【项目】面板中的字幕文件，当字幕出现在字幕对话框时，就可以通过对字幕进行修改来替换原来的字幕。如果不希望替换当前字幕，可以单击字幕面板中的【基于当前字幕新建】图标，这样能将修改后的字幕保存为新的字幕。

第4种：如果要复制当前字幕，那么单击字幕对话框中的【基于当前字幕新建】图标，然后在【新建字幕】对话框中修改字幕的名称，接着单击【确定】按钮即可。

即学即用	● 创建简单字幕	
	素材文件：素材文件 > 第12章 > 即学即用：创建简单字幕	
	素材位置：素材文件 > 第12章 > 即学即用：创建简单字幕	
	技术掌握：创建一个简单字幕素材并将它保存的方法	（扫码观看视频）

01 新建一个项目，然后执行【字幕】>【新建字幕】>【默认静态字幕】菜单命令，接着在打开的【新建字幕】对话框中设置【名称】为New，最后单击【确定】按钮，如图12-5所示。

02 在字幕工具面板中单击【输入工具】T，然后将鼠标移到绘制区的中心位置单击鼠标，接着输入文字"我的字幕"，如图12-6所示。

图12-5

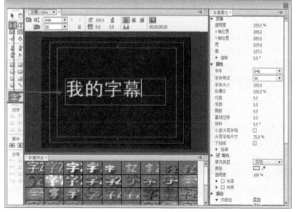

图12-6

03 在【字幕样式】面板中可以选择Premiere Pro提供的字幕样式，也可以在右侧的【字幕属性】面板中自定义字幕的效果，如图12-7所示。

04 创建字幕后，可以将字幕保存以便日后使用。在【项目】面板中选择字幕文件，然后执行【文件】>【导出】>【字幕】菜单命令，如图12-8所示。接着在打开的【存储字幕】对话框中设置字幕的名称和路径，单击【保存】按钮即可，如图12-9所示。

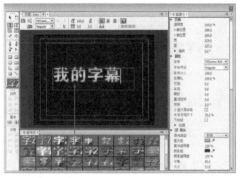

图12-7

图12-8

图12-9

12.2 创建和编辑文字

　　【字幕设计】中的【输入工具】T和【垂直文字工具】IT与其他绘制软件中的文字工具非常相似，因此创建、选择、移动文字以及设计字体样式的操作，与大多数其他文字工具也几乎相同。只有修改文字颜色和添加阴影的操作会稍有不同，但熟悉之后也会非常简单。

12.2.1 使用文字工具

　　视频作品中的文字必须清晰易读。如果观众需要费劲睁大眼睛才能看清字幕的话，那么当他们试图去译解屏幕上的文字时，要么放弃阅读字幕，要么忽略视频和音频。因此，这样的字幕是不可取的。

　　Premiere Pro的文字工具提供了创建明了生动的文字所需要的各种功能。另外，使用字幕属性面板来制作字幕不仅可以修改字幕的大小、字体和色彩，还可以创建阴影和浮雕效果。

　　使用Premiere Pro的文字工具，可以在字幕面板的绘制区的任意位置放置文字。在处理文字时，Premiere Pro将每个文字块放在一个文字边框里，这样方便对它进行移动、调整大小或者删除操作。

1.使用文字工具创建文字

　　使用【输入工具】T或【垂直文字工具】IT创建水平或文字的操作步骤如下。

　　第1步：选择【文件】>【新建】>【项目】来创建一个新项目，并为字幕和作品的尺寸设置预置。

　　第2步：选择【字幕】>【新建字幕】>【默认静态字幕】命令来创建一个新字幕，在出现的【新建字幕】对话框中为字幕命名，然后单击【确定】按钮，这时就会出现字幕对话框。

　　第3步：在字幕工具面板中单击【输入工具】T或【垂直文字工具】IT。【输入工具】T从左到右水平创建文字，【垂直文字工具】IT则在垂直方向上创建文字。

　　第4步：将光标移动到理想的位置，然后单击鼠标，当出现空白光标时即可输入文字。

　　第5步：如果输入错误希望删除输入的字符，可以按Backspace键将其删除。图12-10所示为在文本框中输入的文字，背景是一个图像素材。

图12-10

　　使用【区域文字工具】▦或【垂直区域文字工具】▦可以创建需要换行的水平或垂直文本，这两种工具可以根据文本框的大小使文字自动换行，操作步骤如下。

　　第1步：从字幕工具面板中选择相应的工具，然后将工具移到绘制区域。

　　第2步：拖曳鼠标创建一个文本框，如图12-11所示。

　　第3步：释放鼠标后，就可以开始输入文字。在输入文字时，文字会根据文本框的大小自动换行，如图12-12所示。

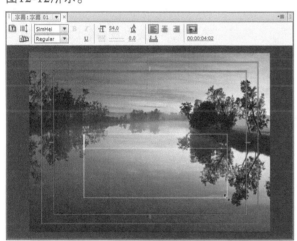

图12-11

图12-12

2.使用文字工具编辑文字

　　如果输入文字后希望编辑文字，可以使用【选择工具】▸选择所有文字。如果用户仅对部分文字进行编辑，可以在要进行编辑的文字上拖曳，从而单独将其选择。如果正在使用【输入工具】T或【垂直文字工具】ⅠT，并且想要跳转到下一行，那么需要按Enter键。

3.文字换行

　　使用【输入工具】T和【垂直文字工具】ⅠT输入的水平文字和垂直文字不会自动换行，如果希望使用这两种工具创建文字时自动换行，那么需要在输入的文字上单击鼠标右键，然后选择【自动换行】命令。

↘ 12.2.2 变换文字

　　创建文字后，如果需要修改文字的位置、角度、文本框大小和透明度等参数，那么可以使用一些工具和命令来完成。

1.使用选择工具变换文字

使用【选择工具】 ▶ 可以快速移动文字、调整文字和文本框的大小，还可以旋转文字，具体操作方法如下。

移动文字。在字幕面板的绘制区中，使用【选择工具】 ▶ 选取文字，然后将文字拖曳到一个新位置即可。此时，在字幕属性面板的【变换】属性组中的【X轴位置】和【Y轴位置】属性会显示文字的当前位置属性，如图12-13所示。

调整区域文字的文本框大小。将【选择工具】 ▶ 移动到文本框的一个控制点上，当光标变为双箭头状 ↖ 时，拖曳鼠标即可放大或缩小文本框的大小，如图12-14所示。此时，字幕属性面板的【变换】属性组中的【宽】和【高】属性会显示文本框的当前大小。

图12-13

图12-14

调整非区域文字的大小。使用【选择工具】 ▶ 选择一个非区域文字，然后拖曳文字边框上的一个控制点，可以快速调整文字的大小，如图12-15所示。此时字幕属性面板的【变换】属性组中的【宽】和【高】属性会显示当前文字的大小。

旋转文字。将【选择工具】 ▶ 移动到区域文字的文本框或非区域文字的文字边框外靠近其中一个控制点的位置处。当光标变 ↵ 状时，拖曳鼠标即可旋转文字，如图12-16所示。此时，字幕属性面板的【变换】属性组中的【旋转】属性会显示当前文字的角度。

图12-15

图12-16

 Tips

要旋转文字，还可以使用字幕工具面板中的【旋转工具】 ↻。将【旋转工具】 ↻ 移动到文字处，然后按下鼠标左键并沿着希望文字旋转的方向拖曳鼠标，即可旋转文字。

2.使用变换选项

用户可以使用位于字幕属性面板中的各类【变换】属性对文字进行移动、调整大小及旋转操作。在进行这些操作之前，必须先使用【输入工具】 T 或【选择工具】 ▶ 在文字上单击将其选择，然后通过下述方法来操作文字。

修改文字的透明度。在【透明度】参数上按住鼠标左键并拖曳，选择后即可进行修改。该值小于100%时，文字边框中的内容会呈现半透明状态。

移动文字。在【X轴位置】和【Y轴位置】属性上按住鼠标左键并拖曳，选择后即可移动文字的位置。如果要以10为增量来移动文字，那么在拖曳【X轴位置】和【Y轴位置】属性时按住Shift键。

调整文字的大小。在【宽】和【高】属性上按住鼠标左键并拖曳，选择后即可调整文字的大小。在拖曳的同时按住Shift键，将以10为增量来修改【宽】和【高】属性。

旋转文字。在【旋转】属性上按住鼠标左键并拖曳，选择后即可旋转文字。向左拖曳【旋转】属性，会沿逆时针方向旋转文字；向右拖曳【旋转】属性，会沿顺时针方向旋转文字。

3.使用字幕菜单命令变换文字

在选择文字后，可以使用【字幕】菜单命令移动文字、调整文字的大小和透明度，以及旋转文字，具体操作方法如下。

移动文字。执行【字幕】>【变换】>【位置】菜单命令，在图12-17所示的【位置】对话框中，输入【X轴位置】和【Y轴位置】值，然后单击【确定】按钮即可。

图12-17

 Tips

> 执行【字幕】>【位置】菜单命令，从打开的子菜单中选择一个命令，可以将文字移动到水平居中、垂直居中或屏幕下方三分之一处的区域。

调整文字的大小。执行【字幕】>【变换】>【缩放】菜单命令，在图12-18所示的【比例】对话框中，输入比例百分比（可以选择以一致或不一致的方式调整比例），然后单击【确定】按钮，即可应用定义的比例值。

调整文字的透明度。执行【字幕】>【变换】>【透明度】菜单命令，在图12-19所示的【透明度】对话框中，修改文字的透明度，然后单击【确定】按钮即可。图12-20所示为将透明度设置为50%的效果。

旋转文字。执行【字幕】>【变换】>【旋转】菜单命令，在图12-21所示的【旋转】对话框中，输入希望文字旋转的角度值，然后单击【确定】按钮即可。

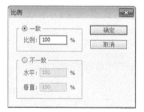

图12-18　　　　　　图12-19　　　　　　图12-20　　　　　　图12-21

 Tips

> 当对文本框进行移动、调整大小和旋转时，需要注意字幕属性面板转换区中的选项会随时更新以反映变化。

↘ 12.2.3 设置文字样式

在第一次使用【输入工具】T输入文字时，Premiere Pro会将放在屏幕上的文字设置成默认的字体和大小。用户可以通过修改字幕属性面板中的属性选项，或者使用【字幕】菜单中的菜单命令来修改文字属性。

在字幕属性面板的属性区，可以修改文字的字体和字体大小，设置纵横比、字距、跟踪、基线位移和倾斜，以及应用小型大写字母和添加下画线等。

使用【字幕】菜单可以修改文字的字体和大小，还可以将文字方向从水平改成垂直，或从垂直改成水平。

1.设置文字的字体和大小

用户可以使用【字幕】菜单和字幕属性面板中的属性选项来修改文字的字体和大小。字幕对话框为编辑文字的字体和字体大小属性提供了3种基本方法。在输入文字前修改字体和字体大小属性的步骤如下。

第1步：选择【输入工具】T，然后在希望文字出现的位置处单击。

第2步：在面板的顶部调整文字的字体和大小等，也可以从字幕属性面板的【属性】属性组的【字体】和【字体大小】下拉列表中选择字体和大小，如图12-22所示。

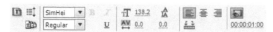

图12-22

第3步：输入所需的文字，此时输入的文字会使用当前设置的字体和大小。

要修改单个字符或部分相连文字的文字属性，可按照以下步骤进行操作。

第1步：使用【输入工具】T在需要选择的首个字符前单击，然后向后拖曳鼠标，即可选择指定的部分文字，如图12-23所示。

第2步：使用【字幕】菜单命令或字幕属性面板的【属性】选项来修改文字属性。

 Tips

如果用户希望修改所有区域文字的属性，可以使用【选择工具】选择区域文字，然后进行修改。

图12-23

2.修改文字间距

通常，字体的默认行距（行之间的间隔）、字距（两个字符间的间隔）和跟踪（整个选择区域内所有字母间的间隔）提供了文字在屏幕上的可读性。但是，如果使用了大字体，那么行间距和字距可能会看起来不太协调。发生这种情况时，可以使用Premiere Pro的行距、字距和跟踪控件来修改间距属性。操作步骤如下。

第1步：使用【区域文字工具】或【垂直区域文字工具】在字幕面板的绘制区内创建多行文字。

第2步：在字幕属性面板的【属性】属性组中拖曳【行距】属性，即可调整文字的行距。增加【行距】属性会增大行与行之间的间隔，减少【行距】属性会缩小行与行之间的间隔。如果希望将间距重新设置成初始行距，那么在行距字段中输入0即可。图12-24所示为修改行距前后的效果对比。

图12-24

用户可以使用【基线位移】属性上下移动选择的字母、文字或句子的基线。增加基线位移值会使文字上移，减小基线位移值会使文字下移。操作步骤如下。

第1步：使用【输入工具】T或【垂直文字工具】IT创建多行文字，并选择其中的部分文字，如图12-25所示。

第2步：在【属性】属性组中的【基线位移】属性上按住鼠标左键并拖曳，即可调整所选文字相对于基线的位置，如图12-26所示。

图12-25   图12-26

要修改文字的字距，可以按照以下步骤进行。

第1步：使用【输入工具】T在字幕面板的绘制区内创建文字，并选择需要修改字距的两个文字或部分相连的文字，如图12-27所示。

第2步：在【属性】属性组中的【字距】属性上按住鼠标左键并拖曳，即可调整所选文字的字距。当增加【字距】属性时，两个字母间的间隔会增加；减小【字距】属性时，两个字母间的间隔会减小，如图12-28所示。

图12-27　　　　　　　　　　图12-28

要修改文字的跟踪属性，可以按照以下步骤进行。

第1步：使用【输入工具】T在字幕面板的绘制区内创建文字，然后选择需要设置跟踪属性的部分文字，如图12-29所示。

第2步：在【属性】属性组中的【跟踪】属性上按住鼠标左键并拖曳，即可调整所选文字的跟踪属性。增加【跟踪】属性会增加字母间的间隔，减小【跟踪】属性会减少字母间的间隔，如图12-30所示。

图12-29　　　　　　　　　　图12-30

3.设置其他文字属性

其他一些文字属性可用来修改文字的外观，它们是纵横比、倾斜、扭曲、小型大写字母和下画线属性。图12-31所示为修改纵横比、倾斜、扭曲和其他文字属性，并为文字添加阴影后的效果。其操作是对其中每个字母都单独选择，然后修改属性，这样每个字母都拥有独一无二的外观。

图12-31

按照以下步骤，使用字幕属性面板的【属性】属性组中的一些文字属性来修改文字外观。

第1步：选择【输入工具】T，并为文字选择一种字体和字体大小。

第2步：使用【输入工具】T输入文字。

第3步：在【纵横比】值上按下鼠标左键，并向左或向右拖曳来增加或减小文字的横向比例。

第4步：要使文字向右倾斜，将【倾斜】值向右拖曳；要使文字向左倾斜，将【倾斜】值向左拖曳。

第5步：要扭曲文字，在【扭曲】属性组的【X】和【Y】值上按住鼠标左键并拖曳即可。

知识拓展：将英文设置为小型大写字母样式

　　如果用户希望为文字添加下画线或将文字转换成小型大写字母，可以在【属性】属性组中选择【下画线】或【小型大写字母】选项。图12-32所示为将文字转换为小型大写字母后的效果。

图12-32

12.3　修改文字和图形的颜色

　　为文字和图形选择的色彩会给视频项目的基调和整体效果增色。使用Premiere Pro的色彩工具，可以选择颜色，并能创建从一种颜色到另一种颜色的渐变，甚至还可以添加透明效果，使其可以透过文字和图形显示背景视频画面。

　　创建字幕时怎么知道要选择哪种颜色好呢？最好的方法是使用可以从背景图片中突出的颜色。当我们观看电视节目时，特别观察一下字幕会发现，很多电视制作人只是简单地在暗色背景中使用白色文字，或者使用带阴影的亮色文字来避免字幕看起来单调。如果正在制作一个包括很多字幕的作品，那么需要保持整个作品中文字颜色一致，以避免分散观众的注意力。此类字幕的一个样例是屏幕下方三分之一处，其中图形出现在屏幕底部，经常提供诸如说话者名字之类的信息。

↘ 12.3.1　了解RGB颜色

　　计算机显示器和电视屏幕使用红绿蓝颜色模式创建颜色，在这种模式下，混合不同的红、绿和蓝光值可以创建出上百万种颜色。

　　Premiere Pro允许用户在Red（R）、Green（G）和Blue（B）字段里输入不同的值来模拟混合光线的过程。表12-3给出了一些颜色值。

表12-3

颜色	R（红色）值	G（绿色）值	B（蓝色）值
黑色	0	0	0
红色	255	0	0
绿色	0	255	0
蓝色	0	0	255
青色	0	255	255
洋红色	255	0	255
黄色	255	255	0
白色	255	255	255

颜色域中可输入的最大值是255，最小值是0。因此，Premiere Pro允许用户创建1600万（256×256×256）种颜色。如果每个RGB值都为0，创建颜色时不添加任何颜色，结果颜色就是黑色；如果每个RGB域输入的都是255，就会创建白色。

要创建不同深浅的灰色，必须使所有字段中的值都相等。例如，值（R:50，G:50，B:50）创建出深灰色，值（R:250，G:250，B:250）创建出浅灰色。

12.3.2 通过颜色样本修改颜色

在Premiere Pro中，随时都可以使用Premiere Pro的颜色拾取来选择颜色。展开【填充】属性组并显示颜色样本（【填充】属性组位于字幕属性面板的【属性】属性组下方）。要使实色填充颜色样本出现，必须在【填充类型】下拉列表中选择【实色】选项，如图12-33所示。单击【颜色】属性后面的色块可以打开【颜色拾取】对话框，如图12-34所示。

在【颜色拾取】对话框中，可以单击对话框的主要色彩区，或者输入特定的RGB值，为文字和图形选择颜色。在使用【颜色拾取】对话框时，可以在对话框右上角颜色样本的上半部分预览设置的颜色。颜色样本的下半部分显示为初始颜色。如果希望恢复成初始颜色，只需单击下半部分颜色样本即可。

如果选择的颜色不在NTSC（全国电视系统委员会制式）视频色域之内，Premiere Pro会显示范围警告信号 ⚠，如图12-35所示。要使颜色改变成最接近NTSC制式的颜色，只需单击范围警告信号即可。

如果希望使用专门用于Web的颜色，可以选择【颜色拾取】对话框左下角的【仅网页颜色】选项，如图12-36所示。

图12-33

图12-34　　　　　　图12-35

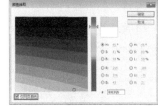
图12-36

> **Tips**
>
> PAL（精确近照明设备）和SECAM制式视频（顺序与存储彩色电视系统）使用的色域比NTSC制式要宽。如果采用的不是NTSC制式视频，可以忽略范围警告。

12.3.3 使用吸管工具选择颜色

除了【颜色拾取】对话框，拾取颜色最有效的方法就是使用【吸管工具】 ✐。【吸管工具】 ✐会将用户单击的颜色自动复制到颜色样本中。这样，就可以重新创建颜色，而不必把时间浪费在试验【颜色拾取】对话框中的RGB值上。

使用【吸管工具】 ✐从视频素材、标记、样式或模板上选择颜色非常便利。使用【吸管工具】 ✐可以完成以下3种操作。

第1种：从绘制区中的文字或图形对象上选择一种颜色。

第2种：从标记、样式或模板上选择一种颜色。

第3种：从字幕面板背景中的视频素材上选择一种颜色。

↘ 12.3.4 应用光泽和材质效果

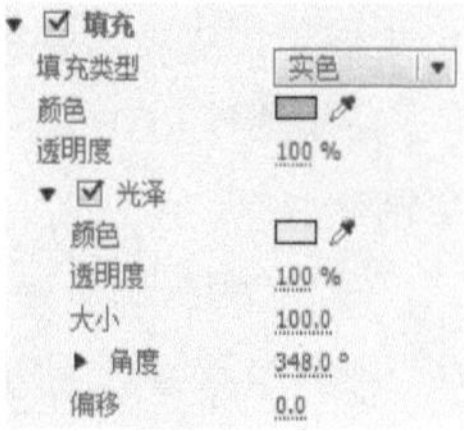

用户可以将光泽和材质添加到文字或图形对象的填充和描边中。如果要添加光泽，需要选择【光泽】选项。展开【填充】属性组，选择【光泽】选项后，【光泽】属性组中的属性即可激活，如图12-37所示。

图12-37

应用材质会使文字和图形看起来更逼真，用户可以按照以下步骤应用材质。

第1步：在绘制区中选择一个图形或文字对象，展开【填充】属性组，然后选择【材质】选项。

第2步：展开【材质】属性组，单击【材质】右边的材质样本来显示【选择材质图像】对话框。

第3步：在【选择材质图像】对话框中，从Premiere Pro的Textures文件夹中选择一个材质，然后单击【打开】按钮即可。

 Tips

　　　用户可以创建自己的材质。例如，可以使用Photoshop将任何位图文件保存为PSD、JPEG、TARGA或TIFF文件，用户也可以使用Premiere Pro从视频素材中输出一个画面。

【材质】选项如图12-38所示，其中各选项的功能如下。

参数介绍

＊ 对象翻转/对象旋转：Premiere Pro随物体一起翻转或旋转物体的材质。

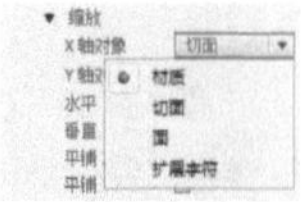

＊ 缩放：Premiere Pro缩放材质的比例。【水平】和【垂直】属性可以控制材质的缩放百分比。【缩放】属性组中还包括【平铺X】和【平铺Y】选项，使用这两个选项可以指定是否将材质平铺到物体。使用【缩放】属性组的【X轴对象】和【Y轴对象】下拉列表来决定材质沿着X轴和Y轴延伸的方式。下拉菜单的4个选项分别是【材质】、【切面】、【面】和【扩展字符】，如图12-39所示。

图12-38

＊ 对齐：使用【X轴对象】和【Y轴对象】下拉列表来决定物体材质排列的方式。下拉菜单的4个选项分别是【材质】、【切面】、【面】和【扩展字符】，选择的选项将决定材质的排列方式，默认选择的是【切面】选项。使用【X轴标尺】和【Y轴标尺】下拉列表中的【左】【居中】或【右】选项，可以决定材质排列的方式。使用【X轴偏移】和【Y轴偏移】属性，可以在选择物体里移动材质。

图12-39

＊ 混合：使用【混合】属性组的【混合】属性可以将填充颜色和材质融合在一起。减小【混合】可以增加填充颜色，同时减少材质。【混合】属性组的【填充键】和【材质键】选项会考虑物体的透明度。降低融合区的【Alpha缩放】属性使得物体显得更透明。使用【合成通道】下拉菜单选择决定透明度所要使用的通道。选择【反转组合】选项可以翻转Alpha值。

↘ 12.3.5 应用渐变色填充

Premiere Pro的颜色控件允许用户对字幕设计创建的文字应用渐变色。渐变是指从一种颜色向另一种颜色逐渐过渡，它能够增添生趣和深度，否则颜色就会显得单调。如果应用得当，渐变还可以模拟图形中的光照效果。用户可以在【类型设计】中创建3种渐变，分别是【线性渐变】、【放射渐变】和【四色渐变】。线性和放射渐变都是由2种颜色创建的，四色渐变则可以由4种颜色创建。

下面以创建放射渐变为例，介绍为文字或图形应用渐变色的方法。

在字幕对话框中，使用字幕工具面板中的工具创建文字或图形，然后使用【选择工具】▸选择文字或图

形接着选择【填充】选项并展开该属性组,再设置
【填充类型】为【放射渐变】,此时可以设置渐变颜
色,如图12-40所示。要设置渐变的开始颜色和终止
颜色,可以使用渐变开始和渐变结束颜色滑块。

参数介绍

＊ 颜色:可以移动渐变开始颜色滑块和渐变终止颜
色滑块,移动样本会改变每个样本应用到渐变的颜色比例。

＊ 色彩到色彩:颜色样本用于修改选择颜色样
本的颜色。

＊ 色彩到透明:设置用于修改选择颜色样本的
透明度。选择的颜色样本上面的三角形显示为实心。

＊ 角度:修改线性渐变中的角度。

图12-40

对于线性渐变和放射渐变来说,开始和结束颜色样本是渐变条下的两个小矩形。双击渐变开始颜色样本,当打
开【颜色拾取】对话框时,选择一种开始渐变颜色;双击渐变终止颜色滑块,当打开【颜色拾取】对话框时,选择一
种渐变终止颜色。图12-41所示为修改渐变开始和渐变结束颜色滑块后,应用到文字上的渐变色。

要增加线性或放射渐变的重复次数,可以调整【重复】属性。图12-42所示为增加【重复】属性后的渐变色。

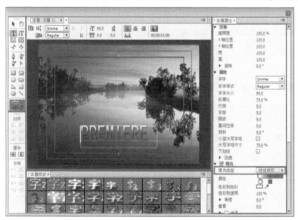

图12-41

图12-42

知识拓展:四色渐变中的颜色样本

四色渐变有两个开始样本和两个终止样本。对于四
色渐变来说,渐变条上下各有两个小矩形,这些是它的颜色
样本,如图12-43所示。

图12-43

↘ 12.3.6 应用斜面效果

Premiere Pro允许用户在字幕设计中创建一些真实有趣的斜面，斜面可以为文字和图形对象添加三维立体效果，如图12-44所示。

图12-44

↘ 12.3.7 添加阴影

若要为文字或图形对象添加最后一笔修饰，可能会想到为它添加阴影。Premiere Pro可以为对象添加内侧边或外侧边阴影，效果如图12-45所示。

图12-45

↘ 12.3.8 应用描边

为了将填充颜色和阴影颜色分开，可能需要对其添加描边，Premiere Pro可以为物体添加内侧边或外侧边。应用描边的效果如图12-46所示。

图12-46

↘ 12.3.9 使用字幕样式

虽然设置文字属性非常简单，但是有时会发现将字体、大小、样式、字距和行距合适地组合在一起非常耗时。在花时间调整好一个文本框里的文字属性后，用户可能会希望对字幕设计里的其他文字或先前保存过的其他文字应用同样的属性，这时可以使用样式将属性和颜色保存下来。图12-47所示为为文字和矩形应用不同的字幕样式后的效果。

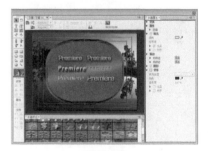

图12-47

Premiere Pro的【字幕样式】面板为文字和图形提供保存和载入预置样式的功能。因此，不用在每次创建字幕时都选择字体、大小和颜色，只需为文字选择一个样式名，就可以立即应用所有的属性。在整个项目中使用一两种样式有助于保持效果的一致性。如果用户不想自己创建样式，可以使用【字幕样式】面板中的预置样式。

要显示【字幕样式】面板，可以选择【窗口】>【字幕样式】命令，或者单击字幕面板菜单并选择【样式】命令。应用样式首要的操作就是选择文字，然后单击所需的样式样本即可。

单击【字幕样式】面板右上角的按钮，显示图12-48所示的面板菜单，在该菜单中可以选择【新建样式】、【应用样式】、【复制样式】、【存储样式库】和【替换样式库】等命令。

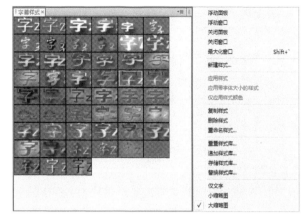

图12-48

要新建样式，可以按照以下操作步骤进行。

第1步：使用【输入工具】T输入文字，然后在字幕属性面板中为文字设置必要的属性。这里以选择前面创建的文字City为例。

第2步：选择【字幕样式】面板菜单中的【新建样式】命令，在打开的【新建样式】对话框中为新样式命名，如图12-49所示。单击【确定】按钮，即可保存为样式。在【字幕样式】面板中会看到新样式的样本或样式名，如图12-50所示。

新建样式后，新样式只保留在当前Premiere Pro项目会话中。如果想再次使用该样式，必须将它保存到一个样式文件中。在【字幕样式】面板中选择样式，然后在【字幕样式】面板菜单中选择【存储样式库】命令，接着在打开的【存储样式库】对话框中输入文件名，并指定保存的硬盘路径，最后单击【保存】按钮，如图12-51所示。Premiere Pro使用.prtl扩展名保存样式文件。

图12-49　　　　　　　图12-50　　　　　　　　图12-51

> **Tips**
>
> 要更改样式的样式名，可以在【字幕样式】面板菜单中选择【重命名样式】命令；要创建样式副本，可以选择【复制样式】命令。

1.载入并应用字幕样式

如果想载入硬盘上的样式以在Premiere Pro的新会话中应用，必须在应用之前先载入样式库。按照以下操作可以载入硬盘上的样式。

第1步：在【字幕样式】面板菜单中选择【追加样式库】命令，在打开的【打开样式库】对话框中选择需要载入并应用的样式，如图12-52所示。

图12-52

第2步：载入样式后，只需选择文字或对象，然后在【字幕样式】面板中单击想要应用的样式缩略图，就可以应用该样式了。图12-53所示为为矩形和文字应用所选样式后的效果。

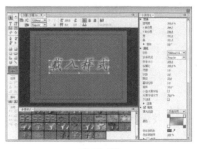

图12-53

2.管理样式样本

用户可以复制和重命名样式，也可以删除现存的样式，还可以修改样式样本在字幕设计中的显示方式。具体的操作方法如下。

* 复制：选择一个样式，然后从【字幕样式】面板菜单中选择【复制样式】命令即可。

* 重命名：选择该样式，然后从【字幕样式】面板菜单中选择【重命名样式】命令，在打开的【重命名样式】对话框中输入新的样式名，接着单击【确定】按钮即可。

* 删除：在【字幕样式】面板中选择需要删除的样式，然后在【字幕样式】面板菜单中选择【删除样式】命令，在打开的对话框中单击【确定】按钮即可。

* 修改样式样本：如果用户觉得样式样本占用的屏幕空间太多，可以修改样式的显示使其以文字或小图标的形式显示。要修改样式的显示，只需在【字幕样式】面板菜单中选择【只显示文字】或【小缩略图】命令。

知识拓展：修改样式中显示的字符

要修改样式样本中显示的两个字符，可以执行【编辑】>【首选项】>【字幕】命令，在出现的对话框中输入字符，如图12-54所示。然后单击【确定】按钮，即可修改字幕对话框中的样式显示的字符，效果如图12-55所示。

图12-54

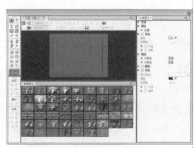

图12-55

即学即用

（扫码观看视频）

● 实色填充文字

素材文件：
素材文件 > 第 12 章 > 即学即用：实色填充文字
素材位置：
素材文件 > 第 12 章 > 即学即用：实色填充文字
技术掌握：
应用【实色】填充文字的方法

本例主要介绍如何为文字添加颜色并修改文字透明度，案例效果如图12-56所示。

图12-56

---

01 新建一个项目，然后导入光盘中的"素材文件>第12章>即学即用：实色填充文字>galaxy.jpg"文件，接着将该文件拖曳至视频1轨道，如图12-57所示。

02 执行【字幕】>【新建字幕】>【默认静态字幕】菜单命令，然后在打开的【新建字幕】对话框中设置【名称】为New，接着单击【确定】按钮，如图12-58所示。

03 在字幕工具面板中单击【输入工具】T，然后将鼠标移到绘制区的中心位置单击鼠标，接着输入文字"银河"，如图12-59所示。

图12-57

04 在【字幕属性】面板中设置【字体】为FZChao CuHei-M10、【字体大小】为100，然后展开【填充】属性组，设置【填充类型】为【实色】、【颜色】为（R:27，G:98，B:203）、【透明度】为70%，如图12-60所示。

图12-58

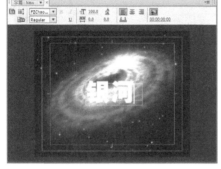

图12-59

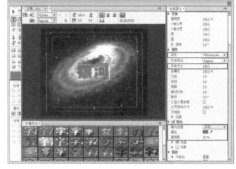

图12-60

即学即用

● 创建斜面立体文字

素材文件：
素材文件 > 第12章 > 即学即用：创建斜面立体文字

素材位置：
素材文件 > 第12章 > 即学即用：创建斜面立体文字

技术掌握：
使用斜面文字和图形对象添加三维立体效果的方法

（扫码观看视频）

本例主要介绍如何使用为文字和图形对象添加三维立体效果，案例效果如图12-61所示。

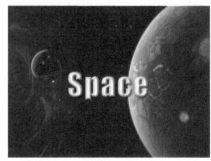

图12-61

01 新建一个项目，然后导入光盘中的"素材文件>第12章>即学即用：创建斜面立体文字>space.jpg"文件，接着将该文件拖曳至视频1轨道，如图12-62所示。

02 执行【字幕】>【新建字幕】>【默认静态字幕】菜单命令，然后在打开的【新建字幕】对话框中设置【名称】为New，接着单击【确定】按钮，如图12-63所示。

03 在字幕工具面板中单击【输入工具】T，然后将鼠标移到绘制区的中心位置单击鼠标，接着输入文字Space，如图12-64所示。

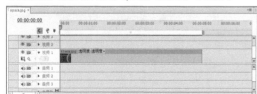

图12-62

图12-63

图12-64

225

04 在【字幕属性】面板中设置【字体】为Impact、【字体大小】为100、【字距】为5，如图12-65所示。

05 展开【填充】属性组，然后设置【填充类型】为【斜面】、【高光色】为白色、【阴影色】为（R:255，G:84，B:0）、

【大小】为40、【照明
角度】为315°、【亮
度】为98，接着选择
【大小】和【管状】选
项，如图12-66所示。

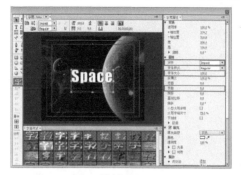
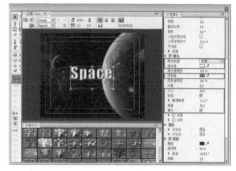

图12-65　　　　　　　　　　　　　　　图12-66

即学即用

（扫码观看视频）

● 创建阴影文字

素材文件：
素材文件 > 第 12 章 > 即学即用：创建阴影文字
素材位置：
素材文件 > 第 12 章 > 即学即用：创建阴影文字
技术掌握：
创建阴影文字的方法

本例主要介绍如何为文字添加阴影效果，案例效果如图12-67所示。

图12-67

01 新建一个项目，然后导入光盘中的"素材文件>第12章>即学即用：创建阴影文字>sunny-day.jpg"文件，接着将该文件拖曳至视频1轨道，如图12-68所示。

02 执行【字幕】>【新建字幕】>【默认静态字幕】菜单命令，然后在打开的【新建字幕】对话框中设置【名称】为New，接着单击【确定】按钮，如图12-69所示。

03 在字幕工具面板中单击【输入工具】T，然后将鼠标移到绘制区的中心位置单击鼠标，接着输入文字Sunny Day，如图12-70所示。

图12-68　　　　　　　　　图12-69　　　　　　　　　图12-70

04 在【字幕属性】面板中设置【字体】为FZShu Ti、【字体大小】为70，如图12-71所示。

05 选择并展开【阴影】属性组，然后设置【透明度】为70%、【距离】为8、【大小】为20、【扩散】为30，如图12-72所示。

图12-71　　　　　　　　　　　　　　图12-72

（扫码观看视频）

● 创建描边文字

素材文件：

素材文件 > 第12章 > 即学即用：创建描边文字

素材位置：

素材文件 > 第12章 > 即学即用：创建描边文字

技术掌握：

使用描边文字将填充颜色和阴影颜色分开的方法

本例主要介绍如何为文字添加描边效果，案例效果如图12-73所示。

图12-73

01 新建一个项目，然后导入光盘中的"素材文件>第12章>即学即用：创建描边文字>night sky.jpg"文件，接着将该文件拖曳至视频1轨道，如图12-74所示。

02 执行【字幕】>【新建字幕】>【默认静态字幕】菜单命令，然后在打开的【新建字幕】对话框中设置【名称】为New，接着单击【确定】按钮，如图12-75所示。

图12-74

03 在字幕工具面板中单击【输入工具】T，然后将鼠标移到绘制区的中心位置单击鼠标，接着输入文字Night Sky，如图12-76所示。

04 在【字幕属性】面板中设置【字体】为Comic Sans MS、【字体大小】为100，如图12-77所示。

图12-75

图12-76

图12-77

05 在【描边】属性组中单击【外侧边】属性后面的【添加】蓝色字样，然后在展开的【外侧边】属性组中设置【类型】为【凸出】、【大小】为30、【填充类型】为【实色】、【颜色】为(R:24, G:154, B:255)，接着选择【光泽】选项，最后设置【大小】为50、【角度】为30°、【偏移】为22，如图12-78所示。

图12-78

> **Tips**
>
> 如果用户希望为选择的物体添加描边，但不进行填充或为其添加阴影，可以将物体的【填充类型】设置成【消除】，这样便可将选择物体作为边框使用。

12.4 在项目中应用字幕

本节将介绍将字幕添加到项目中以及在字幕素材中加入背景效果的操作。下面首先介绍将字幕添加到项目中的方法。

↘ 12.4.1 将字幕添加到项目

要使用在字幕设计中创建的字幕，必须将其添加到Premiere Pro项目中。当保存字幕时，Premiere Pro会自动将字幕添加到当前项目的【项目】面板中。字幕出现在【项目】面板后，将其从【项目】面板拖曳到【时间线】面板中即可。

用户可以将字幕放在视频素材的视频轨道里或者和视频素材相同的轨道里。通常，可以将字幕添加到视频2轨道，这样字幕或字幕序列就会显示在视频1轨道的视频素材上方。如果用户希望使字幕文件逐渐切换到视频素材，可以将字幕文件放在同一个视频轨道中，使字幕与视频素材在开头或者结尾处重叠。然后对重叠区应用切换。按照下述操作步骤，可以将字幕添加到【项目】面板中。

第1步：执行【文件】>【导入】命令，然后选择字幕文件。这时，在项目文件的【项目】面板中会出现该字幕文件。

第2步：将字幕文件从【项目】面板拖曳到【时间线】面板的视频轨道中。

第3步：要预览添加字幕的效果，可以在【时间线】面板中，在想预览的区域移动当前时间指示器，然后打开【节目监视器】面板。

> **Tips**
>
> 将字幕文件放置到Premiere Pro项目中后，可以双击该文件，然后在出现的字幕对话框中进行编辑。

↘ 12.4.2 在字幕素材中加入背景

本节将新建一个项目，在新建的项目中导入一个视频素材作为用Premiere Pro字幕设计创建的字幕的背景，然后保存字幕，并将其放在作品中。

↘ 12.4.3 滚动字幕与游动字幕

用户在创建视频的致谢部分或者长篇幅的文字时，可能很希望文字能够活动起来，让它们可以在屏幕上上下滚动或左右游动。Premiere Pro的字幕设计能够满足这一需求。使用字幕设计可以创建平滑、引人注目的字幕，这些字幕如流水般穿过屏幕。

在字幕面板顶部单击【滚动/游动选项】按钮，可以打开【滚动/游动选项】对话框，该对话框用来自定义滚动和游动效果，如图12-79所示。

图12-79

参数介绍

* 开始于屏幕外：选择这个选项可以使滚动或游动效果从屏幕外开始。
* 结束于屏幕外：选择这个选项可以使滚动或游动效果到屏幕外结束。
* 预卷：如果希望文字在动作开始之前静止不动，那么可以在这个输入框中输入静止状态的帧数目。
* 缓入：如果希望字幕滚动或游动的速度逐渐增加直到正常播放速度，那么可以输入加速过程的帧数目。
* 缓出：如果希望字幕滚动或游动的速度逐渐变小直到静止不动，那么可以输入减速过程的帧数目。
* 过卷：如果希望文字在动作结束之后静止不动，那么可以在这个输入框中输入静止状态的帧数目。

Tips

用户可以将滚动或游动文字创建成模板。如果想将屏幕上的滚动或游动字幕保存成模板，那么选择【字幕】>【模板】命令，然后在【模板】对话框中单击⊙按钮，接着在打开的菜单中选择【导入当前字幕为模板】命令，最后单击【确定】按钮将屏幕上的字幕保存成模板，如图12-80所示。

图12-80

即学即用

● 创建游动字幕

素材文件：素材文件>第12章>即学即用：创建游动字幕

素材位置：素材文件>第12章>即学即用：创建游动字幕

技术掌握：创建游动字幕的方法

本例主要介绍如何制作游动字幕效果，案例效果如图12-81所示。

图12-81

01 新建一个项目，然后导入光盘中的"素材文件>第12章>即学即用：创建游动字幕>moon.jpg"文件，接着将该文件拖曳至视频1轨道，如图12-82所示。

02 执行【字幕】>【新建字幕】>【默认游动字幕】菜单命令，然后在打开的【新建字幕】对话框中设置【名称】为New，接着单击【确定】按钮，如图12-83所示。

图12-82

03 在字幕工具面板中单击【垂直文字工具】，然后将鼠标移到绘制区的中心位置单击鼠标，接着输入《静夜思》中的内容，如图12-84所示。

229

04 在【字幕属性】面板中设置【字体】为FZLiShu-S01、【字体大小】为35、【行距】为28，然后单击【外描边】属性后面的【添加】字样，接着激活阴影，最后设置【透明度】为70%、【角度】为-130°，如图12-85所示。

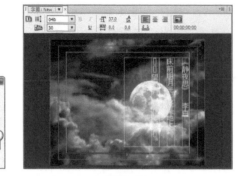
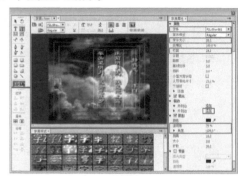

图12-83　　　　　　　　　　图12-84　　　　　　　　　　图12-85

05 单击字幕面板顶部的【滚动/游动选项】按钮，在打开的【滚动/游动选项】对话框中选择【右游动】和【开始于屏幕外】选项，然后单击【确定】按钮，如图12-86所示。

06 在【项目】面板中将制作好的字幕文件拖曳到【时间线】面板中的视频2轨道上，如图12-87所示。

图12-86　　　　　　　　　　图12-87

07 播放视频预览素材应用特效后的效果，如图12-88所示。

图12-88

即学即用

（扫码观看视频）

● 为字幕添加视频背景

素材文件：
素材文件 > 第12章 > 即学即用：为字幕添加视频背景

素材位置：
素材文件 > 第12章 > 即学即用：为字幕添加视频背景

技术掌握：
为字幕添加视频背景的方法

本例主要介绍如何为字幕添加视频背景，案例效果如图12-89所示。

图12-89

01 新建一个项目，然后导入光盘中的"素材文件>第12章>即学即用：为字幕添加视频背景>D036.mov"文件，接着将该文件拖曳至视频1轨道，如图12-90所示。

02 执行【字幕】>【新建字幕】>【默认静态字幕】菜单命令，然后在打开的【新建字幕】对话框中设置【名称】为New，接着单击【确定】按钮，如图12-91所示。

03 在字幕工具面板中单击【显示背景视频】按钮，以便在字幕面板的绘制区中显示视频素材，如图12-92所示。

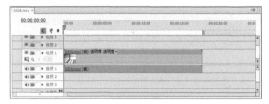

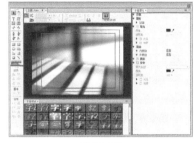

图12-90　　　　　　　　　　图12-91　　　　　　　　　　图12-92

> **Tips**
>
> 默认情况下，Premiere Pro会激活【显示背景视频】功能。另外，如果用户想查看其他时间段的预览效果，可以拖曳【显示背景视频】按钮下面的时间码。

04 在字幕工具面板中单击【输入工具】**T**，然后将鼠标移到绘制区的中心位置单击鼠标，接着输入文字"畅享指尖"，如图12-93所示。

05 在【字幕属性】面板中设置【字体】为STXinwei、【字体大小】为110，然后激活阴影功能，接着设置【透明度】为70%，如图12-94所示。

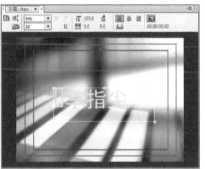

图12-93　　　　　　　　　　　　　　　图12-94

06 将字幕从【项目】面板拖曳到【时间线】面板的视频2轨道中，然后拖曳字幕的时间长度，使字幕和视频的长度一样，如图12-95所示。

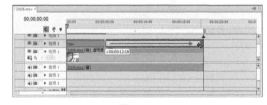

图12-95

12.5 绘制基本图形

字幕对话框提供了很多绘制工具，用户可以使用这些绘制工具创建一些基础形状，增加字幕的视觉效果。

↘ 12.5.1 绘制工具

Premiere Pro的绘制工具可以用于创建简单的对象和形状，如线、正方形、椭圆形、矩形和多边形等。在字幕工具面板上可以找到这些基本绘制工具，包括【矩形工具】□、【圆角矩形工具】□、【切角矩形工具】○、【圆矩形工具】□、【楔形工具】◣、【弧形工具】◢、【椭圆形工具】○和【直线工具】╲。

绘制基本图形的操作非常简单，用户可以按照以下步骤创建矩形、圆角矩形、椭圆形或直线。

第1步：在字幕工具面板中，选择一个Premiere Pro的基本绘制工具，如【矩形工具】□、【圆角矩形工具】□、【椭圆形工具】○或【直线工具】＼。这里以选择【圆矩形工具】○为例。

第2步：将指针移动到字幕设计绘制区中形状的预期位置，然后在屏幕上按住鼠标左键并拖拽来创建形状，如图12-96所示。要想创建正方形、圆角正方形或圆形，可以在拖曳鼠标的同时按住Shift键，按住Alt键则以从中心向外的方式创建图形。要想创建一条倾斜度为45°的斜线，可以在拖曳鼠标的同时按住Shift键。

第3步：随着鼠标的拖曳，形状就会出现在屏幕上。绘制完形状后释放鼠标，如图12-97所示。

第4步：如果想将一个形状变成另一种形状，那么选择上一步绘制的形状，然后单击【绘制类型】下拉菜单，并从中选择一个选项。【绘制类型】下拉菜单位于字幕属性面板的【属性】属性组中。图12-98所示为将圆矩形更改为切角矩形的效果。

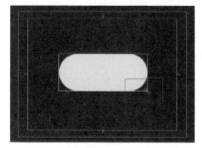
图12-96

图12-97

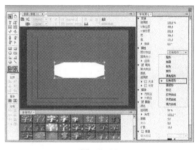
图12-98

 Tips

如果想改变扭曲的形状，那么展开【扭曲】属性组，然后根据需要调整X和Y值即可。

12.5.2 调整对象大小和旋转对象

如果用户想调整图形、形状对象的大小，或者将其旋转，可以按照以下步骤操作。

第1步：使用【选择工具】▶选择需要调整的对象。将鼠标指针移动到一个形状手控上，如图12-99所示。当光标变为↖状时，单击鼠标左键并拖曳形状手控即可放大或缩小对象，如图12-100所示。在调整对象大小时，注意观察字幕属性面板的【变换】区中【X轴位置】和【Y轴位置】的变化，以及【宽】和【高】值的变化。

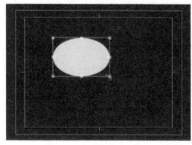
图12-99

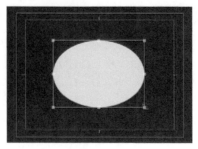
图12-100

Tips

在使用【选择工具】▶调整对象大小的同时按下Shift键，可以在放大或缩小对象时保持对象的宽高比例不变。在使用【选择工具】▶调整对象大小的同时按下Alt键，可以按从中心向外的方式放大或缩小对象。

第2步：修改字幕属性面板【转换】区域中的【宽】和【高】属性，可以精确改变对象的大小，也可以执行【字幕】>【变换】>【缩放】命令来完成这一操作。

第3步：如果要旋转对象，那么可以将光标移动到所选对象的一个形状手控上，当光标变为 ✵ 状时，如图12-101所示。拖曳形状手控即可旋转对象，如图12-102所示。在旋转对象的时候，注意观察字幕属性面板【转换】区域中【旋转】属性的变化。

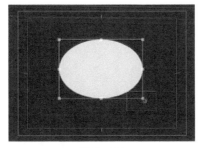

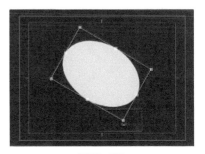

图12-101　　　　　　　　　　　　图12-102

第4步：旋转对象还可以通过改变字幕属性面板【变换】属性组中的【旋转】属性来完成，也可以执行【字幕】>【变换】>【旋转】命令，或者使用字幕工具面板中的【旋转工具】 ⟳ 来完成。

↘ 12.5.3 移动图形的位置

如果要移动对象，可以依照下面的方法来完成。

使用【选择工具】▸ 选择需要移动的对象，然后将所选对象拖曳到新的位置即可。注意观察字幕属性面板【变换】区中【X位置】和【Y位置】属性的变化情况。

> 🎞 Tips
>
> 　　如果屏幕上的对象相互重叠而很难选择其中的某一个对象，那么可以使用【字幕】>【选择】或【字幕】>【排列】中的子菜单命令来进行选择。

修改字幕属性面板【变换】区中的【X位置】或【Y位置】属性来改变对象的位置，也可以使用【字幕】>【变换】>【位置】命令来完成。如果想使对象水平居中、垂直居中或者位于字幕绘制区域下方三分之一处，选择【字幕】>【位置】菜单中的子命令即可。

> 🎞 Tips
>
> 　　如果选择了屏幕上的多个不同对象，而且很难将它们进行水平或垂直的分布和排列，可以使用【字幕】>【对齐对象】或【字幕】>【分布对象】命令。

12.6 对象外观设计

创建一个图形或形状对象后，可能会修改其属性或为其设计样式。例如，改变填充颜色、填充样式、透明度、描边和大小或者为其添加阴影等，所有这些效果都可以通过字幕属性面板中的选项来修改或创建。

↘ 12.6.1 修改对象颜色

如果要改变对象的填充颜色，可以按照以下步骤操作。

第1步：使用【选择工具】▸ 选择要改变的对象。

第2步：在字幕属性面板【填充】属性组域中展开【填充类型】下拉菜单，然后选择一种填充类型。

第3步：单击填充颜色样本，从Premiere Pro的【颜色拾取】对话框中选择一种颜色。

第4步：如果想使对象变成半透明效果，可以减小【透明度】的值。

第5步：单击【光泽】复选框可以添加光泽，如图12-103所示。选择【材质】选项，然后可以将所选的材质添加到对象上。

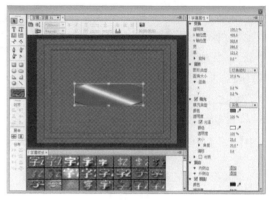

图12-103

↘ 12.6.2　为对象添加阴影

如果要为对象添加阴影，可以按照以下步骤操作。

第1步：使用【选择工具】 ▶ 选择想要改变的对象。

第2步：选择字幕属性面板中的【阴影】选项。

第3步：展开【阴影】属性组，单击阴影颜色样本可以改变颜色。如果在字幕设计的背景中有一个视频素材或者图形对象，则可以使用吸管工具将阴影颜色改成背景中的一种颜色。只要单击吸管工具，再单击希望阴影颜色样本变成的颜色就可以了。

第4步：使用【大小】、【距离】和【角度】属性可以自定义阴影的大小和方向。如果想柔化阴影的边缘，可以调整【扩散】选项和【透明度】属性，如图12-104所示。

第5步：如果想去除阴影，则取消选择【阴影】选项即可。

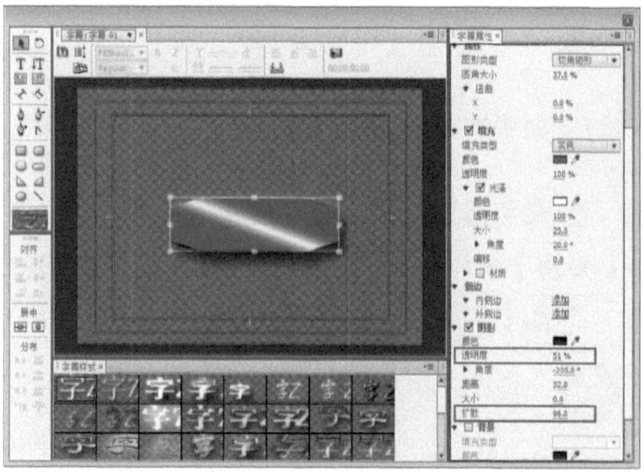

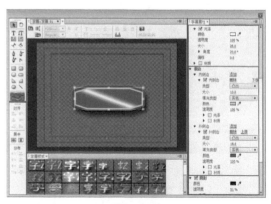

图12-104

↘ 12.6.3　为对象描边

按照以下步骤可以为对象添加描边效果。

第1步：使用【选择工具】 ▶ 选择想要改变的对象。

第2步：选择字幕属性面板中的【描边】属性。

第3步：展开【描边】属性组，单击【内侧边】或【外侧边】属性后面的【添加】字样可以添加描边。

第4步：如果要自定义内侧边或外侧边，可以展开【内侧边】或【外侧边】属性组，设置【类型】、【大小】、【填充类型】以及【颜色】等属性，如图12-105所示。

第5步：如果需要选择描边，可以添加光泽和材质。

第6步：如果想去除描边，那么取消选择【内侧边】或【外侧边】选项即可。

图12-105

12.7 创建不规则图形

Premiere Pro提供了【钢笔工具】，该工具是一种绘制曲线的工具。使用该工具可以创建带有任意弧度和拐角的任意形状，这些任意多边形通过锚点、直线和曲线创建而成。

使用【选择工具】可以移动锚点，使用【添加定位点工具】或【删除定位点工具】可以添加或删除锚点，从而对这些贝塞尔曲线多边形进行编辑。另外，使用【转换定位点工具】可以使多边形的尖角变成圆角或者圆角变成尖角。

在字幕工具面板中选择【钢笔工具】，可以通过建立锚点的操作绘制直线段。在绘制直线段时，如果创建了多余的锚点，可以用【删除定位点工具】来将多余的锚点删除。另外，使用【钢笔工具】拖曳矩形的锚点，可以修改矩形的形状。

在字幕工具面板中选择【转换定位点工具】，可以通过单击鼠标左键并拖曳锚点，将尖角转换成圆角。操作步骤如下。

第1步：使用【钢笔工具】创建4个相互连接的角朝上的小角，如图12-106所示。如果需要，可以使用【钢笔工具】拖曳其中的锚点，使它们均匀分布。

第2步：选择【转换定位点工具】，用该工具拖曳锚点，即可将尖角转换成圆角，如图12-107所示。

第3步：使用【转换定位点工具】拖曳其他锚点，将该对象上的所有锚点由尖角转换为圆角，完成效果如图12-108所示。无论何时，只要使用【钢笔工具】就可以移动锚点。

图12-106

图12-107

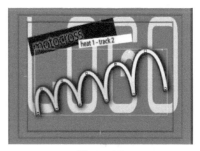

图12-108

即学即用

（扫码观看视频）

● 绘制曲线

素材文件：
素材文件＞第12章＞即学即用：绘制曲线
素材位置：
素材文件＞第12章＞即学即用：绘制曲线
技术掌握：
绘制曲线的方法

本例主要介绍如何使用【钢笔工具】绘制曲线，案例效果如图12-109所示。

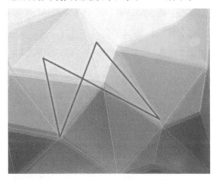

图12-109

01 新建一个项目，然后导入光盘中的"素材文件>第12章>即学即用：绘制曲线>BG.jpg"文件，接着将该文件拖曳至视频1轨道，如图12-110所示。

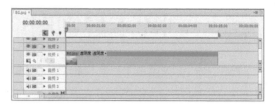

02 执行【字幕】>【新建字幕】>【默认静态字幕】菜单命令，然后在打开的【新建字幕】对话框中设置【名称】为New，接着单击【确定】按钮，如图12-111所示。

图12-110

03 在字幕工具面板中选择【钢笔工具】，然后在视图区域绘制出图12-112所示的图形；接着在【字幕样式】面板中为曲线选择一种样式，如图12-113所示。

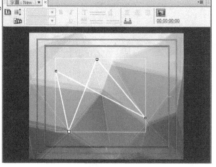

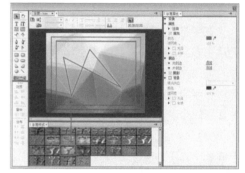

图12-111

图12-112

图12-113

● 调整形状

素材文件：

素材文件 > 第 12 章 > 即学即用：调整形状

素材位置：

素材文件 > 第 12 章 > 即学即用：调整形状

技术掌握：

使用【钢笔工具】调整形状

本例主要介绍如何使用【钢笔工具】拖曳矩形控制点，以改变图形的形状，案例效果如图12-114所示。

图12-114

01 新建一个项目，执行【字幕】>【新建字幕】>【默认静态字幕】菜单命令，然后在打开的【新建字幕】对话框中设置【名称】为New，接着单击【确定】按钮，如图12-115所示。

02 在字幕工具面板中选择【圆角矩形工具】，在视图中绘制一个圆角矩形，然后在【字幕属性】面板中设置【圆角大小】为12%，如图12-116所示。接着在【字幕样式】面板中为形状添加一个样式，如图12-117所示。

图12-115

图12-116

图12-117

03 在字幕工具面板中单击【输入工具】**T**，然后将鼠标移到绘制区的中心位置单击鼠标，接着输入文字Happy Everyday，再为文字添加样式，最后激活【居中】功能，如图12-118所示。

图12-118

04 选择圆角矩形，然后在字幕属性面板中将【绘制类型】设置为【填充曲线】；接着选择【钢笔工具】，这时在形状周围会出现控制点，如图12-119所示。拖曳控制点来改变矩形的形状，完成效果如图12-120所示。

图12-119　　　　　　　　　　　　图12-120

即学即用

（扫码观看视频）

● 绘制相连的直线和曲线

素材文件：
素材文件 > 第 12 章 > 即学即用：绘制相连的直线和曲线
素材位置：
素材文件 > 第 12 章 > 即学即用：绘制相连的直线和曲线
技术掌握
绘制相连直线和曲线的方法

本例主要介绍如何使用【转换定位点工具】改变控制点类型，案例效果如图12-121所示。

图12-121

01 新建一个项目，然后导入光盘中的"素材文件>第12章>即学即用：绘制相连的直线和曲线>BG.jpg"文件，接着将该文件拖曳至视频1轨道，如图12-122所示。

02 执行【字幕】>【新建字幕】>【默认静态字幕】菜单命令，然后在打开的【新建字幕】对话框中设置【名称】为New，接着单击【确定】按钮，如图12-123所示。

图12-122

图12-123

03 使用【钢笔工具】
 在视图中单击绘制一个点，然后再次单击并拖曳绘制一段弧形曲线，如图12-124所示。使用同样的方法绘制出图12-125所示的曲线。

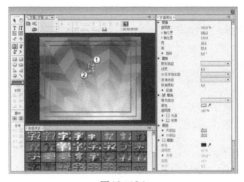

图12-124　　　　　　　　　　图12-125

04 选择【转换定位点工具】，然后在图12-126所示的位置单击鼠标，将圆角转换为锐角。

05 在【字幕样式】面板中为曲线选择一个样式，然后在【字幕属性】面板中设置【线宽】为20，如图12-127所示。

06 将制作好的字幕拖曳到【时间线】面板中的视频2轨道上，效果如图12-128所示。

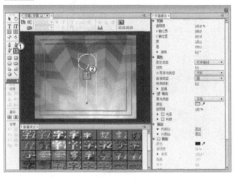

图12-126

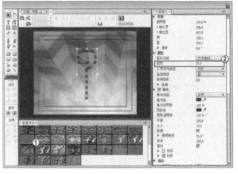

图12-127

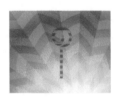

图12-128

12.8　应用路径文字工具

使用【路径文字工具】或【垂直路径文字工具】可以在路径上创建水平或垂直方向的路径文字。为了创建路径文字，首先需要创建一条路径。

即学即用	● 创建路径文字

素材文件：
素材文件＞第12章＞即学即用：创建路径文字
素材位置：
素材文件＞第12章＞即学即用：创建路径文字
技术掌握：
使用【路径文字工具】创建路径文字的方法

本例主要介绍如何使用【路径文字工具】创建路径文字，案例效果如图12-129所示。

（扫码观看视频）

图12-129

01 新建一个项目，然后导入光盘中的"素材文件＞第12章＞即学即用：创建路径文字＞maple leaves.jpg"文件，接着将该文件拖曳至视频1轨道，如图12-130所示。

02 执行【字幕】>【新建字幕】>【默认静态字幕】菜单命令，然后在打开的【新建字幕】对话框中设置【名称】为New，接着单击【确定】按钮，如图12-131所示。

03 在字幕工具面板中单击【路径文字工具】，然后沿着枫叶的轮廓绘制曲线，如图12-132所示。

图12-130

图12-131

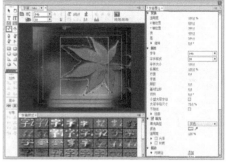

图12-132

 **Tips**

> 【路径文字工具】和【钢笔工具】的使用方法一样，还可以使用【转换定位点工具】将角锚点转换成曲线锚点。

04 选择【路径文字工具】，然后在路径上单击鼠标，在路径上将出现输入文字，最后在【字幕属性】面板中设置【字体】为Berlin Sans FB、【字体大小】为40，如图12-133所示。

Tips

> 如果文字在路径上有重叠排列的现象，可以在重叠的文字处输入空格，以避开其他文字，避免重叠现象。

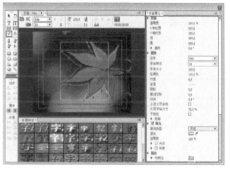

图12-133

12.9 创建和使用标记

标记可以导入字幕设计中，并在绘制区或整个区域中使用，它还可能会出现在视频素材的开头或结尾，或者贯穿视频素材始终。标记可以是图片或照片，它可以使用Premiere Pro的字幕设计来导入其他软件创建的标记，也可以在字幕设计中创建标记。

即学即用	● 创建按钮标记

即学即用

素材文件：
素材文件 > 第 12 章 > 即学即用：创建按钮标记
素材位置：
素材文件 > 第 12 章 > 即学即用：创建按钮标记
技术掌握：
通过填充不同的渐变色来表现质感的方法

（扫码观看视频）

本例主要介绍如何使用【椭圆形工具】、【圆矩形工具】、【楔形工具】、【旋转工具】和【输入工具】T绘制一个按钮标记，案例效果如图12-134所示。

图12-134

01 新建一个项目，执行【字幕】>【新建字幕】>【默认静态字幕】菜单命令，然后在打开的【新建字幕】对话框中设置【名称】为New，接着单击【确定】按钮，如图12-135所示。

02 在字幕工具面板中单击【椭圆形工具】◯，然后在视图中按住Shift键绘制一个正圆，如图12-136所示。

03 在【字幕属性】面板中取消选择【填充】选项，然后添加【外侧边】属性，接着设置【大小】为30、【填充类型】为【斜面】、【高光色】为（R:236，G:252，B:255）、【阴影色】为（R:81，G:97，B:99），再选择【变亮】选项，设置【照明角度】为178°，最后选择【光泽】选项，设置【大小】为69、【偏移】为58，如图12-137所示。

图12-135

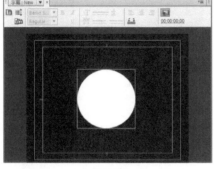

图12-136

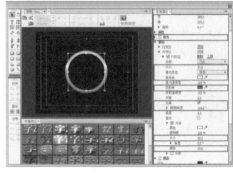

图12-137

04 在字幕工具面板中单击【椭圆形工具】◯，然后按住Shift键在圆环中间绘制一个正圆，如图12-138所示。

05 在【字幕属性】面板中设置【填充】属性组中的【颜色】为（R:139，G:155，B:157），然后选择【光泽】选项，设置【大小】为100，接着添加【内侧边】属性，设置【填充类型】为【线性渐变】，并调整【颜色】属性，最后选择【光泽】选项，设置【透明度】为40%、【大小】为100、【偏移】为-175，如图12-139所示。

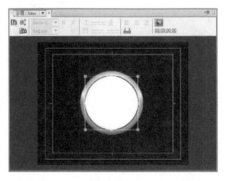

图12-138

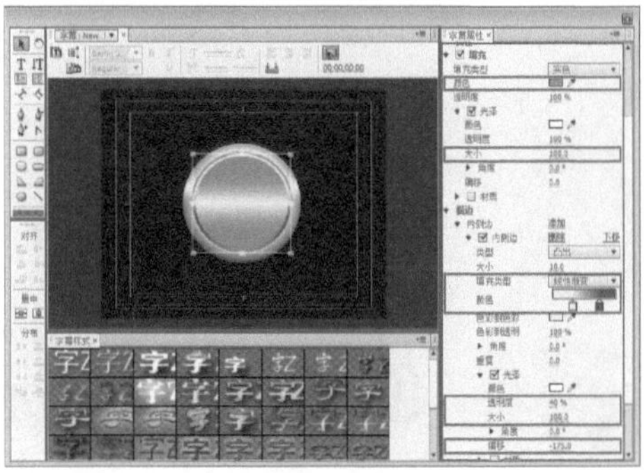

图12-139

06 在字幕工具面板中单击【楔形工具】◣，然后在圆形按钮上绘制一个三角形，接着在三角形上单击鼠标右键，在打开的菜单中选择【变换】>【旋转】命令，再在打开的【旋转】对话框中设置【角度】为225，最后单击【确定】按钮，如图12-140所示。

07 在【字幕属性】面板中添加【外侧边】属性，然后设置【颜色】为（R:159，G:166，B:167）、【大小】为100、【角度】为339°，如图12-141所示。

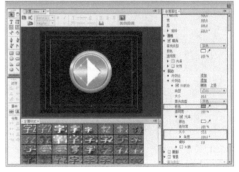

图12-140

图12-141

即学即用

● 在素材中使用标记

素材文件：
素材文件 > 第12章 > 即学即用：在素材中使用标记

素材位置：
素材文件 > 第12章 > 即学即用：在素材中使用标记

技术掌握：
创建插入标记的字幕

（扫码观看视频）

本例主要介绍如何创建一个带有标记的字幕，案例效果如图12-142所示。

图12-142

01 新建一个项目，然后导入光盘中的"素材文件>第12章>即学即用：在素材中使用标记>BG.jpg"文件，接着将该文件拖曳至视频1轨道，如图12-143所示。

02 执行【字幕】>【新建字幕】>【默认静态字幕】菜单命令，然后在打开的【新建字幕】对话框中设置【名称】为New，接着单击【确定】按钮，如图12-144所示。

03 在字幕工具面板中单击【输入工具】**T**，然后将鼠标移到绘制区的中心位置单击鼠标，接着输入文字Happy Holiday，再在【字幕属性】面板中设置【字体】为AR CENA、【颜色】为（R:218，G:74，B:64），最后激活【居中】≡功能，如图12-145所示。

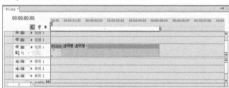

图12-143

图12-144

图12-145

04 执行【字幕】>【标记】>【插入标记】菜单命令，在打开的【导入图像为标记】对话框中选择光盘中的"素材文件>第12章>即学即用：在素材中使用标记>board.jpg"文件，接着在视图中调整标记的位置和大小，如图12-146所示。

05 选择导入的标记，然后单击鼠标右键，在打开的菜单中选择【排列】>【下移一层】命令，将标记调整到文字的下方，然后调整文字的位置和大小，如图12-147所示。

Tips

标记导入视图后，可以使用【选择工具】▶来移动、旋转标记或调整标记的大小，还可以使用对话框或字幕面板菜单中的【变换】命令来调整标记。

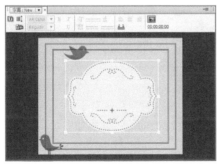

图12-146

图12-147

📚 知识拓展：更改标记位图

　　如果要将绘制区中的标记变更为其他图片，可以在字幕属性面板的【属性】属性组中单击【标记位图】右侧的选项框，如图12-148所示，然后在出现的对话框中选择一个文件即可。如果要恢复标记的原始设置，可以选择【字幕】>【标记】>【重置标记大小】或【字幕】>【标记】>【重置标记纵横比】命令。

图12-148

12.10 课后习题

　　本章安排了两个习题，用来练习如何为字幕添加效果，以及在字幕中绘制图形，读者在练习时可以在案例提示的基础上添加其他效果。

课后习题

（扫码观看视频）

● 添加文字光泽

素材文件：

素材文件＞第12章＞课后习题：添加文字光泽

素材位置：

素材文件＞第12章＞课后习题：添加文字光泽

技术掌握：

为文字制造光泽和阴影效果的方法

本例主要介绍如何为文字制造光泽和阴影效果，案例效果如图12-149所示。

图12-149

操作提示

　　第1步：打开光盘中的"素材文件＞第12章＞课后习题：添加文字光泽＞课后习题：添加文字光泽_I .prproj"文件。

　　第2步：新建字幕，然后为字幕设置字体和大小，接着添加光泽和阴影效果。

课后习题

（扫码观看视频）

● 创建连接的直线段

素材文件：

素材文件＞第12章＞课后习题：创建连接的直线段

素材位置：

素材文件＞第12章＞课后习题：创建连接的直线段

技术掌握：

绘制直线段的方法

本例主要介绍如何使用【钢笔工具】和【矩形工具】绘制直线段，案例效果如图12-150所示。

图12-150

操作提示

　　第1步：打开光盘中的"素材文件＞第12章＞课后习题：创建连接的直线段＞课后习题：创建连接的直线段_I .prproj"文件。

　　第2步：新建字幕，然后使用【钢笔工具】和矩形工具为房子绘制一个门的图案。

13 编辑音频素材

Premiere Pro提供了许多将声音集成到视频项目中的功能。在时间线中放入视频素材后，PremierePro会自动采集与视频素材一起提供的声音。本章主要介绍音频轨道基础知识，还介绍了使音频增强、使用特效和Premiere Pro音频轨道，以及如何在时间线中创建效果的方法。另外，本章还介绍了Premiere Pro中的音频效果，以及如何导出音频。

* 音频轨道设置
* 编辑和设置音频

* 播放声音素材
* 应用音频效果

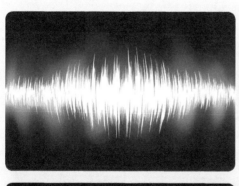

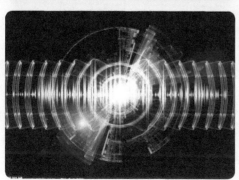

13.1 认识数字声音

图13-1

在开始使用Premiere Pro的音频功能之前，用户需要对什么是声音以及描述声音使用的术语有一个基本了解，这有助于了解正在使用的声音类型是什么，以及声音的品质如何。声音的相关术语会出现在【自定义设置】对话框、【导出】对话框和【项目】面板中，如图13-1所示。

13.1.1 声音位和采样

在数字化声音时，由上千个数字表示振幅或者波形的高度和深度。在这期间，需要对声音进行采样，以数字方式重新创建一系列二进制数或者位。如果使用Premiere Pro的调音台对旁白进行录音，那么由话筒处理声音的声波，然后通过声卡将其数字化。在播放旁白时，声卡将数字信号转换回模拟声波。

高品质的数字录音使用的位也更多。CD品质立体声最少使用16位（较早的多媒体软件有时使用8位声音速率，这会提供音质较差的声音，但生成的数字声音文件更小）。因此，可以将CD品质声音的样本数字化为一系列16位的1和0（例如1011011011101010）。

在数字声音中，数字波形的频率由采样率决定。许多摄像机使用32kHz的采样率录制声音，每秒录制32 000个样本。采样率越高，声音可以再现的频率范围也就越广。要再现特定频率，通常应该使用双倍于频率的采样率对声音进行采样。因此，要再现人们可以听到的20 000kHz的最高频率，所需的采样率至少是每秒40 000个样本（CD是以44 100的采样率进行录音的）。

13.1.2 数字化声音文件的大小

声音的位深越大，它的采样率就越高，而声音文件也会越大。因为声音文件（如视频）可能会非常大，因此，估算声音文件的大小很重要。可以通过位深乘以采样率来估算声音文件的大小。因此，采样率为44 100的16位单声道音轨（16-bit×44 100）一秒钟生成705 600位（每秒88 200个字节）——每分钟5MB多。立体声素材的大小是此大小的两倍。

13.2 音频轨道设置

在Premiere Pro中编辑时，其【时间线】面板会大致描述视频随带的音频。音频轨道集中在视频轨道下方，在【设置显示样式】按钮打开菜单中可以选择显示音频素材的名称或其波形，如图13-2所示。

对于视频素材，如果将音频素材放入时间线的序列中，则可以使用【剃刀工具】对音频进行分割，还可以使用【选择工具】调整入点和出点。

用户还可以在【源】面板中编辑音频素材的入点和出点，在【项目】面板中存储音频素材的子剪辑。将视频素材放入【时间线】面板后，Premiere Pro会自动将其音频放入相应的音频轨道。因此，如果将带有音频的视频素材放入视频1轨道，那么音频会自动放入音频1轨道（除单声道和5.1声道的音频），如图13-3所示。

如果使用【剃刀工具】分割视频素材，那么链接的音频也随之被分割。

图13-2

图13-3

如果视频素材中的音频声道为单声道，那么不管将该素材放入哪一个视频轨道，Premiere Pro都会将其音频放入新建的音频轨道中，如图13-4所示。

要更改音频的声道，需要先将素材从时间线中清除，然后选择【素材】>【修改】>【音频声道】命令，在打开的【修改素材】对话框中进行设置，如图13-5所示。

图13-4

图13-5

在【时间线】面板中单击【折叠/展开轨道】图标 ▼ 来展开或折叠音频轨道视图。在展开轨道之后，可以从下面显示选项中进行选择。

在【时间线】面板中，可以展开【设置显示样式】 ▥ 菜单选择素材的显示模式，并根据名称或波形查看音频。【显示关键帧】 ◎ 菜单中的【显示素材音量】或【显示轨道音量】命令，可以查看素材或整个轨道的音频级别更改，如图13-6所示。通过菜单中的【显示素材关键帧】或【显示轨道关键帧】命令，可以查看音频效果。【显示关键帧】模式还显示了作为效果的音量和其他效果，效果与关键帧图形线一起出现在打开菜单中。

图13-6

在Premiere Pro中处理音频时，会遇到各种类型的音频轨道。标准的音频轨道允许使用单声道或立体声（双声道声音），其他可用轨道如下。

* 主轨道：此轨道将显示用于主轨道的关键帧和音量，用户可以使用Premiere Pro的调音台将来自其他轨道的声音混合到主轨道上。

* 混合轨道：这些轨道是调音台混合其他音频轨道子集所使用的混合轨道。

* 5.1轨道：这些轨道用于Dolby的环绕声，通常用于环绕声DVD电影。在5.1声音中，左声道、右声道和中间声道出现在观众面前，周围环境的声音是从后面的两个扬声器发出的，这总共需要5个声道。附1声道是重低音，发出低沉的低音，有时会突然产生爆炸型的声音。这些低频率声音是其他扬声器难以发出的，其他扬声器通常小于重低音音箱。

13.3 播放声音素材

使用【文件】>【导入】命令将声音素材导入【项目】面板，就可以在【项目】面板或【源】面板中播放该声音素材。单击【项目】面板中的【播放】按钮 ▶，在【项目】面板中可以播放素材，如图13-7所示。

双击【项目】面板中的声音素材图标，素材会在【源】面板中打开。如果已经在【源】面板中打开素材，就可以在【源】面板中看到音频波形，单击【源】面板的【播放】按钮 ▶ 也可以播放素材，如图13-8所示。

图13-7

图13-8

Tips

选择【源】面板菜单中的【音频波形】命令，可以查看视频素材的音频波形。

13.4 编辑和设置音频

根据需要，用户可以在Premiere Pro中使用几种方法来编辑音频。用户可以像编辑视频那样使用【剃刀工具】◆在时间线中分割音频，只需拖曳素材或素材边缘即可。如果需要单独处理视频的音频，则可以解除音频与视频的链接。如果需要编辑旁白或声音效果，可以在源监视器中为音频素材设置入点和出点。Premiere Pro还允许从视频中提取音频，这样该音频就可以作为另一个内容源出现在【项目】面板中。

如果用户需要更精确地编辑音频，那么可以选择只有音频的主剪辑、子剪辑或素材实例。用户如果要增强或者创建切换效果和音频效果，还可以使用Premiere Pro的【效果】面板提供的音频效果。

↘ 13.4.1 在时间线上编辑音频

Premiere Pro不是一个复杂的音频编辑程序，因此可以在【时间线】面板中执行一些简单编辑。用户可以解除音频与视频的链接并移动音频，以便附加音频的不同部分。通过在【时间线】面板中缩放音频素材波形，可以执行音频编辑，还可以使用【剃刀工具】◆分割音频。

1.设置时间线

要使【时间线】面板更好地适用于音频编辑，可按照以下步骤设置时间线。

第1步：单击【折叠-展开轨道】按钮▶，展开音频轨道。单击时间线中的【设置显示样式】图标▥，然后从打开式菜单中选择【显示波形】命令。

第2步：选择【时间线】面板菜单中的【显示音频时间单位】命令，将单位更改为音频样本，这会将时间线的音频单位的标尺显示变为音频样本或毫秒，如图13-9所示。

图13-9

Tips

默认的单位是音频样本，但是用户可以通过执行【项目】>【项目设置】>【常规】菜单命令，然后在对话框中的音频【显示格式】下拉列表中选择【毫秒】来更改此设置。

第3步：拖曳时间线缩放滑块来缩放音频素材，如图13-10所示。

图13-10

 知识拓展：如何更改音频素材的入点和出点

使用编辑工具编辑音频。可以拖曳素材边缘来更改入点和出点，还可以激活【工具】面板中的【剃刀工具】◆，并使用该工具在特定点单击来分割音频，如图13-11所示。

图13-11

2.解除音频和视频的链接

如果将带音频的素材放入时间线，那么可以独立于视频编辑音频。为此，首先需要解除音频和视频的链接，然后才可以独立于视频来编辑音频的入点和出点。

将带音频的视频素材导入【项目】面板，并将其拖入到时间线轨道上，然后在【时间线】面板中选择该素材，将同时选择视频和音频对象，如图13-12所示。

执行【素材】>【解除视音频链接】菜单命令，或者在时间线中选择音频或视频并单击鼠标右键，然后选择【解除视音频链接】命令，如图13-13所示。即可解除音频和视频的链接。单击其他空时间线轨道，取消对音频和视频轨道的选择。解除链接后，就可以单独选择音频或视频来对其进行编辑。

图13-12　　　　　　　　　图13-13

Tips

如果已经将两个素材编辑在一起，并且解除了音频链接，就可以使用【旋转编辑工具】同时调整某个音频素材的出点和下一个音频素材的入点。

如果要重新链接音频和视频，可以先选择要链接的音频和视频，然后执行【素材】>【链接视频和音频】菜单命令。

3.解除音频链接和重新同步音频

Premiere Pro提供了一个暂时解除音频与视频的链接方法，用户可以按住Alt键，然后拖曳素材的音频或视频部分，通过这种方式暂时解除音频与视频的链接。在释放鼠标之前，系统仍然认为素材处于链接状态，但是不同步。在使用此暂时解除链接的方法时，Premiere Pro会在时间线上显示不同步的帧在素材入点上的差异，如图13-14所示。

图13-14

知识拓展：设置素材同步

通过执行【素材】>【同步】菜单命令，可以将多个轨道中的素材同步为目标轨道中的一个素材。使用【同步素材】对话框，可以在目标轨道中某个素材的起点和终点或编号序列标记上同步素材，或者通过时间码同步素材，如图13-15所示。

图13-15

↘ 13.4.2　使用源监视器编辑源素材

虽然在时间线中编辑音频已经能够满足用户大部分需求，但用户还可以在【源】面板中编辑音频素材的入点和出点。此外，可以使用【源】面板创建长音频素材的子剪辑，然后在【源】面板或【时间线】面板中单独编辑子剪辑。

1.只获取音频

在编辑带有音频和视频的素材时，用户可能只想使用音频而不使用视频，因此可以在【源】面板中选择获取音频选项，则视频图像就会被音频波形取代。

将需要编辑的视频素材拖曳至【源】面板中，或者在【项目】面板中双击该素材图标，并将其添加到时间线中。在

【源】面板菜单中选择
【音频波形】命令，如图
13-16所示。素材的音频
波形将出现在【源】面板
窗口中，如图13-17所示。

图13-16

图13-17

Tips

如果【源】面板以【显示音频时间单位】的方式显示，那么可以使用【逐帧退】 ◀▮ 或【逐帧进】按钮 ▮▶ （或按←键或→键）一次一个音频单位地单步调试音频。

在【源】面板中，可以为音频设置入点和出点。将当前时间指示器移动到需要设置为入点的位置，然后单击【设置入点】按钮 ▮。将当前时间指示器移动到出点位置，接着单击【设置出点】按钮 ▮。如果要为音频更改或选择

目标轨道，可以单击左轨道边缘选择该音频，并将轨道左端的 **A1** 图
标拖曳到对应的目标轨道处，如图13-18所示。

要将已编辑的音频放在目标轨道中，可以将时间线中的当前时间
指示器设置到想要放置音频的位置，然后单击【源】面板中的【插入】
▦ 或【覆盖】按钮 ▦。图13-19所示的是执行覆盖编辑后的音频。

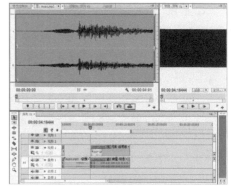

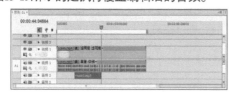

图13-18

图13-19

Tips

用户可以用一个素材替换另一个素材，方法是选择素材，然后单击鼠标右键或按住Ctrl键单击时间线中的素材，接着从打开菜单中选择【替换素材】命令，最后从子菜单中选择【源】面板或【项目】面板中的素材，来替换时间线中的素材。

2.从视频中提取音频

如果想从视频中分离出音频，将其作为【项目】面板中一个独立的媒体源处理，就可以
让Premiere从视频中提取音频。要从包含音频的视频素材中创建一个新音频文件，可以选
择【项目】面板中的一个或多个素材，然后执行【素材】>【音频选项】>【提取音频】菜单命
令，提取的音频文件随后会显示在【项目】面板中，如图13-20所示。

图13-20

↘ 13.4.3 设置音频单位

在【监视器】面板中进行编辑时，标准测量单位是视频帧。对于可以逐帧精确设置入点和出点的视频编
辑而言，这种测量单位已经很完美了。但是对于音频来说，可能需要更为精确。例如，如果想编辑一段长度

小于一帧的无关声音，Premiere Pro就可以使用与帧对应的音频【单位】显示音频时间。用户可以用毫秒或可能最小的增量——音频样本来查看音频单位。

执行【项目】>【项目设置】>【常规】菜单命令，在打开的【项目设置】对话框中可以设置【显示格式】的方式，如图13-21所示。

如果要在【源】面板或【节目】面板的时间显示区域查看音频单位，可以选择面板菜单中的【显示音频时间单位】命令；如果要在时间线的时间标尺和时间显示中查看音频单位，可以选择【时间线】面板菜单中的【显示音频时间单位】命令。

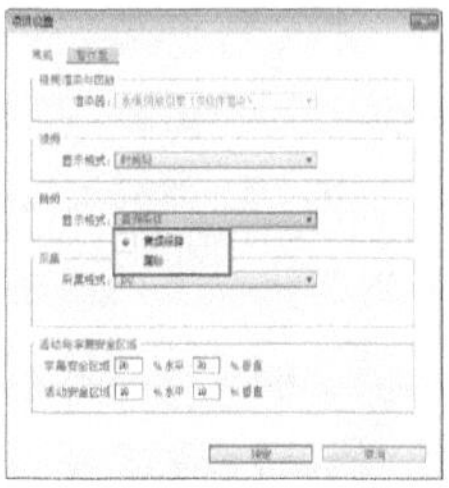

图13-21

13.4.4 设置音频声道

在处理音频时，用户可能想禁用立体声轨道中的一个声道，或者选择某个单声道音频素材，将其转换成立体声素材。

选择【项目】面板中还未放在时间线序列中的音频素材，然后执行【素材】>【修改】>【音频声道】菜单命令打开【修改素材】对话框，在【音频声道】选项卡的【声道格式】下拉列表中可以选择轨道的格式，包括【单声道】、【立体声】、【单声道模拟为立体声】和【5.1】选项，如图13-22所示。

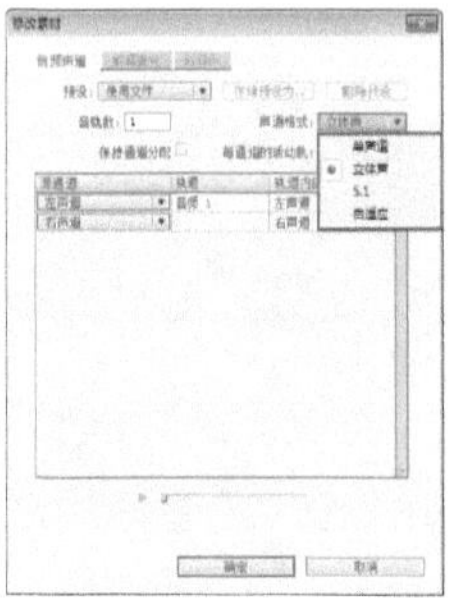

图13-22

Tips

如果想从立体声轨道中隔离单声道轨道，可以选择【项目】面板中的音频，然后选择【素材】>【音频选项】>【拆解为单声道】菜单命令，两个音频子剪辑将添加到【项目】面板中。

13.5 编辑音频的音量

在关键帧图形线上设置关键帧，当音频轨道的打开菜单中选择显示素材音量时，会显示关键帧图形线。用户还可以改变立体声声道中声音的均衡。调整均衡，即重新分配声音，就是从某个声道中移除一定百分比的声音信息，将其添加到另一个声道中。Premiere Pro还允许使用声像调节模拟同一房间不同区域的声音。要进行声像调节，需要在输出到多声道主音轨或混合轨道时更改单声道轨道。除此以外，还可以使用Premiere Pro的【音频增益】命令更改声音素材的整个音量。

13.5.1 使用音频增益命令调整音量级别

增益命令用于通过提高或降低音频增益（以分贝为单位）来更改整个素材的声音级别。在音频录制中，工程师通常会在录制过程中提高或降低增益。如果声音级别突然降低，工程师就会提高增益；如果级别太高，就会降低增益。

Premiere Pro的增益命令还用于通过单击一个按钮来标准化音频，这会将素材的级别提高到不失真情况下的最高级别。标准化通常是确保音频级别在整个制作过程中保持不变的有效方法。要使用Premiere Pro的增益命令调整素材的统一音量，可按照以下步骤进行。

第1步：执行【文件】>【导出】菜单命令，导出声音素材或者带声音的视频素材。

第2步：单击【项目】面板中的素材，或者将声音素材从【项目】面板拖曳至【时间线】面板的音频轨道中。

第3步：如果素材已经在时间线中，可以单击【时间线】面板上音频轨道中的声音素材。

第4步：执行【素材】>【音频选项】>【音频增益】菜单命令，将打开图13-23所示的【音频增益】对话框。

第5步：选择【设置增益为】选项，然后键入一个值。0.0dB是原始素材音量（以分贝为单位），大于0的数字表示提高素材的音量，小于0的数字表示降低音量。如果

图13-23

选择【标准化最大峰值为】或【标准化所有峰值为】选项，并为其键入一个值，Premiere Pro就会设置不失真情况下的最大可能增益。但是在音频信号太强时，可能会发生失真。完成设置后，单击【确定】按钮即可。

Tips

用户可单击【音频增益】对话框中的dB值，并通过拖曳鼠标来提高或降低音频增益。单击并向右拖曳可提高dB级别，单击并向左拖曳可降低dB级别。

13.5.2 音量的淡入或淡出效果编辑

Premiere Pro提供了用于淡入或淡出素材音量的各种选项，用户可以淡入或淡出素材，并使用【效果】控制面板中的音频效果更改其音量，或者在素材的开始和结尾处应用交叉淡化音频过渡效果，以此淡入或淡出素材。

使用【钢笔工具】 ⚲或【选择工具】 ▶也可以在时间线中创建关键帧。在设置关键帧后，就可以拖曳关键帧图形线来调整音量了。

在淡化声音时，可以选择淡化轨道的音量或素材的音量。注意，即使将音量关键帧应用到某个轨道（而不是素材）并删除该轨道中的音频，关键帧仍然保留在轨道中。如果将关键帧用于某个素材并删除该素材，那么关键帧也将被删除。

13.5.3 移除音频关键帧

在时间线中编辑音频时，可能想移除关键帧，这时跳转到特定关键帧，然后单击时间线中的【添加-移除关键帧】按钮 ◆即可，具体操作步骤如下。

第1步：将当前时间指示器移动到需要移除的关键帧的前面。

第2步：单击时间线中的【转到下一关键帧】按钮 ▶│。

第3步：单击【添加-移除关键帧】按钮 ◆，即可移除当前时间指示器处的关键帧。

Tips

要移除关键帧，还可以单击关键帧，然后按Delete键来将其删除。另外，选择关键帧单击鼠标右键，从打开的菜单中选择【删除】命令。

13.5.4 在时间线中均衡立体声

Premiere Pro允许调整立体声轨道中的立体声声道均衡。在调整立体声轨道均衡时，可以将声音从一个轨道重新分配到另一个轨道。在调整均衡时，因为提高了一个轨道的音量，所以要降低另一个轨道的音量。

在时间线中展开音频素材所在的音频轨道。单击【显示关键帧】按钮 ◈，从打开的菜单中选择【显示轨道关键帧】命令，此时【音量】下拉菜单将出现在轨道中，如图13-24所示。

在【音量】下拉菜单中选择【声像器】>【平衡】命令，如图13-25所示。要调整立体声级别，可以选择【选择工具】 ▶或【钢笔工具】 ⚲，然后在轨道关键帧图形线上拖曳。

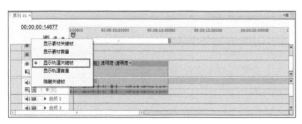

图13-24　　　　　　　　　　　　　　图13-25

即学即用

● 制作淡入淡出的声音效果

素材文件：素材文件 > 第13章 > 即学即用：制作淡入淡出的声音效果

素材位置：素材文件 > 第13章 > 即学即用：制作淡入淡出的声音效果

技术掌握：制作淡入淡出声音效果的方法

（扫码观看视频）

01 新建一个项目，然后导入光盘中的"素材文件>第13章>即学即用：制作淡入淡出的声音效果>music1.mp3"文件，接着将该文件拖曳至音频1轨道，如图13-26所示。

图13-26

Tips

单击【显示关键帧】 按钮，在打开的菜单中选择【显示素材关键帧】或【显示轨道关键帧】命令，将使【音量】下拉列表出现在轨道中。在选择下拉列表中的【音量】时，可以调整关键帧图形线中的音量。

02 在第20帧处按住Ctrl键并单击鼠标左键，此时素材上会生成一个关键帧，然后使用同样的方法在第3秒处添加另一个关键帧，接着将第1个关键帧向下拖曳至-∞dB，如图13-27所示。

03 使用同样的方法在第2分20秒处添加一个关键帧，然后在第2分25秒添加另一个关键帧，接着将第2个关键帧向下拖曳至-∞dB，如图13-28所示。最后单击【节目】面板中的【播放-停止切换】按钮，试听音频效果。

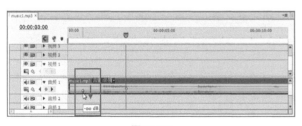 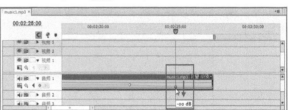

图13-27　　　　　　　　　　　　　　图13-28

13.6 应用音频过渡和音频特效

　　Premiere Pro【效果】面板的【音频特效】文件夹提供了音频效果和音频过渡，用于增强和校正音频。【音频特效】文件夹提供的效果类似专业音频工作室中所使用的那些效果。【效果】面板中还包括音频过渡文件夹，如图13-29所示。

图13-29

↘ 13.6.1 应用音频过渡效果

【效果】面板的【音频过渡】效果文件夹提供了用于淡入和淡出音频的3个交叉淡化效果。Premiere Pro提供了3种过渡效果，这3种过渡效果被放置在【交叉渐隐】文件夹中，包括【恒量增益】、【持续声量】和【指数型淡入淡出】效果，如图13-30所示。

滤镜介绍

图13-30

* 【恒量增益】：可以创造精确的淡入和淡出效果。

* 【持续声量】：默认的音频过渡效果，它产生一种听起来像是逐渐淡入和淡出人们耳朵的声音效果。

* 【指数型淡入淡出】：可以创建弯曲淡化效果，它通过创建不对称的指数型曲线来创建声音的淡入淡出效果。

通常，【交叉渐隐】用于创建两个音频素材之间的流畅切换。但是在使用Premiere Pro时，可以将交叉切换放在音频素材的前面创建淡入效果，或者放在音频素材的末尾创造淡出效果。

> 🎞 Tips
>
> 在创建切换效果之前，必须确保【显示关键帧】◇不是【显示轨道关键帧】或【显示轨道音量】模式，否则将无法应用切换效果。

↘ 13.6.2 应用音频特效

与过渡效果一样，用户可以访问【效果】面板中的音频特效，并使用【特效控制台】面板中的控件调整效果。选择【时间线】面板中的音频素材，然后选择【效果】面板中的【音频特效】效果，将其拖曳至【特效控制台】面板或者时间线音频轨道中音频的上方，然后松开鼠标，即可为该素材应用音频特效，如图13-31所示。应用音频特效后，在音频上将出现一条绿线。

图13-31

大多数音频特效提供用于微调音频效果的设置。如果音频效果提供的设置可以调整，那么这些设置会在展开效果时出现在【特效控制台】面板中。

↘ 13.6.3 音频特效概览

Premiere Pro的音频特效提供了效果分类，帮助提高声音质量或创建不常用的声音效果。为了更好地了解每个特效，用户可以在阅读每个效果的概述时，实际应用一下。

即学即用	● 为音频添加恒定增益过渡
	素材文件：素材文件 > 第13章 > 即学即用：为音频添加恒定增益过渡
	素材位置：素材文件 > 第13章 > 即学即用：为音频添加恒定增益过渡
	技术掌握：为音频添加恒定增益过渡效果的方法

（扫码观看视频）

01 新建一个项目，然后导入光盘中的"素材文件>第13章>即学即用：为音频添加恒定增益过渡>music1.mp3/music2.mp3"文件，接着将这两个文件拖曳至音频1轨道，如图13-32所示。

02 在【效果】面板中选择【音频过渡】>【交叉渐隐】>【恒定增益】滤镜，然后将其拖曳至两端音频之间，如图13-33所示。

图13-32

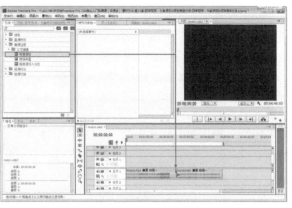

图13-33

 Tips

要删除音频素材中应用的音频过渡效果，可在时间线中右击过渡效果图标，从打开的菜单中选择【清除】命令。

03 在音频轨道中选择【恒定增益】切换效果，然后在【特效控制台】面板中设置【持续时间】为5秒，如图13-34所示。

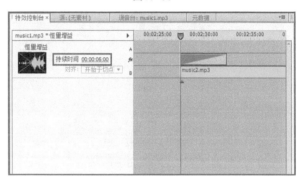

图13-34

知识拓展：更改默认音频过渡持续时间

更改【音频过渡默认持续时间】属性，可以设置默认的音频持续时间。执行【编辑】>【首选项】>【常规】菜单命令或者【效果】面板菜单中的【设置默认过渡持续时间】命令，在打开的【首选项】对话框的【音频过渡默认持续时间】选项中进行更改，如图13-35所示。

图13-35

13.7 导出音频文件

在编辑和优化音频轨道之后，用户可能想将它们作为独立声音文件导出，以便在其他节目或其他Premiere Pro项目中使用。

13.7.1 认识调音台面板

如果没有在屏幕上打开调音台，可以执行【窗口】>【调音台】菜单命令将其打开。如果喜欢在Premiere Pro的音频工作区中打开【调音台】，则可以执行【窗口】>【工作区】>【音频】菜单命令。当在界面上打开【调音台】面板时，系统会自动为当前活动序列显示至少两个轨道和主轨道，如图13-36所示。

如果在序列中拥有两个以上的音频轨道，可以拖曳【调音台】面板的左右边缘或下方边缘来扩展面板。尽管看到许多旋钮和级别对音频工程师并不稀奇，但用户必须全面了解这些按钮和功能。调音台提供了两个主要视图，分别是折叠视图和展开视图，前者没有显示效果区域，后者显示了用于不同轨道的效果，如图13-37所示。要在折叠视图和展开视图之间进行切换，可以单击【显示/隐藏效果与发送】按钮 ▶ 。

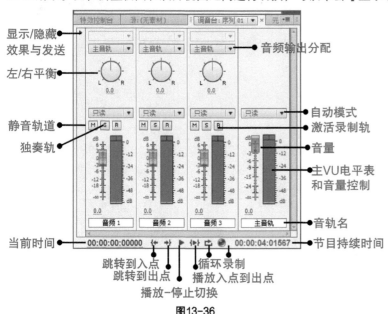

图13-36

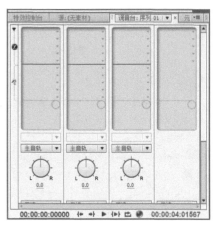

图13-37

知识拓展：轨道与素材

在开始使用Premiere Pro的调音台之前，必须明白调音台可以影响整个轨道中的音频。在调音台中工作，是对音频轨道进行调整，而不是对音频素材进行调整。

在调音台中创建和更改效果，是将音频效果应用于轨道，而不是将它们应用于特定素材。如第8章所述，在【特性控制台】面板中应用效果时，是将它们应用于素材。当前序列的【时间线】面板可以提供对工作的概括，并且用户应该清楚素材或轨道关键帧是否在【时间线】面板中显示。以下是对音频轨道显示选项的说明。

要查看素材的音频调整，可以选择音频轨道【显示关键帧】 ◈ 下拉菜单中的【显示素材音量】或【显示素材关键帧】命令。注意，素材的关键帧图形线是从素材的入点扩展到素材的出点，而不是扩展到整个轨道。

要查看整个轨道的音频调整，可以选择音频轨道【显示关键帧】 ◈ 下拉菜单中的【显示轨道音量】或【显示轨道关键帧】命令。在使用【调音台】应用音频效果时，这些效果将按名称出现在音频轨道图形线的轨道打开菜单中。如果从音频轨道图形线的打开菜单中选择效果，那么效果的关键帧会出现在图形线上。

对于素材图形线和轨道图形线，均可通过按住Ctrl键并单击【钢笔工具】 ◇ 来创建关键帧。使用【钢笔工具】 ◇ 拖曳关键帧可以调整关键帧的位置。

要熟悉【调音台】，可以从检查【调音台】的轨道区域开始。垂直区域以轨道1开头，后面是轨道2，依此类推，这些轨道对应活动序列上的轨道。在混合音频时，可以在每个轨道列的显示中看到音频级别，并且可以使用每个列中的控件进行调整。在进行调整时，音频被混合到主轨道或子混合轨道中。注意，每个轨道底部的下拉菜单都指示了当前轨道信号是发往子混合轨道还是主轨道。默认情况下，所有轨道都输出到主轨道。

轨道名称的下方是轨道的【自动模式】选项，【自动模式】选项被设置为【只读】。在【自动模式】选项设置为只读时，轨道调整写入带有关键帧的轨道并且只供该轨道读取。如果将只读更改为【写入】、【触动】或【锁存】，那么在当前序列的音频轨道中创建并调整关键帧，会在【调音台】中反映出来。

↘ 13.7.2 声像调节和平衡控件

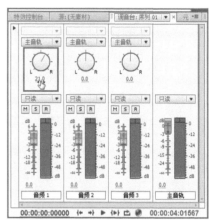

图13-38

在输出到立体声轨道或5.1轨道时，【左/右平衡】旋钮用于控制单声道轨道的级别。因此，通过声像平衡调节，可以增强声音效果（例如随着树从视频监视器右边进入视野，右声道中发出鸟的鸣叫声）。

平衡用于重新分配立体声轨道和5.1轨道中的输出。在增加一个声道中的声音级别的同时，另一个声道的声音级别将减少，反之亦然。用户可以根据正在处理的轨道类型，使用【左/右平衡】旋钮控制均衡和声像调节。在使用声像调节或平衡时，可以在【左/右平衡】旋钮上或旋钮下的数字读数上拖曳，如图13-38所示，还可以单击数字读数并用键盘键入一个值。

↘ 13.7.3 音量控件

用户可以通过上下拖曳【音量】控件来调整轨道音量。音量以dB（分贝）为单位进行录制，dB（分贝）音量显示在【音量】控件中。在拖曳【音量】控件更改音频轨道的音量时，【调音台】的自动化设置可以将关键帧放入时间线面板中该轨道的音频图形线中。

使用【选择工具】 在轨道中的图形线上拖曳关键帧，可以进一步调整音量。注意，当VU电平表（在音量控件的左边）变红时发出警告，指示可能发生剪辑失真或声音失真。还要注意的是，单声道轨道显示一个VU电平表，立体声轨道显示两个VU电平表，而5.1轨道则显示5个VU电平表。

↘ 13.7.4 静音轨道、独奏轨和激活录制轨按钮

【静音轨道】M和【独奏轨】按钮S用于选择使用或不使用的轨道，【激活录制轨】按钮R用于录制模拟声音（该声音可能来自附属于计算机音频输入的话筒）。

在调音台重放期间，单击【静音轨道】按钮M使不想听到的轨道变为静音区。在单击【静音轨道】按钮时，轨道的调音台音频级别电平表中没有显示音频级别。使用静音功能，可以设置听不到其他声音的一个或多个轨道的级别。例如，假定音频中包含音乐以及走近一池呱呱叫的青蛙的脚步声的声音效果，可以对音乐使用静音，只调整脚步声的级别，并将呱呱叫的青蛙作为视频，用这种方式显示进入视野的池塘。

单击【独奏轨】按钮S孤立或处理【调音台】面板中的某个特定轨道。在单击【独奏轨】按钮S时，Premiere Pro会对其他所有轨道使用静音除了独奏轨。

单击【激活录制轨】按钮R，录制激活的轨道。要录制音频，可以单击面板底部的【录制】按钮●，然后单击【播放-停止切换】按钮▶。

> **Tips**
>
> 要完全关闭时间线中音频轨道的输出，可以单击【切换轨道输出】◀图标 。在单击该按钮之后，扬声器图标会消失。要打开频道输出，可以再次单击【切换频道输出】◀图标。

↘ 13.7.5 效果和发送选项

效果和发送的下拉菜单出现在【调音台】面板的展开视图中，如图13-39所示。要显示效果和发送，可以

单击【自动模式】选项左边的【显示/隐藏效果与发送】图标。要添加效果和发送，可以选择【效果选择】和【发送任务选择】下拉菜单中的选项。

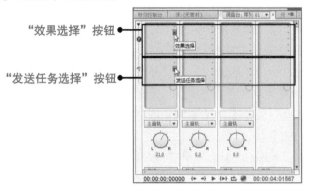

"效果选择"按钮

"发送任务选择"按钮

图13-39

1.选择音频效果

单击音频效果区域中的【效果选择】按钮，选择一个音频效果，如图13-40所示。在每个轨道的效果区域中，最多可以放置5个效果。在加载效果时，可以在效果区域的底部调整效果设置。图13-41显示了加载到音频效果区域中的【低通】效果，效果区域的底部显示了【互换声道】效果的调整控件。

2.效果发送区域

效果区域下方是效果发送区域，图13-42显示了创建发送的打开菜单。该区域发送允许用户使用音量控制旋钮将部分轨道信号发送到子混合轨道。

图13-40

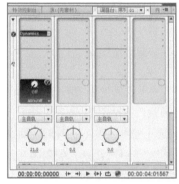

图13-41

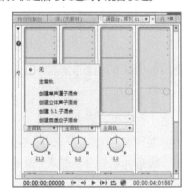

图13-42

↘ 13.7.6 其他功能按钮

在【调音台】面板的左下方有6个按钮，分别是【跳转到入点】按钮、【跳转到出点】按钮、【播放-停止切换】按钮、【播放入点到出点】按钮、【循环】按钮和【录制】按钮。

单击【播放-停止切换】按钮，可以播放音频素材。如果只想处理【时间线】面板中的部分序列，则需要设置入点和出点，然后单击【跳转到入点】按钮跳转到入点，接着单击【跳转到出点】按钮只混合入点和出点之间的音频。如果单击【循环】按钮，那么可以重复播放，这样就可以继续微调入点和出点之间的音频，而无需开始和停止重放。

 Tips

单击【节目】面板中的【设置入点】和【设置出点】，可以在序列中设置入点和出点。还可以选择序列中的素材，然后执行【标记】>【设置序列标记】>【套入入点和出点】菜单命令。

↘ 13.7.7 调音台面板菜单

因为调音台包含如此多的图标和控件，所以用户可能想自定义调音台，以便只显示要使用的控件和功能。此列表介绍了在【调音台】面板菜单中可以使用的自定义设置，如图13-43所示。

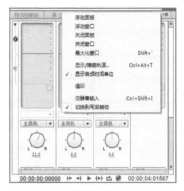

图13-43

部分命令介绍

＊ 显示/隐藏轨道：用于显示或隐藏个别轨道。

＊ 仅静音输入：在录制时显示硬件（而不是轨道）输入级别。要在VU电平表上显示硬件输入级别（而不是在Premiere Pro中显示轨道级别），可以选择【仅静音输入】命令。在选择此命令时，仍然可以监视Premiere Pro中没有录制的所有轨道的音频。

＊ 显示音频时间单位：将显示设置为音频单位。如果想以毫秒而不是音频样本为单位显示音频单位，可以执行【项目】>【项目设置】>【常规】菜单命令，在打开的【项目设置】对话框中更改此设置。

＊ 切换到写后触动：在使用【写入】自动模式后，自动将【自动模式】从【写入】模式切换到【触动】模式。

即学即用

● 导出音频

素材文件：素材文件 > 第13章 > 即学即用：导出音频

素材位置：素材文件 > 第13章 > 即学即用：导出音频

技术掌握：导出音频的方法

（扫码观看视频）

01 打开光盘中的"素材文件>第13章>即学即用：导出音频>即学即用：导出音频_l.prproj"文件，项目中有一段制作好的音频，如图13-44所示。

图13-44

02 在【项目】面板中选择music序列文件，然后执行【文件】>【导出】>【媒体】菜单命令，如图13-45所示。

03 在打开的【导出设置】对话框中设置【格式】为MP3，然后设置文件名和路径，接着单击【导出】按钮，如图13-46所示。

图13-45

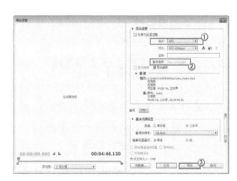

图13-46

13.8 声像调节和平衡

在调音台中进行混合时，可以使用声像调节或平衡。声像调节用于调整单声道轨道，以便在多轨道输出中重点强调它。例如，用户可以创建声像效果，提高右声道中的声音效果级别，该轨道作为一个对象出现在视频监视器的右边。在将单声道轨道输出到立体声轨道或5.1轨道中时，可通过声像调节实现这一点。

平衡将重新分配多声道轨道中的声音。例如，在立体声轨道中，可以从一个声道中提取音频，将它添加到其他声道中。在使用声像调节或平衡时，必须认识到声像调节或平衡能力取决于正在播放的轨道以及作为输出目标的轨道。例如，如果输出到立体声轨道或5.1环绕声轨道中，那么可以平衡立体声轨道。如果将立体声轨道或5.1环绕声轨道输出到单声道轨道中，那么Premiere Pro会向下混合，或者将声音轨道放入更少的声道。

 Tips

通过选择【新建序列】对话框中的主轨道设置，可以将主轨道设置为单声道轨道、立体声轨道或5.1轨道。

如果对单声道轨道或立体声轨道使用声像调节或平衡，那么只需将输出内容输出到立体声子混合轨道或主轨道，并使用【左/右平衡】旋钮调整效果。如果对5.1子混合轨道或主轨道使用声像调节，那么调音台会使用"托盘"图标替换旋钮，如图13-47所示。要使用托盘实现声像调节，可以在托盘区域中滑动圆盘图标。顺着托盘边摆放的"半圆"代表5个环绕声扬声器。拖曳【中心】百分比旋钮，可以调整中心声道。还可以通过拖曳【低音谱号】图标上方的旋钮调整重低音声道。

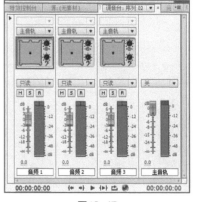

图13-47

在使用调音台完成声像调节或平衡会话之后，就可以在【时间线】面板中已调整音频轨道的关键帧图形线中看到记录的自动化调整。要查看图形线中的关键帧，可以将已调整轨道中的【显示关键帧】打开菜单设置为【显示轨道关键帧】。在出现在关键帧图形线中的轨道打开菜单中选择【声像】或【平衡】。

 Tips

在【项目】面板中选择立体声素材，然后执行【素材】>【音频选项】>【拆解为单声道】菜单命令，可以将立体声轨道复制到两个单声道轨道中。

在时间线中，无需使用调音台就可以实现声像调节或均衡。为此，可以将【显示关键帧】设置为【显示轨道关键帧】，并在【轨道】菜单中选择【声像器】>【平衡】命令，然后使用【钢笔工具】调整图形线。若要创建关键帧，可以使用【钢笔工具】，再按住Ctrl键并单击轨道。

13.9 混合音频

使用调音台混合音频时，Premiere Pro可以在【时间线】面板中为当前选择的序列添加关键帧。在添加效果时，效果名称也会显示在【时间线】面板轨道的打开菜单中。在将所有音频素材放入Premiere Pro轨道之后，就可以开始尝试混合音频了。在开始混合音频之前，应该了解调音台的【自动模式】设置，因为这些设置控制着是否在音频轨道中创建关键帧。

除非在调音台中对每个轨道的顶部进行正确设置，否则无法成功使用【自动模式】选项混合音频。例如，为了记录使用关键帧所进行的轨道调整，需要在【自动模式】下拉菜单中设置为【写入】、【触动】或【锁存】。在调整并停止音频播放之后，这些调整将通过关键帧反映在【时间线】面板的轨道图形线中。图13-48所示为显示了主音轨的【自动模式】菜单。

参数介绍

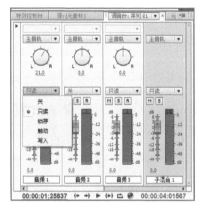

图13-48

* 关：在重放期间，此设置对存储的【自动模式】设置不予理睬。因此，如果使用【自动模式】设置（例如【只读】）调整级别，并在将【自动模式】设置为【关】的情况下重放频道，则无法听到原始调整。

* 只读：在重放期间，此设置会播放每个轨道的自动模式设置。如果在重放期间调整设置（例如音量），就会在轨道的VU电平表中听到和看到所做的更改，并且整个轨道仍然处于原来的级别。

Tips

如果先使用自动模式进行调整（例如使用【只读】模式记录轨道变化），然后在【只读】模式下重放，那么这些设置将返回停止【只读】模式调整之后的记录值。与【触动】自动模式类似，返回的速度取决于自动匹配时间参数。

* 锁存：与【写入】一样，此设置会保存调整，并在时间线中创建关键帧。但是，只有开始调整之后，自动化才开始。不过，如果在重放已记录自动模式设置的轨道时更改设置（例如音量），那么这些设置在完成当前调整之后不会回到它们以前的级别。

* 触动：与【锁存】一样，【触动】自动设置在时间线中创建关键帧，并且在更改控件值时才会进行调整。不过，如果在重放已记录自动模式设置的轨道时更改设置（例如音量），那么这些设置将会回到它们以前的级别。

* 写入：此设置立刻把所做的调整保存到轨道，并在反映音频调整的【时间线】面板中创建关键帧。与【锁存】和【触动】设置不同，【写入】设置在开始重放时就开始写入，即使这些更改不是在调音台中进行的。因此，如果将轨道设置为【写入】，然后更改音量设置，并随后开始重放该轨道，那么即使没有做进一步的调整，轨道的开始处也会创建一个关键帧。注意，在选择【写入】自动模式之后，可以选择【切换到写后触动】命令，这会将所有轨道从【写入】模式变为【触动】模式。

知识拓展：设置关键帧的时间间隔

右击【音量】控件的声像/音量或效果，然后选择【写入安全】命令，以此防止在使用【写入】自动模式设置时更改设置。还可以在使用【调音台】面板菜单中的【切换到写后触动】命令，在重放结束时自动将【写入】模式切换为【触动】模式。

在将【自动模式】设置为【触动】时，返回值的速度由【自动匹配时间】参数控制。可以执行【编辑】>【首选项】>【音频】菜单命令，然后在【首选项】对话框中更改【自动匹配时间】参数，默认时间是1秒。

知识拓展：设置关键帧的时间间隔（续）

Premiere Pro中的【自动模式】设置创建的关键帧之间的默认最小时间间隔是2000ms。如果要降低关键帧的时间间隔，可以执行【编辑】>【首选项】>【音频】菜单命令，在打开的【首选项】对话框中选择【最小时间间隔】选项，然后在字段中输入所需的值，此值以毫秒为单位，如图13-49所示。

图13-49

即学即用

● 创建混合音频

素材文件：素材文件 > 第 13 章 > 即学即用：创建混合音频

素材位置：素材文件 > 第 13 章 > 即学即用：创建混合音频

技术掌握：创建混合音频的方法

（扫码观看视频）

01 新建一个项目，然后导入光盘中的"素材文件>第13章>即学即用：创建混合音频>music1.mp3/music2.mp3"文件，接着将music1.mp3文件拖曳至音频1轨道，music2.mp3文件拖曳至音频2轨道，如图13-50所示。

图13-50

02 在【调音台】面板中将音频1的【自动模式】为【触动】，如图13-51所示。然后播放音频，接着随机调整音频1的音量滑块，如图13-52所示。

03 停止播放后，单击【显示关键帧】 按钮，在打开的菜单中选择【显示轨道关键帧】命令，然后在音频1轨道中可以看到自动生成的关键帧，如图13-53所示。

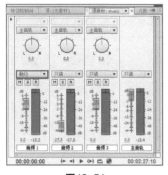

图13-51

图13-52

图13-53

13.10 在调音台中应用效果

熟悉调音台的动态调整音频的能力之后，用户可能想使用它为音频轨道应用和调整音频效果。下面对其进行介绍。

↘ 13.10.1 添加效果

将效果添加到调音台非常简单，将效果加载到【调音台】的效果区域，然后调整效果的个别控件（一个控件显示为一个旋钮）。如果打算对轨道应用多种效果，则需要注意【调音台】只允许添加5种音频效果。

13.10.2 移除效果

如果想从【调音台】轨道中移除音频效果，可以单击该效果名称右边的【效果选择】按钮，然后选择下拉列表中的【无】选项，如图13-54所示。

图13-54

13.10.3 使用旁路设置

单击出现在效果控件旋钮右边的◉图标，可关闭或绕过一个效果。在单击◉图标之后，一条斜线会出现在该图标上，如图13-55所示。要重新打开该效果，只需单击◉图标。

图13-55

即学即用

● 在调音台中应用音频效果

素材文件：素材文件 > 第13章 > 即学即用：在调音台中应用音频效果

素材位置：素材文件 > 第13章 > 即学即用：在调音台中应用音频效果

技术掌握：在【调音台】中应用音频效果的方法

（扫码观看视频）

01 新建一个项目，然后导入光盘中的 "素材文件>第13章>即学即用：在调音台中应用音频效果>music1.mp3/music2.mp3" 文件，接着将这两个文件拖曳至音频1轨道中，如图13-56所示。

02 展开音频1轨道，然后单击【显示关键帧】按钮◎在打开的菜单选择【显示轨道关键帧】命令，如图13-57所示。

图13-56

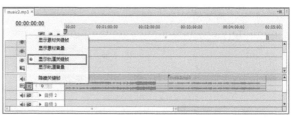

图13-57

03 在【调音台】面板中单击左上角的【显示/隐藏效果与发送】按钮▶，展开音频的效果区域，如图13-58所示。

04 展开音频1的【效果选择】下拉菜单，然后选择【延迟】命令，如图13-59所示。此时，会在效果区域添加【延迟】效果，如图13-60所示。

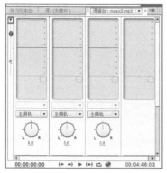

图13-58

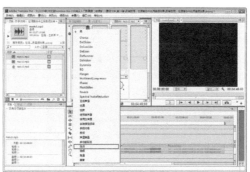

图13-59

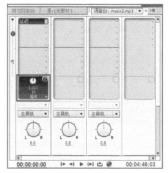

图13-60

05 将音频1的【自动模式】为【触动】，然后播放音频，接着调整音频1的音量滑块，为音频1添加关键帧，如图13-61所示。

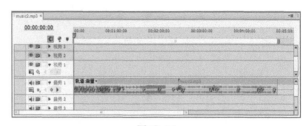

图13-61

13.11 音频处理顺序

因为所有控件都可以用于音频，所以用户可能想知道Premiere Pro处理音频时的顺序，例如，素材效果是在轨道效果之前处理，还是在轨道效果之后处理。Premiere Pro会根据【新建项目】对话框中的音频设置处理音频。在输出音频时，Premiere Pro按以下顺序进行操作。

第1步：使用Premiere Pro的【音频增益】命令调整的音频增益素材。

第2步：素材效果。

第3步：轨道效果设置，例如【预衰减】效果、【衰减】效果、【后衰减】效果和【声像/平衡】效果。

第4步：【调音台】中从左到右的轨道音量，以及通过任意子混合轨道发送到主轨道的输出。

当然，不要求用户一定要记住这些，但在处理复杂项目时，对音频处理顺序有一个大致了解会很有用。

13.12 课后习题

课后习题	● 添加音频特效	
	素材文件：素材文件 > 第13章 > 课后习题：添加音频特效	
	素材位置：素材文件 > 第13章 > 课后习题：添加音频特效	
	技术掌握：为音频添加特效以及特效的编辑方法	（扫码观看视频）

本例主要介绍为音频添加特效以及编辑音频特效的修改方法。

操作提示

第1步：新建一个项目，然后导入光盘中的"素材文件>第13章>课后习题：添加音频特效>musice3.mp3"文件。

第2步：选择【音频特效】>【参数均衡】滤镜，然后将其添加给musice3.mp3素材，接着在【特效控制台】面板中调整滤镜的参数。

CHAPTER

14

Premiere高级编辑技术

Premiere Pro功能非常强大，仅使用Premiere Pro的选择工具就可以创建和编辑整个项目。但是，如果希望进行精确编辑，就需要深入研究Premiere Pro的高级编辑功能。本章介绍了Premiere Pro的中级和高级编辑功能，包括复制粘贴素材属性、Premiere Pro的工具面板编辑工具——波纹编辑工具、旋转编辑工具、错落工具和滑动工具，以及如何使用修整监视器、多机位监视器编辑。

* 使用【素材】命令编辑素材　　　　　* 使用辅助编辑工具
* 使用Premiere编辑工具　　　　　　 * 使用【多机位】面板编辑素材

14.1 使用素材命令编辑素材

编辑作品时，为了在项目中保持素材的连贯，需要调整素材。例如，用户可能希望减慢素材的速度以填充作品的间隙，或者将一帧定格几秒钟。

【素材】菜单中的许多命令可用于编辑素材。在Premiere Pro中，执行【素材】>【速度/持续时间】菜单命令可以改变素材的持续时间和速度。执行【素材】>【视频选项】>【帧定格】菜单命令，可以改变素材的帧比率，还可以定格视频画面。

14.1.1 使用速度/持续时间命令

执行【素材】>【速度/持续时间】菜单命令，可以改变素材的长度，加速或减慢素材的播放，或者使视频反向播放。

1.修改素材持续时间

选择视频轨道或【项目】面板上的素材，然后执行【素材】>【速度/持续时间】菜单命令，打开【素材速度/持续时间】对话框，接着输入一个持续时间值，最后单击【确定】按钮，如图14-1所示。

图14-1

■ Tips

单击【链接】按钮⊕，解除速度和持续时间之间的链接。

2.修改素材播放速度

选择视频轨道或【项目】面板上的素材，然后执行【素材】>【速度/持续时间】菜单命令打开【素材速度/持续时间】对话框，接着设置【速度】属性，最后单击【确定】按钮即可。输入大于100%的数值会提高速度，输入0~99%的数值将减小素材速度。

■ Tips

选择【倒放速度】选项，可以反向播放素材。

14.1.2 使用帧定格命令

Premiere Pro的【帧定格】命令用于定格素材中的某一帧，以便该帧出现在素材的入点到出点这段时间内。用户可以在入点、出点或标记点0处创建定格帧，其操作方法如下。

选择视频轨道上的素材（如果想要定格入点和出点以外的某一帧，可以在【源监视器】中为素材设置一个未编号的标记），然后执行【素材】>【视频选项】>【帧定格】菜单命令，打开【帧定格选项】对话框，接着在【定格在】下拉菜单中选择在【入点】、【出点】或【标记0】处创建定格帧，如图14-2所示。

图14-2

■ Tips

如果要防止关键帧的效果被看到，可以选择【定格滤镜】选项；如果要消除视频交错现象，可以选择【反交错】选项。选择【反交错】复选框，系统会移除帧的两个场中的一个，然后重复另一个场，以此消除交错视频中的场痕迹。

↘ 14.1.3 更多素材命令和实用工具

在Premiere Pro中进行编辑时，可能会用到各种素材工具，其中一些工具已经在前面章节中介绍过了。这里对在编辑时非常有用的命令做一个总结。

* 【素材】>【编组】命令：这个命令将素材编组在一起，允许将这些素材作为一个实体进行移动或删除。编组素材可以避免不小心将某个轨道中的字幕和未链接的音频与其他轨道中的影片分离。素材编组在一起后，在【时间线】面板上拖曳，可以同时编辑所有素材。要编组素材，可以选择所有素材，然后选择【素材】>【编组】命令。要取消编组，可以选择其中一个素材，然后选择【素材】>【取消编组】命令。要单独选择编组中的某个素材，可以按【Alt】键，然后拖曳该素材。注意可以对一个编组中的素材同时应用【素材】菜单中的命令。

* 【素材】>【视频选项】>【缩放为当前画面大小】命令：这个命令用于调整素材的比例，使其与项目的画幅大小一致。

* 【素材】>【视频选项】>【帧混合】命令：【帧混合】命令可以避免在修改素材的速度或帧速率时产生波浪似的起伏。帧融合选项默认是选择的。

* 【素材】>【视频选项】>【场选项】命令：使用这个命令提供的选项可以减少素材中的闪烁并能消除交错。

* 【文件】>【获取属性】>【选择】命令：这个命令提供【项目】面板上选择文件的数据率、文件大小、图像大小和其他文件信息。

14.2 使用Premiere编辑工具

在序列时间线上将两个素材编辑到一起后，可能会需要修改第一个素材的出点来微调编辑。虽然可以使用【选择工具】▶修改编辑点，但是使用Premiere Pro的编辑工具也许更便捷，如【滚动编辑工具】✛和【波纹编辑工具】↔，使用这两个工具可以快速编辑相邻素材的出点。

如果将3个素材编辑到了一起，那么使用【错落工具】↤↦和【滑动工具】↔可以快速编辑中间素材的入点和出点。

本节将介绍如何使用【滚动编辑工具】✛和【波纹编辑工具】↔编辑相邻素材，以及如何使用【错落工具】↤↦和【滑动工具】编辑位于两个素材之间的素材。在练习使用这些工具时，打开【节目】面板，该面板能够显示素材的扩大效果视图。使用【错落工具】↤↦和【滑动工具】↔时，【节目监视器】还能够显示编辑的帧数。

↘ 14.2.1 使用滚动编辑工具

使用【滚动编辑工具】✛可以拖曳一个素材的编辑线，同时修改编辑线上下一个素材的入点或出点。当拖曳编辑线时，下一个素材的持续时间会根据前一个素材的变动自动调整。例如，如果第一个素材增加5帧，那么就会从下一个素材减去5帧。这样，使用【滚动编辑工具】✛编辑素材时，不会改变所编辑节目的持续时间。

↘ 14.2.2 使用波纹编辑工具

使用【波纹编辑工具】↔可以编辑一个素材，而不影响相邻素材。应用波纹编辑与应用滚动编辑正好相反。在进行拖曳来扩展一个素材的出点时，Premiere Pro将下一个素材向右移动，而不改变下一个素材的入点，这样就形成了贯穿整个作品的波纹效果，从而改变整个持续时间。如果单击并向左拖曳来减小出点，Premiere Pro不会改变下一个素材的入点。为平衡这一更改，Premiere Pro会缩短序列的持续时间。

↘ 14.2.3 使用错落工具

使用【错落工具】⊷可以改变夹在另外两个素材之间的素材的入点和出点，而且保持中间素材的原有持续时间不变。拖曳素材时，素材左右两边的素材不会改变，序列的持续时间也不会改变。

↘ 14.2.4 使用滑动工具

与错落编辑类似，【滑动工具】⊕也是用于编辑序列上位于两个素材之间的一个素材。不过在使用【滑动工具】⊕进行拖曳的过程中，会保持中间素材的入点和出点不变，而改变相邻素材的持续时间。

进行滑动编辑时，向右拖曳扩展前一个素材的出点，从而使下一个素材的入点发生时间延后。向左拖曳减小前一个素材的出点，从而使下一个素材的入点发生时间提前。这样，所编辑素材的持续时间和整个节目都没有改变。

即学即用	● 滚动编辑素材的入点和出点
	素材文件：素材文件 > 第 14 章 > 即学即用：滚动编辑素材的入点和出点
	素材位置：素材文件 > 第 14 章 > 即学即用：滚动编辑素材的入点和出点
	技术掌握：滚动编辑素材入点和出点的方法

（扫码观看视频）

01 新建一个项目，然后导入光盘中的 "素材文件>第14章>即学即用：滚动编辑素材的入点和出点>D005.mov/D047.mov" 文件，接着将D005.mov和D047.mov拖曳至视频1轨道，如图14-3所示。

02 在【源】面板中设置D005.mov的入点在第2秒处、出点在第10秒处，如图14-4所示。然后设置D047.mov的入点在第4秒处、出点在第12秒处，如图14-5所示。

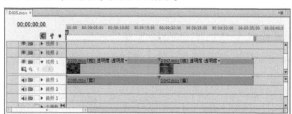

图14-3

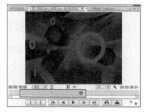

图14-4

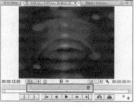

图14-5

03 在【时间线】面板中调整设置完的素材，使他们首尾相接，如图14-6所示。然后使用【滚动编辑工具】▦在素材之间单击并向右拖曳，使D005.mov素材的持续时间增加3秒，而D047.mov的持续时间减少3秒，如图14-7所示。

图14-6

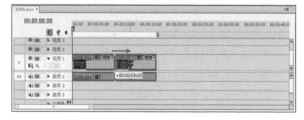

图14-7

即学即用	● 错落编辑素材的入点和出点
	素材文件：素材文件 > 第 14 章 > 即学即用：错落编辑素材的入点和出点
	素材位置：素材文件 > 第 14 章 > 即学即用：错落编辑素材的入点和出点
	技术掌握：错落编辑素材入点和出点的方法

（扫码观看视频）

01 新建一个项目，然后导入光盘中的"素材文件>第14章>即学即用：错落编辑素材的入点和出点>D002.mov/D005.mov/D047.mov"文件，接着将D005.mov和D047.mov拖曳至视频1轨道，如图14-8所示。

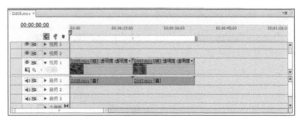

图14-8

02 在【项目】面板中双击D002.mov素材进入【源】面板，然后设置D002.mov的入点在第2秒处、出点在第10秒处，如图14-9所示。

03 将D002.mov素材拖入视频1轨道上，并与前面两个素材相邻接，如图14-10所示。

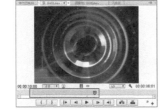

图14-9

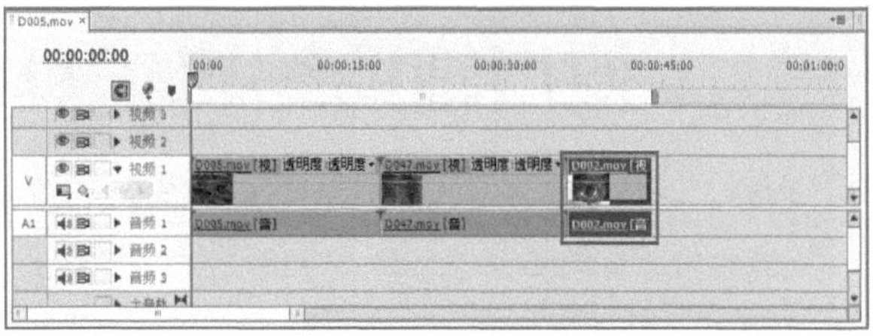

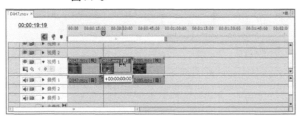

图14-10

04 选择【错落工具】⟷（或按Y键），然后在中间的素材上单击并拖曳鼠标，可以在不改变序列的持续时间的情况下，改变素材的入点和出点，如图14-11和图14-12所示。

图14-11

图14-12

🎞 Tips

虽然【错落工具】⟷通常用来编辑两个素材之间的素材，但是即使素材不是位于另两个素材之间，也可以使用【错落工具】⟷编辑它的入点和出点。

即学即用

● 滑动编辑素材的入点和出点

素材文件：素材文件 > 第14章 > 滑动编辑素材的入点和出点

素材位置：素材文件 > 第14章 > 滑动编辑素材的入点和出点

技术掌握：滑动编辑素材入点和出点的方法

（扫码观看视频）

01 新建一个项目，然后导入光盘中的"素材文件>第14章>即学即用：滑动编辑素材的入点和出点>D002.mov/D005.mov/D047.mov"文件，接着将D002.mov、D005.mov和D047.mov拖曳至视频1轨道，如图14-13所示。

02 选择【滑动工具】⇹（或按U键），然后在第3段素材上单击并向左拖曳鼠标，如图14-14所示。

图14-13

图14-14

03 在拖曳的时候【节目】面板会实时显示调整的时间，如图14-15所示。向左拖曳缩短前一个素材并加长后一个素材，向

右拖曳加长前一个素材
并缩短后一个素材。在
松开左键后中间素材的
持续时间会缩短，如图
14-16所示。

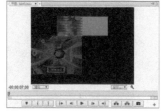

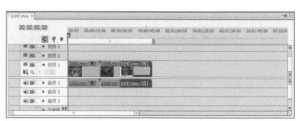

图14-15　　　　　　　　　　　　　　　图14-16

14.3　使用辅助编辑工具

有时，用户要进行的编辑只是简单地将素材从一个地方复制粘贴到另一个地方。为帮助编辑，Premiere
Pro可能会解除音频和视频之间的链接。本节将学习几种能够辅助编辑的命令，首先学习【历史】面板，使用
这个面板可以快速撤销各种工作进程。

↘ 14.3.1　使用历史记录面板撤销操作

即使是最优秀的编辑人员，也会有改变主意和犯错误的时候。传统的非线
性编辑系统允许在将源素材真正录制到节目录像带之前预览编辑。但是，传统
的编辑系统提供的撤销级别没有Premiere Pro的【历史】面板提供的那样多，如
图14-17所示。

图14-17

↘ 14.3.2　删除序列间隙

在编辑过程中，可能不可避免地会在时间线中留有间隙。有时由于【时间线】面板的缩放比例，间隙根本看不出
来。下面说明如何自动消除时间线中的间隙。

右击时间线的间隙处，可能一些小间隙需要放大
才能看到。从打开的菜单中选择【波纹删除】命令，
如图14-18所示，Premiere Pro就会将间隙清除。

图14-18

↘ 14.3.3　使用参考监视器

参考监视器是另一种节目监视器，它独立于节目监视器显示节目。在节目监视器中编辑序列的前后，需
要使用参考监视器显示影片，以帮助预览编辑的效果。用户还可以使用参考监视器显示Premiere的各种图形，
如矢量图和YC波形，这样可以边播放节目边观察这些图形。

用户可能会希望将参考监视器和节目监视器绑定到一起，以便它们显示相同的帧，其中节目监视器显示
视频，而参考监视器显示各种范围。

要查看参考监视器，执行【窗口】>【参考监视器】菜单命令即可。默认情况下，已选择【节目】面板菜单中的【绑定到参考监视器】命令，该命令会在屏幕显示【参考监视器】时成为可访问状态，如图14-19所示。如果要关闭该选项，只需选择【节目】面板菜单中的【嵌套参考监视器】命令。

图14-19

14.4 使用多机位面板编辑素材

如果采用了多机位对音乐会或舞蹈表演这种实况演出进行拍摄，那么将胶片按顺序编辑到一起会非常耗时。幸运的是，Premiere Pro的多机位编辑功能能够模拟视频信号转换开关（模拟视频信号转换开关用来从工作的多机位拍摄中进行选择镜头）的一些功能。

使用Premiere Pro的【多机位】面板最多可以同时查看4个视频源，进而快速选择最佳的拍摄，将它录制到视频序列中。随着视频的播放，Premiere Pro不断从4个同步源中做出选择，进行视频源之间的镜头切换，用户还可以选择监视和使用来自不同源的音频。

虽然使用【多机位】面板进行编辑很简单，但要涉及以下设置：将源胶片同步到一个时间线序列上；将这个源序列嵌入目标时间线序列（录制编辑处）；激活多机位编辑；开始在【多机位】面板中进行录制。

完成一次多机位编辑会话后，还可以返回到这个序列，并且很容易就能够将一个机位拍摄的影片替换成另一个机位拍摄的影片。接下来将详细介绍这些操作过程。

14.4.1 创建多机位素材

将影片导入Premiere Pro后，就可以试着进行一次多机位编辑会话了。正如前面所述，可以创建一个最多源自4个视频源的多机位会话。

14.4.2 查看多机位影片

正确设置好源轨道和目标轨道，并激活多机位编辑后，就可以准备在多机位监视器中观看影片了。执行【窗口】>【多机位监视器】菜单命令，打开【多机位】面板播放多机位监视器中的影片，即可同时观看多个素材，如图14-20所示。

 Tips

> 在多机位监视器中播放影片时，如果单击机位1、机位2、机位3或机位4，被单击的那个机位的边缘会变成黄色，并且对应的影片会自动录制到时间线上。

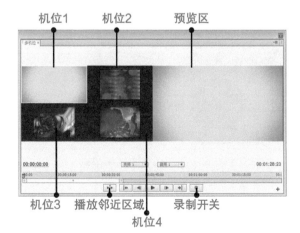

图14-20

● 建立多机位对话

素材文件：素材文件＞第 14 章＞即学即用：建立多机位对话

素材位置：素材文件＞第 14 章＞即学即用：建立多机位对话

技术掌握：建立多机位对话的方法

（扫码观看视频）

01 新建一个项目，然后在打开的【新建序列】对话框中设置【视频】为4，使项目中有4个视频轨道，如图14-21所示。

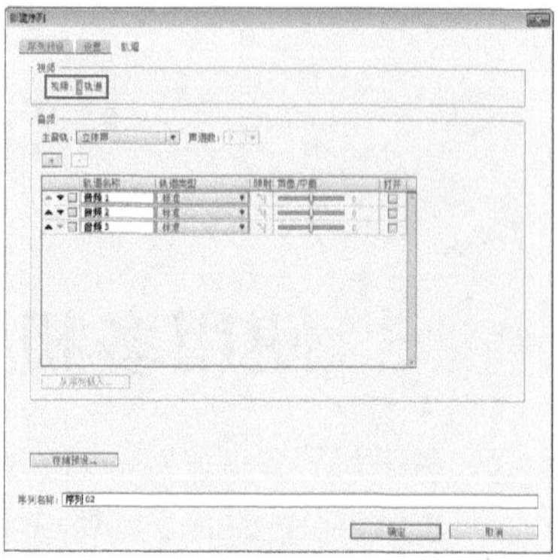

02 导入光盘中的"素材文件＞第14章＞即学即用：建立多机位对话＞D047.mov/D048.mov/D049.mov/D050.mov"文件，然后将所有素材分别添加到【时间线】面板中的不同视频轨道上，如图14-22所示。

03 同时选择轨道中的4个素材，然后执行【素材】＞【同步】菜单命令，接着在打开的【同步素材】对话框中单击【确定】按钮，如图14-23所示。

图14-21

04 新建一个序列，然后将【序列01】导入到新建的序列中，接着选择【序列01】，执行【素材】＞【多机位】＞【启用】菜单命令，当多机位功能启用后，可以对素材切换摄像机，如图14-24所示。

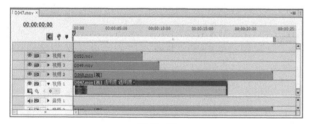

图14-22

图14-23

图14-24

14.5　课后习题

● 波纹编辑素材的入点或出点

素材文件：素材文件＞第 14 章＞即学即用：波纹编辑素材的入点或出点

素材位置：素材文件＞第 14 章＞即学即用：波纹编辑素材的入点或出点

技术掌握：波纹编辑素材入点或出点的方法

（扫码观看视频）

本例主要介绍如何使用【波纹编辑工具】调整素材的入点或出点。

操作提示

第1步：新建一个项目，然后导入光盘中的"素材文件＞第14章＞即学即用：波纹编辑素材的入点和出点＞D005.mov/D047.mov"文件，接着将D005.mov和D047.mov拖曳至视频1轨道。

第2步：使用【波纹编辑工具】在两段素材的相邻处单击并拖曳鼠标，即可改变素材的入点或出点。

CHAPTER

15

调整视频的色彩

在视频拍摄的时候，往往无法控制现场或光线条件，这就会导致视频素材太暗或太亮，或者笼罩某种色泽。幸运的是，Premiere Pro的【视频特效】面板包括许多特效，用于校正素材的颜色，或增强颜色效果。本章将介绍Premiere Pro中的颜色校正功能，读者可以使用该功能为昏暗单调的拍摄作品调整亮度、丰富色彩。

* 色彩的基础知识
* 认识视频波形

* 使用颜色校正滤镜
* 调整颜色校正滤镜

15.1 色彩的基础知识

在开始使用Premiere Pro校正颜色、亮度和对比度之前，先复习一些关于计算机颜色理论的重要概念。大多数Premiere Pro的图像增强效果不是基于视频世界的颜色机制。相反，它们基于计算机创建颜色的原理。

↘ 15.1.1 认识RGB颜色模式

当观看计算机显示器上的图像时，颜色通过红色、绿色和蓝色光线的不同组合而生成。当需要选择或编辑颜色时，大多数计算机程序允许选择256种红、绿和蓝。这样就可以生成超过1760万种（256 × 256 × 256）颜色。在Premiere Pro和Photoshop中，一个图像的红色、绿色和蓝色成分都称为通道。

Premiere Pro的【颜色拾取】就是一个说明红色、绿色和蓝色通道创建颜色的例子。使用颜色拾取，可以通过指定红色、绿色和蓝色值选择颜色。要打开Premiere Pro的颜色拾取，必须首先在屏幕上创建一个项目，然后选择【文件】>【新建】>【颜色蒙版】命令。在【颜色拾取】对话框中注意红色（R）、绿色（G）和蓝色（B）输入字段，如图15-1所示。如果在颜色区中单击一种颜色，输入字段中的数值会变为创建那种颜色所用的红色、绿色和蓝色值。要改变颜色，也可以在红色（R）、绿色（G）和蓝色（B）输入字段中输入0~255的数值。

图15-1

如果想要使用Premiere Pro校正颜色，那么需要对红色、绿色和蓝色通道如何相互作用来生成红色、绿色和蓝色，以及它们的补色（相反色）——青色、洋红和黄色有一个基本了解。

下面列出的各种颜色组合有助于理解不同通道是如何生成颜色的。注意，数值越小颜色越暗，数值越大颜色越亮。红色为0，绿色为0，蓝色为0的组合则生成黑色，没有亮度。如果将红色、绿色和蓝色值都设置成255，就生成白色——亮度最高的颜色。如果红色、绿色和蓝色都增加相同的数值，就生成深浅不同的灰色。较小的红、绿和蓝色值形成深灰，较大的值形成浅灰。

- ∗ 黑色：0 红色 + 0 绿色 + 0 蓝色
- ∗ 白色：255红 + 255绿 + 255蓝色
- ∗ 青色：255绿 + 255蓝
- ∗ 洋红：255红 + 255蓝
- ∗ 黄色：255红 + 255绿

注意，增加RGB颜色中的两个成分会生成青色、洋红或黄色。它们是红、绿、蓝的补色。理解这些关系很有用，因为这能为工作提供指导方向。从上述颜色计算可以看出绿色和蓝色值越大，生成的颜色越青；红色和蓝色值越大，生成的颜色就会更加洋红；红色和绿色值越大，生成的颜色就更黄。

↘ 15.1.2 认识HLS颜色模式

正如将在本章的例子中所看到的那样，很多Premiere Pro的图像增强效果使用调整红、绿和蓝颜色通道的控件，这些效果不使用RGB颜色模式的【色相】、【饱和度】和【亮度】控件。如果刚刚接触色彩校正，可能用户会有这样的疑问：为什么使用HLS（也称作HSL），而不使用RGB，RGB是计算机固有的颜色生成方法。答案就是：许多艺术家发现使用HLS创建和调整颜色比使用RGB更直观。在HLS颜色模式中，颜色的创建方式与颜色的感知方式非常相似。色相指颜色，亮度指颜色的明暗，饱和度指颜色的强度。

使用HLS，通过在颜色轮（或表示360度轮盘的滑块）上选择颜色并调整其强度和亮度，能够快速启动校正工作。这一技术通常比通过增减红绿蓝颜色值来微调颜色节省时间。

↘ 15.1.3 了解YUV颜色系统

如果正在向视频录像带导出信息，要牢记计算机屏幕能够显示的色域（组成图像的颜色范围）比电视屏幕的色域范围大。计算机监视器使用红绿蓝色磷光质涂层创建颜色。美国广播电视使用YCbCr标准（通常简称为YCC）。YCbCr使用一个亮度通道和两个色度通道。

 Tips

【亮度】值指图像的明亮度。如果查看图像的亮度值，会以灰度方式显示图像。【色度】通常指【色相】和【饱和度】的结合，或者减去亮度后的颜色。

YCbCr基于YUV颜色系统（虽然经常用作YUV的同义词）。YUV是Premiere Pro和PAL模拟信号电视系统使用的颜色模式。YUV系统由一个亮度通道（Y）和两个色度通道（U和V）组成。亮度通道以黑白电视的亮度值为基础。由于延用这个值，所以适配颜色后，黑白电视的观众还能够看到彩色电视信号。

与RGB和HLS一样，YUV颜色值也显示在Adobe颜色拾取对话框中。YUV颜色可以通过RGB颜色值计算得到。例如，Y（亮度）分量可以由红绿蓝颜色的比例计算。U分量等于从RGB中的蓝色值中减去亮度值后乘以一个常量；V分量等于从RGB中的红色值中减去Y亮度值后乘以另一个常量。这就是为什么色度一词实际上是指基于减去亮度值后的颜色的信号。

如果用户打算制作高清项目，可以选择【序列】>【序列设置】命令打开【序列设置】对话框，选择【最大位数深度】选项，这个选项可以使颜色深度达到32位，这取决于序列预置的【压缩】设置，如图15-2所示。选择【最大位数深度】选项，能够提高视频效果的质量，但是会给计算机系统带来负担。

图15-2

 Tips

使用高清预置时，视频渲染中会出现一个YUV 4:2:2选项。4:2:2比率是从模拟信号到数字信号转换的颜色向下取样比率。其中4表示Y（亮度），2:2指色度值按亮度的二分之一取样。这个过程成为色度二次抽样。这一颜色的二次抽样可能是由于人眼对颜色变化的敏感度不如对亮度变化的敏感度强。

↘ 15.1.4 掌握色彩校正基础

在对素材进行色彩校正之前，首先要确定是否需要对素材的阴影、中间色和高光进行全面的调整，或者素材的颜色是否需要增强或修改。确定素材需要进行哪些调整的方法就是查看素材的颜色和亮度分布。可以通过显示矢量图、YC波形、YCbCr检视和RGB检视来进行查看，这些选项位于监视器菜单中。用户一旦熟悉了图像的组成，就能够更好地使用色彩校正、调节或图像控制视频特效来调整素材的颜色亮度。

如果使用过Adobe Photoshop，用户就会知道查看素材直方图的重要性。试着使用【调整】文件夹中的【色阶】视频特效来熟悉素材直方图的含义。直方图显示素材的阴影、中间色、高光以及各个颜色通道，并允许对它们进行全面的调整。

15.2 设置色彩校正工作区

在开始校正视频之前，可以进行一些小小的工作区变动来改进效果。执行【窗口】>【工作区】>【色彩校正】菜单命令，将工作区设置为Premiere Pro的【色彩校正】工作区，如图15-3所示。

使用【参考】面板就像使用屏幕上的另一个【节目】面板一样，因此能够同时查看同一个视频序列的两种不同的场景，一个在【参考】面板中，一个在【节目】面板中。用户还可以通过【参考】面板查看Premiere Pro的视频波形，同时在【节目】面板中查看该波形表示的实际视频。

默认情况下，【参考】面板与【节目】面板嵌套在一起，进行同步播放。用户也可以取消选择【参考】面板菜单中的【绑定到节目监视器】命令，解除绑定【参考】面板。这样，就可以在【参考】面板中查看一个场景，而在【节目】面板中查看另一个场景。解除绑定【参考】面板的另一方法是单击【参考】面板上的【绑定到节目监视器】按钮，如图15-4所示。

在处理作品时，通常会改变Premiere Pro的【源】、【节目】和【参考】面板的输出品质。在进行色彩调整时，可能会想要查看最高品质的输出，以便精确地判断色彩。要将监视器设置为最高品质，可以单击监视器面板菜单，然后选择【播放分辨率】或【暂停分辨率】中的【全分辨率】命令。

为了获得最高品质的输出，可以通过序列的预置【压缩】命令，将Premiere Pro的【视频预览】设置为最大位数深度。执行【序列】>【序列设置】菜单命令，在【序列设置】对话框的【视频预览】区中，选择【最大位数深度】选项，如图15-5所示。

图15-3

图15-4   图15-5

使用Premiere Pro的视频波形。如果项目将通过一个视频监视器播放，那么可以使用Premiere Pro的视频波形帮助确认视频电平是否超出专业视频的目标电平。

15.3 认识视频波形

Premiere Pro的视频波形提供对色彩信息的图形表示，这种特性可以模拟专业广播中使用的视频波形，而且对于想要输出NTSC或PAL视频的Premiere Pro用户来说尤其重要。其中一些波形输出的图形表示视频信号的色度（颜色和强度）与亮度（亮度值，尤其是黑色、白色和灰色值）。

如果要查看素材的波形读数，那么在【项目】面板上双击该素材，或者将当前时间指示器移到【时间线】面板的一个序列中的素材上，然后从【源】、【节目】或【参考】面板菜单中选取波形或波形组，如图15-6所示。

图15-6

↘ 15.3.1 矢量示波器

矢量示波器显示的图形表示与色相相关的素材色度。矢量示波器显示色相，以及一个带有红色、洋红、蓝色、青色、绿色和黄色（R、MG、B、Cy、G和YL）标记的颜色轮盘，如图15-7所示。因此，读数的角度表示色相属性，矢量图中接近外边缘的读数代表高饱和度的颜色，中等饱和度的颜色显示在圆圈的中心和外边缘之间，视频的黑色和白色部分显示在中心。

图15-7

矢量示波器中的小目标靶表示饱和度的上界色阶。NTSC视频色阶不能超过这些目标靶。图形顶部显示的控件用于修改矢量示波器显示的强度。用户可以通过单击不同的强度或者拖曳来改变【强度】百分比。这些强度属性不会改变视频中的色度级别，它们只改变波形的显示。矢量示波器上的75%选项会改变显示，以接近模拟色度，100%选项显示数字视频色度。

↘ 15.3.2 YC波形

图15-8所示为YC波形图，该图提供一个表示视频信号强度的波形（Y代表亮度，C代表色度）。在YC波形中，横轴表示实际的视频素材，纵轴表示以无线电工程师协会（Institute of Radio Engineers, IRE）为度量单位的信号强度。

波形中的绿色波形图案表示视频亮度，视频越亮，波形在图中的显示位置越靠上；视频越暗，波形在图中的显示位置越靠下。蓝色波形表示色度，通常亮度和色度会重叠在一起，而它们的IRE值也基本相等。

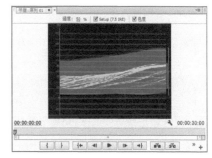

图15-8

在美国，NTSC视频的可接受亮度级别范围为7.5IRE（黑色级别，称为基础级别）到100IRE（白色级别）；在日本，取值范围为0IRE~100IRE。为帮助理解这个波形，可以选择【色度】选项来打开或关掉色度显示。与矢量示波器一样，可以拖曳【强度】百分比来改变波形显示的强度。默认情况下，YC波形按输出模拟视频时的形式来显示波形。如果要查看数字视频的波形，则取消选择Setup（7.5IRE）选项。

↘ 15.3.3 YCbCr检视

图15-9所示为YCbCr检视图，它提供一个【检视】波形，表示视频信号中的亮度和色彩差异，可以拖曳【强度】读数来控制显示的强度。第1个波形表示Y或亮度级别，第2个波形表示Cb（蓝色去除亮度），第3个波形表示Cr（红色去除亮度），尾部的垂直条表示Y、Cb和Cr波形的信号范围。

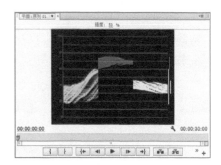

图15-9

↘ 15.3.4 RGB检视

图15-10所示为RGB检视图，显示视频素材中红色、绿色和蓝色级别的波形。RGB检视波形有助于确定素材中的色彩分布方式。在这个图形中，红色是第1个波形，绿色是第2个，蓝色是第3个，RGB检视图右侧的垂直条表示每种RGB信号的范围。

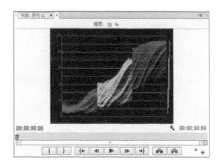

图15-10

15.4 调整和校正素材的色彩

　　Premiere Pro视频特效中的色彩增强工具分散在3个文件夹中，分别是【色彩校正】、【调整】和【图像控制】，而且大多数强大的特效都位于【色彩校正】文件夹中。【色彩校正】特效提供校正色彩所需的最精确最快捷的选项。

　　应用【色彩校正】特效的方法与应用其他视频特效的方法相同。要应用一个特效，单击该特效并将其拖到【时间线】面板上的一个视频素材上即可。应用特效后，可以使用【特效控制台】面板调节特效，如图15-11所示。

　　同处理其他视频特效一样，用户可以单击【显示/隐藏时间线】按钮查看面板上的时间线。要创建关键帧，可以单击【切换动画】按钮 ，然后移动当前时间指示器进行调节；还可以单击【重置】按钮 取消效果设置。

图15-11

15.4.1 使用原色校正工具

　　Premiere Pro最强大的色彩校正工具位于【效果】面板上的【颜色校正】文件夹中，如图15-12所示。用户可以使用这些特效来微调视频中的色度（颜色）和亮度（亮度值）。在进行调节时，用户可以查看节目监视器、视频波形或Premiere Pro参考监视器中的效果。本节介绍的特效按照相似性进行分组，方便对不同特性进行比较。

　　使用色彩校正特效时，用户可能会注意到许多特效具有相似的特性，如图15-13和图15-14所示的【快速色彩校正】和【三路色彩校正】特效控件。例如，每个特效选项都允许在节目监视器或参考监视器中选择查看校正场景的方式。

图15-12

图15-13

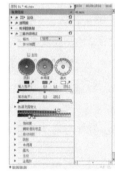

图15-14

常用参数介绍

　　＊ 输出：控制【节目】或【参考】面板输出的内容，包括【复合】、Luma。选择【复合】选项后，就像在【节目】或【参考】面板中正常显示的那样显示合成图像。选择Luma选项，显示亮度值（显示亮度和暗度值的灰度图像）。

　　＊ 色调范围定义：许多色彩校正特效都包含【色调范围定义】属性，用户可以通过该控件指定要校正的阴影、中间色调和高光的颜色范围。

　　＊ 拆分视图：该参数将屏幕分割，从而可以对原始（未校正的）视频和经过调整的视频进行对比。

　　＊ 版面：该参数用于选择垂直分割视图或者水平分割视图。该属性决定以垂直分割屏幕还是水平分割屏幕的形式查看校正前后的区域。

　　＊ 拆分视图百分比：该参数用于选择要在分割屏幕视图上显示的校正视频的百分比。

15.4.2 使用辅助色彩校正属性组

　　辅助色彩校正控件提供属性组来限制对素材中的特定范围或特定颜色进行色彩校正，该控件可以精确指定某一特定颜色或色调范围来进行校正，而不必担心影响其他范围的色彩。使用【辅助色彩校正】属性组可以指定色相位、饱和度和亮度范围来限制色彩校正。【辅助色彩校正】属性组出现在【三路色彩校正】、【亮度校正】、【亮度曲线】、【RGB色彩校正】、【RGB曲线】和【视频限幅器】等特效中。图15-15所示为【辅助色彩校正】属性组的参数。

图15-15

按照以下步骤使用【辅助色彩校正】属性组。

第1步：单击 ✐ 工具，在【节目】面板或【参考】面板中的图像上选择想要修改的色彩区域。也可以拾取颜色样本，然后在Adobe颜色拾取对话框中选择一种颜色。

 Tips

> 如果要扩大颜色范围，可以使用 ✐ 工具；如果要缩小颜色范围，可以使用 ✐ 工具。如果扩大色相属性，可以设置【色相】属性组中的【起始阈值】和【结尾阈值】方形滑块，指定颜色范围。注意可以通过拖曳彩色区域来添加色相滑动条上的可见颜色。

第2步：要柔化想要校正的色彩范围与其相邻区域之间的差异，可以拖曳【起始柔和度】和【结尾柔和度】属性的矩形滑块，也可以拖曳【色相】缩小的三角滑块。

第3步：拖曳【饱和度】和【亮度】控件，调节饱和度及亮度范围。

第4步：微调【边缘细化】属性。【边缘细化】能够淡化彩色边缘，从淡化－100到非常淡化的100。

第5步：如果想要调整选择范围以外的所有色彩，可以选择【反向限制色】选项。

第6步：如果要查表示颜色更改的遮罩（单调的黑色、白色和灰度区域），可以选择【输出】下拉菜单中的【蒙版】选项。蒙版使只展示正在调整的图像区域变得更容易。

 Tips

> 将【输出】设置为【蒙版】时，会发生以下3种情况。
> 第1种：黑色表示被色彩校正完全改变的图像区域。
> 第2种：灰色表示部分改变的图像区域。
> 第3种：白色表示未改变的区域（被遮罩的）。

↘ 15.4.3 使用色彩校正滤镜组

本节将介绍【色彩校正】文件夹中一些其他色彩校正视频特效，【色彩校正】文件夹包括的滤镜如图15-16所示。

图15-16

↘ 15.4.4 使用图像控制滤镜组

Premiere Pro的【图像控制】文件夹提供了更多颜色特效，该文件夹中的特效包括【灰度系数（Gamma）校正】、【色彩传递】、【颜色平衡（RGB）】、【颜色替换】以及【黑白】，该滤镜的参数如图15-17所示。

图15-17

↘ 15.4.5 使用调整滤镜组

【调整】文件夹中的视频特效包括【卷积内核】、【基本信号控制】、【提取】、【照明效果】、【自动对比度】、【自动色阶】、【自动颜色】、【色阶】和【阴影/高光】等，如图15-18所示。

图15-18

● 校正图像亮度和对比度

素材文件：
素材文件＞第15章＞即学即用：
校正图像亮度和对比度

素材位置：
素材文件＞第15章＞即学即用：
校正图像亮度和对比度

技术掌握：
校正偏暗和缺少对
比度的图像的方法

　　本例主要介
绍如何使用【亮度
校正】滤镜调整素
材的亮度和对比
度，案例对比效果
如图15-19所示。

图15-19

01 新建一个项目，然后导入光盘中的"素材文件＞第15章＞即学即用：校正图像亮度和对比度＞BG.jpg"文件，接着将BG.jpg
拖曳至视频1轨道，如图15-20所示。

02 在【效果】面板中选择【视频特效】＞【颜色校正】＞【亮度校正】滤镜，然后将其添加给BG.jpg素材，如图15-21所示。

03 在【特效控制台】面板中设置【亮度校正】滤镜
的【亮度】为60、【对比度】为20、【对比度等级】为1，如
图15-22所示。

图15-20

图15-21

图15-22

15.5　课后习题

● 转换颜色

素材文件：
素材文件＞第15章＞课后习题：
转换颜色

素材位置：
素材文件＞第15章＞课后习题：
转换颜色

技术掌握：
使用【转换颜色】滤镜
改变图像颜色的方法

　　本例主要介
绍使用【转换颜
色】滤镜改变素材
的颜色，案例效果
如图15-23所示。

图15-23

操作提示

　　第1步：新建一个项目，然后导入光盘中的"素材文件＞第15章＞课后习题：转换颜色＞BG.jpg"文件，接
着将BG.jpg拖曳至视频1轨道。

　　第2步：为BG.jpg素材添加【转换颜色】滤镜，然后调整滤镜的参数。

CHAPTER

16

综合案例

记得小时候在影院看电影，每部影片的开头或换片时，都会有十秒钟的倒计时，这是老电影惯用的手法。如果在个人的影视作品中，也加入这种"电影倒计时"效果，不仅可以增加影片的娱乐性和趣味性，而且还会使作品看上去更趋于完美。使用Premiere即可实现影片倒计时效果的制作。本章将介绍制作影片倒计时片头的案例。

* Premiere Pro的制作流程　　　　＊　编辑音频
* 视频特效的应用　　　　　　　　＊　输出影片

16.1

综合案例

（扫码观看视频）

● 制作倒计时动画

素材文件：	素材位置：	技术掌握：
素材文件 > 第16章 > 制作倒计时动画	素 材 文 件 > 第 16 章 > 制作倒计时动画	制作倒计时片头的方法

本案例将介绍制作影片倒计时片头的操作，案例效果如图16-1所示。

图16-1

↘ 16.1.1 导入素材

01 新建一个项目，然后导入光盘中的"素材文件>第16章>制作倒计时动画>1~9.jpg"文件，如图16-2所示。

02 在【项目】面板中新建一个文件夹，将其命名为"数字"，然后将导入的文件移至文件夹内，如图16-3所示。

图16-2

图16-3

↘ 16.1.2 编辑倒计时素材

01 将9.jpg素材添加到视频2轨道上，然后将该素材的持续时间设置为2秒，如图16-4所示。接着将8.jpg素材添加到视频1轨道上，再设置持续时间为2秒，最后将8.jpg素材的入点设置在第1秒处，如图16-5所示。

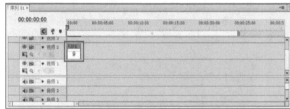

图16-4

图16-5

02 在【效果】面板中选择【视频切换】>【擦除】>【时钟式划变】滤镜，如图16-6所示。然后将该滤镜添加到9.jpg素材的出点处，如图16-7所示。

图16-6

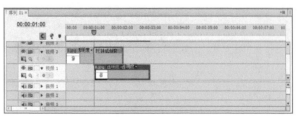

图16-7

03 将7.jpg素材添加到视频2轨道上，然后设置持续时间为2秒，接着为该素材添加【时钟式划变】滤镜，最后将其入点设置在第2秒处，如图16-8所示。

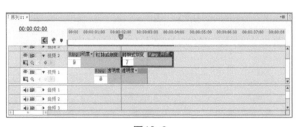

图16-8

> **Tips**
>
> 在为7.jpg素材添加切换效果之前，不能将7.jpg素材的入点与9.jpg素材的出点相连接，否则无法在7.jpg素材的入点处正确添加切换效果。

04 在7.jpg素材的出点处添加【时钟式划变】滤镜，然后将6.jpg素材添加到视频1轨道中，接着移动6.jpg素材使其与8.jpg素材相邻，如图16-9所示。

05 使用同样的方法将其余的数字素材排列到【时间线】面板中，并添加【时钟式划变】滤镜，如图16-10所示。需要注意的是，只用在1.jpg素材的出点处添加【时钟式划变】滤镜，如图16-11所示。

图16-9

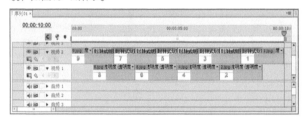

图16-10

图16-11

06 在【节目】面板中播放影片，效果如图16-12所示。

图16-12

16.1.3 添加音频效果

01 导入光盘中的"素材文件>第16章>制作倒计时动画>D036.mov/music.mp3"文件，然后将D036.mov添加到视频1轨道中，将music.mp3文件添加音频2轨道中，接着将D036.mov和music.mp3文件的入点设置在第10秒处，如图16-13所示。

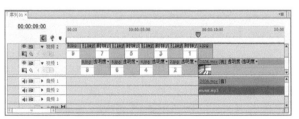

图16-13

02 在【效果】面板中选择【预设】>【玩偶视效】>【叠加】>【淡入淡出（标准透明叠加）】滤镜，如图16-14所示。然后将该滤镜添加给1.jpg和D036.mov素材，如图16-15所示。

图16-14

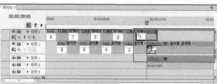

图16-15

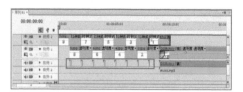

图16-16

03 导入光盘中的"素材文件>第16章>制作倒计时动画>报时.wav"文件，然后从第2秒开始，每隔2秒添加一个"报时.wav"素材到音频1轨道上，直至第8秒为止，如图16-16所示。

↘ 16.1.4 输出影片

01 保存制作好的项目文件，然后选择序列01，执行【文件】>【导出】>【媒体】菜单命令，接着在打开的【导出设置】对话框中设置【格式】为QuickTime、【预设】为PAL DV、【输出名称】为"倒计时动画"，如图16-17所示。

02 切换到【音频】选项卡，然后设置【采样速率】为44 100Hz，接着选择【立体声】选项，最后单击【导出】按钮，如图16-18所示。

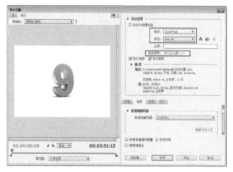

图16-17

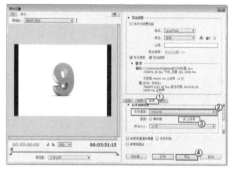

图16-18

● 制作旅游宣传片

素材文件：	素材位置：	技术掌握：
素材文件 > 第16 章 > 制作旅游宣传片	素材文件 > 第16 章 > 制作旅游宣传片	制作旅游宣传专题片的方法

本案例将介绍制作旅游宣传专题片的操作，案例效果如图16-19所示。

图16-19

↘ 16.2.1 导入素材

01 新建一个项目，然后导入光盘中的"素材文件>第16章>制作旅游宣传片>1~8.jpg/music.mp3"文件，如图16-20所示。

02 在【项目】面板中新建一个文件夹，将其命名为footage，然后将导入的图像文件移至文件夹内，如图16-21所示。

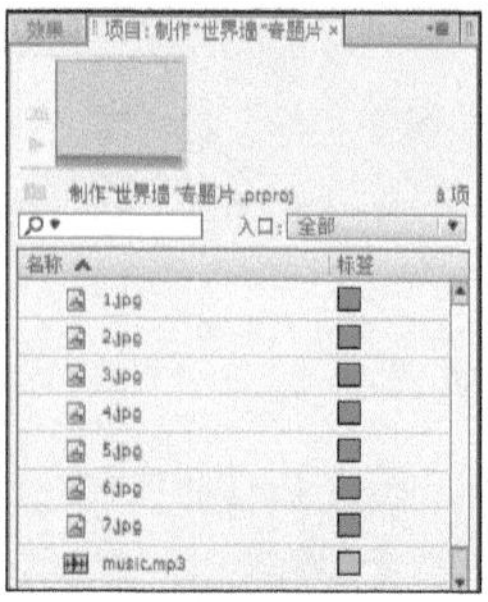

图16-20

图16-21

↘ 16.2.2 编辑影片素材

01 将1.jpg素材添加到视频1轨道上，然后选择1.jpg素材，接着单击鼠标右键，在打开的菜单中选择【速度/持续时间】命令，再在打开的【素材速度/持续时间】对话框中设置【持续时间】为3秒，最后单击【确定】按钮，如图16-22所示。

02 将其他图片素材依次添加到时间线面板的视频1轨道中，并将这些素材的持续时间修改为3秒，如图16-23所示。

图16-22

图16-23

03 在【效果】面板中选择【视频切换】>【卷页】>【翻页】滤镜，如图16-24所示。然后将"翻页"切换效果拖动到时间线面板中的1.jpg素材的出点处，为1.jpg与2.jpg素材之间添加翻页切换效果，如图16-25所示。

图16-24

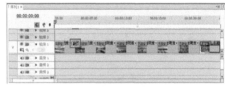

图16-25

04 在2.jpg素材的出点处添加【视频切换】>【卷页】>【卷走】滤镜，如图16-26所示。然后在3.jpg素材的出点处添加【视频切换】>【滑动】>【推】滤镜，如图16-27所示。

图16-26

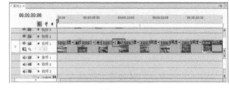

图16-27

05 在4.jpg素材的出点处添加【视频切换】>【划像】>【点划像】滤镜，如图16-28所示。在5.jpg素材的出点处添加【视频切换】>【划像】>【划像交叉】滤镜，如图16-29所示。

图16-28

图16-29

06 在4.jpg素材的出点处添加【视频切换】>【划像】>【点划像】滤镜，如图16-30所示。在5.jpg素材的出点处添加【视频切换】>【划像】>【划像交叉】滤镜，如图16-31所示。

图16-30

图16-31

↘ 16.2.3 制作淡入淡出效果

01 选择视频1轨道上的1.jpg素材，然后在【特效控制台】面板中展开【透明度】属性组，接着在第0秒处设置【透明度】为0%并激活关键帧，接着在第1秒处设置【透明度】为100%，如图16-32所示。

02 在第23秒24帧处选择8.jpg素材，然后在【特效控制台】面板中展开【透明度】属性组，接着在第23秒处设置【透明度】为100%并激活关键帧，接着在第24秒处设置【透明度】为0%，如图16-33所示。

图16-32

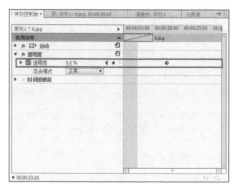

图16-33

↘ 16.2.4 添加字幕

01 执行【字幕】>【新建字幕】>【静默字幕】菜单命令，然后在打开的【新建字幕】对话框中设置【名称】为"自然风光"，接着单击【确定】按钮，如图16-34所示。

02 在打开的字母窗口中单击【输入工具】T，然后在绘制区中输入文字"自然风光"，接着在【字幕属性】面板中设置【字体】为Adobe Heiti Std、字体大小为60，再激活【阴影】功能，最后设置【透明度】为80%、【大小】为10，如图16-35所示。

图16-34

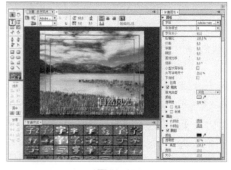

图16-35

03 将制作好的字幕添加到视频2轨道上，然后设置字幕的持续时间为24秒，如图16-36所示。

04 选择字幕，在【特效控制台】面板中展开【透明度】属性组，然后在第0秒处设置【透明度】为0%并激活关键帧，接着在第1秒处设置【透明度】为100%，再在第23秒处单击【添加/移除关键帧】按钮，最后在第24秒处设置【透明度】为0%，如图16-37所示。

图16-36

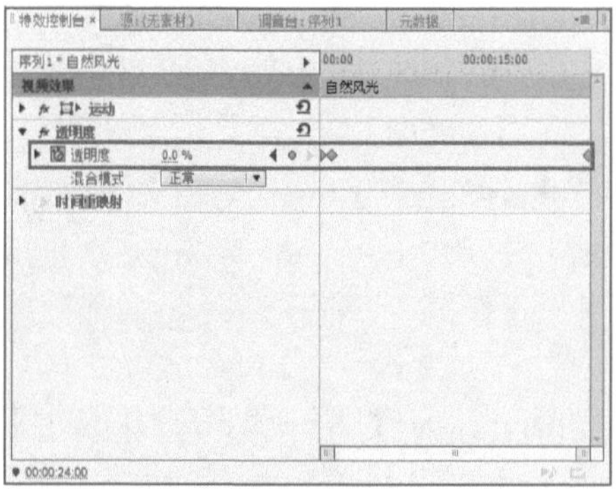

图16-37

↘ 16.2.5 添加音频素材

01 将【项目】面板中的music.mp3素材添加音频1轨道上，然后在第24秒处使用【剃刀工具】切断素材，如图16-38所示。

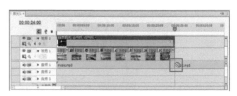

图16-38

02 将24秒以后的音频素材删除，然后选择剩下的音频素材，在【特效控制台】面板中展开【音量】属性组，接着在第0秒处设置【音量】为−∞并激活关键帧，接着在第1秒处设置【音量】为0，再在第23秒处单击【添加/移除关键帧】按钮◆，最后在第24秒处设置【音量】为0，如图16-39所示。

图16-39

16.2.6 输出影片

01 保存制作好的项目文件，然后选择序列01，执行【文件】>【导出】>【媒体】菜单命令，接着在打开的【导出设置】对话框中设置【格式】为QuickTime、【预设】为PAL DV、【输出名称】为"制作旅游宣传片"，如图16-40所示。

02 切换到【音频】选项卡，然后设置【采样速率】为44 100Hz，接着选择【立体声】选项，最后单击【导出】按钮，如图16-41所示。

图16-40　　　　　　图16-41

16.3 综合案例

● 制作"世界墙"专题片

（扫码观看视频）

素材文件：	素材位置：	技术掌握：
素材文件 > 第16章 > 制作"世界墙"专题片	素材文件 > 第16章 > 制作"世界墙"专题片	制作"世界墙"专题片的方法

本案例将介绍制作"世界墙"专题片的操作，案例效果如图16-42所示。

图16-42

16.3.1 导入素材

01 新建一个项目，然后导入光盘中的"素材文件>第16章>制作世界墙专题片>1~7.jpg/music.mp3"文件，如图16-43所示。

02 在【项目】面板中新建一个文件夹，将其命名为footage，然后将导入的文件移至文件夹内，如图16-44所示。

图16-43　　　　　　图16-44

↘ 16.3.2 编辑视频素材

01 将1~5.jpg素材添加到视频1~视频5轨道上，然后将素材的持续时间设置为16秒，如图16-45所示。

02 将2.jpg的入点时间设置在第3秒处、3.jpg的入点时间设置在第6秒处、4.jpg的入点时间设置在第9秒处、5.jpg的入点时间设置在第12秒处，如图16-46所示。

 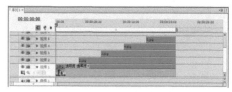

图16-45　　　　　　　　　　　　　　　　图16-46

03 为1.jpg素材添加【视频特效】>【扭曲】>【边角固定】滤镜，然后设置滤镜的关键帧动画。在第0帧处设置【右上】为（750,0）、【右下】为（750,600）；在第1秒处设置【右上】为（200,160）、【右下】为（200,440），如图16-47所示。

04 为2.jpg素材添加【视频特效】>【扭曲】>【边角固定】滤镜，然后设置滤镜的关键帧动画。在第3秒处设置【左上】为（0,0）、【左下】为（0,600）；在第4秒处设置【左上】为（550,160）、【左下】为（550,440），如图16-48所示。

05 为3.jpg素材添加【视频特效】>【扭曲】>【边角固定】滤镜，然后设置滤镜的关键帧动画。在第6秒处设置【左上】为（0,0）、【右上】为（750,0）；在第7秒处设置【左上】为（200,440）、【右上】为（550,440），如图16-49所示。

图16-47　　　　　　　　　图16-48　　　　　　　　　图16-49

06 为4.jpg素材添加【视频特效】>【扭曲】>【边角固定】滤镜，然后设置滤镜的关键帧动画。在第9秒处设置【左下】为（0,600）、【右下】为（750,600）；在第10秒处设置【左下】为（200,160）、【右下】为（550,160），如图16-50所示。

07 为5.jpg素材的【运动】>【缩放比例】属性设置关键帧动画。在第12秒处设置【缩放比例】为100；在第13秒处设置【缩放比例】为46.5，如图16-51所示。效果如图16-52所示。

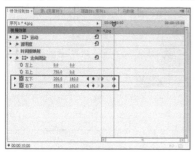 

图16-50　　　　　　　　　图16-51　　　　　　　　　图16-52

↘ 16.3.3 添加字幕

01 执行【字幕】>【新建字幕】>【静默字幕】菜单命令，然后在打开的【新建字幕】对话框中设置【名称】为"世界墙"，接着单击【确定】按钮，如图16-53所示。

02 在打开的字母窗口中单击【输入工具】T，然后在绘制区中输入文字"世界墙"，接着在【字幕属性】面板中设置【字体】为Arial Unicode MS、字体大小为60，再激活【阴影】功能，最后设置【透明度】为80%、【大小】为10，如图16-54所示。

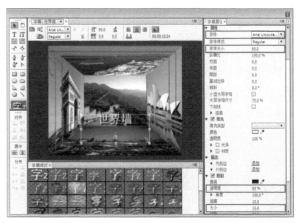

图16-53　　　　　　　　　　　　　　　　　图16-54

03 将制作好的字幕添加到视频6轨道上，然后设置字幕的出点在第14秒处、出点在第16秒处，如图16-55所示。

04 为字幕的【运动】>【缩放比例】属性设置关键帧动画。在第14秒处设置【缩放比例】为500；在第15秒处设置【缩放比例】为100，如图16-56所示。

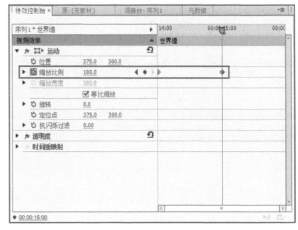

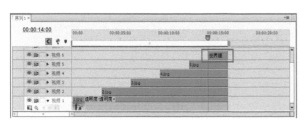

图16-55　　　　　　　　　　　　　　　　　图16-56

16.3.4 编辑音频素材

01 将【项目】面板中的music.mp3素材添加到音频1轨道上，然后在第16秒处使用【剃刀工具】◆切断素材，如图16-57所示。

02 将16秒以后的音频素材删除，然后选择剩下的音频素材，在【特效控制台】面板中展开【音量】属性组，接着在第0秒处设置【音量】为-∞并激活关键帧，接着在第1秒处设置【音量】为0，再在第15秒处单击【添加/移除关键帧】按钮◆，最后在第16秒处设置【音量】为0，如图16-58所示。

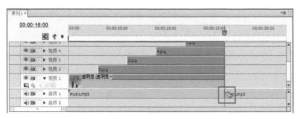

图16-57　　　　　　　　　　　　　　　　　图16-58

↘ 16.3.5 输出影片

01 保存制作好的项目文件，然后选择序列01，执行【文件】>【导出】>【媒体】菜单命令，接着在打开的【导出设置】对话框中设置【格式】为QuickTime、【预设】为PAL DV、【输出名称】为"制作旅游宣传片"，如图16-59所示。

02 切换到【音频】选项卡，然后设置【采样速率】为44 100Hz，接着选择【立体声】选项，最后单击【导出】按钮，如图16-60所示。

图16-59

图16-60